PETER WOHLLEBEN

UNSER WILDES ERBE

PETER WOHLLEBEN

UNSER WILDES ERBE

Wie Instinkte uns steuern
und was das für unsere Zukunft bedeutet –
faszinierende Einsichten für ein Leben
im Einklang mit der Natur

LUDWIG

Mit diesem Buch wird das Buchen-UrwaldProjekt von Wohllebens WALDAKADEMIE in der Eifel unterstützt. Von Natur aus wäre Deutschland zu über 90 Prozent von Wald bedeckt, der größte Teil davon Buchen- oder Buche/Eichen-Mischwälder. Alte Buchenwälder sind die Regenwälder Europas, und ähnlich wie in den Tropen ist es auch um sie sehr schlecht bestellt. Buchenwälder ab Alter 180 haben nur noch einen Anteil von 0,16 Prozent an der Landfläche. Die Buchenwälder des UrwaldProjekts werden konsequent geschützt und für kommende Generationen erhalten. In dem Wald-Schutzgebiet in der Eifel wird auf natürliche Weise CO_2 in alten Wäldern gespeichert und somit das Klima entlastet. Gleichzeitig übernimmt das Projekt auch eine wichtige Rolle im Erhalt der Biodiversität.

WALDRETTER – WIR SCHÜTZEN WALD

MEHR INFOS ÜBER UNSER ENGAGEMENT
wohllebens-waldakademie.de/ludwig-verlag

Durch das Einscannen dieses QR-Codes gelangen Sie auf die Website von Wohllebens WALDAKADEMIE und können den Buchen-Urwald, den Sie mit dem Kauf dieses Buches schützen helfen, live erleben.

FSC® www.fsc.org
MIX
Papier | Fördert gute Waldnutzung
FSC® C014496

Penguin Random House Verlagsgruppe FSC® N001967

Originalausgabe 10/2023

Redaktion: Angelika Lieke
Umschlaggestaltung: Martina Eisele Design, München,
unter Verwendung der Fotos von Ramon Haindl (Vorderseite)
und Nhan/Adobe Stock (Rückseite)
Satz: Leingärtner, Nabburg
Druck und Bindung: GGP Media GmbH, Pößneck
Printed in Germany
ISBN: 978-3-453-28163-9

www.Ludwig-Verlag.de

Inhalt

Vorwort: Von Bäumen und Menschen

Eine große Gruppe sozialer Lebewesen beansprucht rücksichtslos Lebensraum für sich und verändert ihn so, dass eine beachtliche Anzahl an faszinierenden Tierarten verschwindet. Nashörner, Elefanten und viele andere mehr müssen weichen und sterben großräumig aus.

Was ich hier beschreibe, bezieht sich nicht auf uns Menschen, sondern auf Bäume. Sie gelten als sanfte Riesen, können im Verband aber ganze Landschaften zu ihren Gunsten verändern. Pflanzen, die sich gegenüber Tieren durchsetzen und diese sogar ausrotten? Das geht tatsächlich, und zwar ganz subtil über eine allmähliche Veränderung der Lichtverhältnisse am Boden und damit eine starke Reduzierung der für Pflanzenfresser wichtigen Gräser und Kräuter. Es ist also nichts Neues für die Erde, dass Lebewesen die Ellenbogen ausfahren und einfach alles umkrempeln.

Selbst die Allerkleinsten sind dabei: So bewirkten Bakterien vor rund drei Milliarden Jahren eine Katastrophe, weil sie Sauerstoff produzierten – für den Großteil der damaligen Arten ein tödliches Gift, das zu ihrem Aussterben führte. Gleichzeitig läuteten sie die Herrschaft der Pflanzen über diesen Planeten ein, und mittlerweile wirken Klein (Bakterien) und Groß (Bäume) wunderbar zusammen – zum Beispiel an der Bildung von Regenwolken.

Mich hat dieses Zusammenspiel zwischen den verschiedenen Arten schon als Kind fasziniert, und mir drängte sich bereits damals die Frage auf, wie wir Menschen in dieses System hineinpassen. Verhalten wir uns wie Bäume und Tiere, oder gehören wir womöglich inzwischen gar nicht mehr zur Natur?

Einer der Unterschiede zwischen Bäumen und Menschen ist der, dass Bäume mithilfe von Pilzen, Bakterien, Insekten und Tausenden anderen Arten stabile Ökosysteme aufbauen, die sich gegen Veränderungen wehren und zumindest für einen Zeitraum von vielen Tausend Jahren einigermaßen gleichbleibende Verhältnisse schaffen können. Wälder halten Wasserkreisläufe in Gang, kühlen im Sommer die Luft und erzeugen Böden, die stetig fruchtbarer werden. So verbessern sich ihre Lebensgrundlagen fortlaufend, bis eines Tages einsetzende Eis- oder Warmzeiten die Karten neu mischen.

Wir dagegen beuten den Planeten so aus, dass unsere Lebensgrundlagen schon unter optimalen Klimabedingungen stetig schlechter werden und unsere ökologische Nische schrumpft. Veränderungen sind etwas völlig Normales, doch das aktuelle Tempo überfordert die meisten Arten – auch unsere.

Homo sapiens stand bereits mehrfach kurz vor dem Aussterben, bis sich die Entwicklung eines Tages ins Gegenteil verkehrte und wir die erfolgreichste Säugetierart wurden – zu erfolgreich. Wie konnte es so weit kommen? Haben wir das Ende einer langen Entwicklung erreicht?

Das Leben auf der Erde existiert seit etwa 3,5 Milliarden oder vielleicht sogar schon seit vier Milliarden Jahren.[1] Es entwickelte sich gemächlich aus Einzellern und brachte schließlich Pflanzen und Tiere hervor. Mit Höhen und Tiefen, Aussterben und neuen Arten ging es im Endeffekt immer weiter nach oben in Richtung Artenvielfalt und Stabilität der Ökosysteme, bis unsere Ahnen vor rund 300 000 Jahren[2] die Bühne dieser Welt betraten und fortan in dem Reigen des Lebens mitmischten – anfangs noch ganz gesittet.

Irgendwann in der nicht allzu fernen Vergangenheit begann die Sache jedoch aus dem Ruder zu laufen, erst langsam mit wenigen Veränderungen, dann immer schneller mit dem bekannten

Resultat der letzten Jahrzehnte: Die Bevölkerung wächst, der Planet wird geplündert, die Ökosysteme werden zerstört.

Wie kann eine einzelne Säugetierart derart selbstzerstörerisch auftreten? Greifen bei uns die natürlichen Regulierungsmechanismen nicht mehr? Das wäre dann der Fall, wenn unser Verstand uns dazu befähigen würde, diese Naturgesetze außer Kraft zu setzen.

Doch sollten wir mit einem solchen Verstand nicht erst recht in der Lage sein, das Ruder herumzureißen? Scheinbar nicht, denn trotz aller Bemühungen, trotz aller Regelungen nimmt der Ausstoß an Treibhausgasen weiter zu, werden mehr und mehr Wälder gerodet und die Weltmeere weiter leer gefischt. Schon seit Jahren beschleicht mich immer stärker der Verdacht, dass wir an die Bewältigung der Probleme vollkommen falsch herangehen. Zwar sind die Strategien, wie sie mit Solarenergie oder Recyclingmethoden verfolgt werden, im Detail durchaus gut, in der Summe jedoch bremst das alles den Ressourcenverbrauch nicht, geht die ungehemmte Plünderung der Natur unaufhörlich weiter.

Ich denke, dass wir mit dem völlig falschen Ansatz unterwegs sind, weil wir unsere tierische Natur komplett ausblenden und so tun, als ob die Lösung allein Sache des Verstands wäre. Würde das tatsächlich stimmen, dann müssten wir allerdings allmählich große, durchschlagende Erfolge im Kampf gegen den Klimawandel und die Umweltzerstörung sehen. Ein Großteil der Menschheit hat doch längst verstanden, dass es so nicht weitergehen kann! Gewiss, es gibt immer einige Gruppen einflussreicher, wohlhabender Menschen, die egoistisch auf dem »Weiter so!« beharren, aber zumindest in Demokratien sollten sich die Lösungen der erkannten Probleme rasch umsetzen lassen.

Die wissenschaftlichen Diagnosen zeigen jedoch klar, dass die Maßnahmen zu zaghaft sind und zu spät greifen. Deshalb stellen sich die entscheidenden Fragen: Haben wir unser Schicksal wirklich selbst in der Hand, oder agieren wir nicht – wie jede andere Tierart – überwiegend instinktgesteuert? Unterliegt unsere Population nicht weiterhin natürlichen Regelungsmechanismen, wie alle anderen Arten auch?

Das würde ich gerne mit Ihnen zusammen ergründen. Dazu schauen wir uns Parallelen Mensch/Tier im Umgang mit Ressourcen und Regelmechanismen für die Population an. Denn wenn in unserer belebten Umwelt nach festen Spielregeln gelebt, gefühlt und gedacht wird, dann gelten diese Regeln möglicherweise ungeschmälert ebenso für unsere Art.

Selbst die aktuelle Umweltzerstörung durch den Menschen ist demnach zunächst ein natürlicher Prozess. Jede Tier- und Pflanzenart nutzt ihre Ressourcen aus, so gut es geht – und bei uns geht es momentan eben besonders gut. Dabei sind wir durchaus nicht die erste Art, die diese Chancen zu gründlich nutzt und dabei unzählige andere in den Abgrund stürzt. Solche Störungen bedeuten jedoch nicht das Ende jeglicher Ökosysteme, sondern mischen lediglich die Karten des Lebens neu. Es ist nur eine Frage der Zeit, bis die Natur diese Wunden heilt und unzählige neue Kreaturen ihre Chance nutzen.

Fragen nach unserer tierischen Natur sind entscheidend im Kampf gegen Klimawandel und Umweltzerstörung. Momentan versuchen wir nämlich alle drängenden Probleme so zu lösen, als ob wir aufgrund unserer geistigen Fähigkeiten über andere Arten erhaben wären. Wenn wir jedoch erkennen, dass wir letztendlich alle zusammen immer noch im selben Boot sitzen, sollten wir dringend über andere Lösungsstrategien nachdenken. Und es gibt solche Lösungsstrategien! Sie sprechen allerdings weniger unseren Verstand an als vielmehr unsere Instinkte und könnten uns den entscheidenden Schritt weiterbringen, den es jetzt braucht, um die Umwelt und damit uns selbst zu retten.

Kapitel 1
Wir sind immer noch Tiere

Seit es Naturwissenschaften gibt, betrachtet sich der Mensch in westlichen Kulturkreisen als etwas Besonderes, so besonders, dass er vermeintlich über den anderen Arten steht. Das spiegelt sich auch in biologischen Fachausdrücken wie »höhere und niedere Tiere« wider, also einem Ranking, welches gleichzeitig wertet. Nach dieser Lesart hebt sich der Mensch sogar streng wissenschaftlich aus dem Meer der Millionen Arten hervor.

Unsere Vorfahren in der Steinzeit (von denen wir uns genetisch nicht unterscheiden) hätten über unsere merkwürdigen Ansichten sicher gelacht, wenn sie nicht ganz andere Sorgen gehabt hätten. Sie wussten, dass sie nur eine von vielen Arten waren, wussten, dass sie nicht über ihren Mitgeschöpfen standen, sondern mitten unter ihnen lebten. Ein Teil dieser Mitgeschöpfe zeigte ihnen täglich, wo die Grenzen von Homo sapiens verlaufen, und zwar so deutlich, dass die Existenz unserer Art lange Zeit auf Messers Schneide stand.

1.1 Vom Aussterben bedroht

Das größte Wunder in unserer Entwicklungsgeschichte ist wohl, dass es uns überhaupt noch gibt, denn von Natur aus sind wir nicht besonders gut für unsere eigene Verteidigung ausgestattet. Deshalb ist unsere Art auch schon mehrfach an den Rand des Aussterbens geraten. Bevor wir uns diese Ereignisse, die unsere Überlebensstrategien prägten, näher anschauen, lassen Sie uns einen Blick auf die Waffenarsenale der Konkurrenz werfen.

Viele Pflanzen und Tiere verfügen über deutlich bessere Strategien, um Angriffe anderer Arten abzuwehren. Einige Pflanzen sondern etwa Giftstoffe über ihre Wurzeln oder Blätter ab, um lästige Konkurrenz loszuwerden. Solch ein Giftmischer ist zum Beispiel die Walnuss. Untereinander scheinen die Bäume verträglich zu sein, wie der letzte verbliebene Walnuss-Urwald im Süden Kirgisistans bezeugt.[3] Anderen Pflanzen gegenüber ist der Baum jedoch rücksichtslos. Um sich die Konkurrenz vom Leibe zu halten, produziert er einen Wirkstoff namens Juglon. Dieser wird über die verrottenden Blätter in den Boden abgegeben und hemmt dort Sämlinge fremder Arten.[4]

Brombeeren gehen wesentlich brachialer vor: Sie haben gegenüber mächtigen Bäumen kaum eine Chance, weil diese an ihnen vorbei nach oben wachsen und anschließend mit mächtigen belaubten Kronen regelrecht das Licht für die Bodenpflanzen ausknipsen. Auf Kahlflächen, etwa nach Borkenkäferbefall oder Sturm, ist die Brombeere jedoch häufig als Erste wieder in den Startlöchern. Sie bildet meterlange Ranken und überwuchert damit junge Bäume. Dann wartet der stachelige Strauch auf den Winter. Während Buchen, Eichen oder Linden die Blätter abwerfen, behält die Brombeere ihr grünes Laub. Wenn es nun schneit, bleibt die weiße Pracht auf den Blättern liegen und kann zentnerschwer werden. Dadurch sinkt das gesamte Gebüsch zu Boden, einschließlich des Baumnachwuchses, der verbogen oder gar abgebrochen keine Chance mehr hat, eine stattliche Größen zu erreichen, und oft ganz abstirbt. Die Brombeere hingegen erneuert ohnehin jedes Jahr einen Großteil ihrer Ranken und kann das Spiel jederzeit von vorn beginnen.

Tiere können ebenfalls auf eine große Palette an Waffen zurückgreifen. Zähne und Klauen erreichen teilweise furchterregende Ausmaße, wie beispielsweise beim Megaraptor, einem Raubsaurier, der bis zu 35 Zentimeter lange Klauen besaß (und dann trotzdem vor rund 70 Millionen Jahren ausstarb).[5]

Giftpfeile, wie sie zum Beispiel Quallen einsetzen, sind da schon raffinierter. Mit bis zu 150 bar, also bis zum 60-fachen Druck eines Autoreifens, platzen ihre Nesselzellen bei Berührung[6] und jagen harpunenähnliche giftige Geschosse, die mittels einer Leine mit der Qualle verbunden sind, in den Eindringling. Vielleicht haben Sie ja auch schon Bekanntschaft mit diesen Plagegeistern gemacht, die auf solche Weise dafür sorgen, dass so manches Gewässer trotz Traumstrand menschenleer bleibt. Im Extremfall können Quallen Menschen sogar töten. Das Gift einer einzigen Würfelqualle zum Beispiel würde theoretisch für 250 tödliche Badeunfälle reichen.[7]

Vieles gäbe es noch zu berichten über Käfer, die kochend heiße Flüssigkeiten verschießen, oder Schlangen, die ihr tödliches Gift direkt in die Augen des Angreifers spritzen. Dabei übertreibt die Natur häufig und versucht sich mit einer Ausstattung, die bis ins Bizarre übersteigert scheint – der Megaraptor ist da keine Ausnahme. So trug beispielsweise der Riesenhirsch, der in Europa erst vor rund 7000 Jahren ausstarb, ein Geweih mit einer Spannweite von bis zu vier Metern mit sich herum.[8] In den sich ausbreitenden nacheiszeitlichen dichten Wäldern war das sicher eine große Behinderung, sehr zur Freude der Wölfe.

Ein weiterer Kandidat, der ebenfalls vor nicht allzu langer Zeit ausgestorben ist, war der Säbelzahntiger (Smilodon). Er durchstreifte den nord- und südamerikanischen Kontinent und war, von einigen Ausnahmen abgesehen, nicht viel größer als heutige Großkatzen. Das größte bisher gefundene Exemplar wog allerdings geschätzte 400 Kilogramm und hatte Zähne, die bis zu 20 Zentimeter aus dem Schädel ragten.[9] Ob diese Zähne womöglich doch nicht so praktisch waren, ob der jagende Mensch oder das sich ändernde Klima dem Beutegreifer zusetzten, ist unbekannt. Fakt ist, dass sich diese Monsterzähne zumindest bei Katzen nicht dauerhaft bewährt haben.

Und der Mensch? Von Natur aus sind wir vergleichsweise mickrig ausgestattet: Unsere Eckzähne sind lächerlich klein, unsere Fingernägel nicht gerade schreckenerregend. Gift haben wir auch nicht in unserem Körper, und schnelles Laufen ist ebenfalls nicht unsere Spezialdisziplin. Aber da ist ja noch das außergewöhnlich große Gehirn. Mithilfe unseres proteinbasierten Rechenzentrums können wir vieles ausgleichen, doch dazu benötigten wir weitere körperliche Fähigkeiten.

Um das näher zu beleuchten, unternehmen wir einen Ausflug zu den Walen. Sie haben ebenfalls große Gehirne, gelten als extrem intelligent, singen Lieder, haben eigene Sprachen und Dialekte, entwickeln ausgefeilte gemeinsame Jagdstrategien und sogar regelrechte Kulturen. Dennoch haben sie nicht die Herrschaft über den Globus angetreten, so wie wir es taten. Der Grund: Ihnen fehlen die Hände. Die brauchen Wale allerdings auch nicht, denn sie sind schnell und wehrhaft und vor allem: Sie sind im Wasser unterwegs, wo sich kaum Materialien zur Herstellung von Werkzeugen finden lassen und wo mitgeschlepptes Gepäck nur behindern würde. Stattdessen sind die Arme und Hände zu Flossen umgebildet worden, die eine perfekte Steuerung ermöglichen.

Manche Vogelarten sind ähnlich intelligent, wie etwa Papageien oder Rabenvögel. Doch auch bei ihnen sind die Hände das Pendant zu Flossen für die Luft geworden – zu Flügeln, mit denen man ebenfalls nicht greifen kann. Ein wenig besser als bei den Walen geht es allerdings schon, denn immerhin sind die Füße noch beweglich und ermöglichen das Greifen von Ästchen, die zum Stochern und damit als einfache Werkzeuge genutzt werden. Geradschnabelkrähen schaffen es im Experiment sogar, ohne Anleitung Werkzeuge aus bis zu vier Einzelteilen zu basteln. So stecken sie beispielsweise zwei kürzere Elemente zu einem längeren zusammen.[10] Derartige Fähigkeiten werden sonst im Tierreich nur bei Menschenaffen (und Menschen) beobachtet.

Dennoch sind die Greiforgane des Menschen besonders feinfühlig und vor allem: Wir können beide Greiforgane gleichzeitig einsetzen und damit viel ausgeklügeltere Werkzeuge und Waffen herstellen. Erst diese Kombination aus Geist und Motorik ermöglichte Homo sapiens das Überleben. Messer, Lanzen und später auch Pfeil und Bogen verhalfen unseren Ahnen zu etwas mehr Sicherheit.

Die Fähigkeit zur Aufrüstung reichte lange Zeit allerdings bestenfalls, um eine Art Gleichstand mit ihren Mitgeschöpfen herzustellen, boten aber keinerlei große Expansionsmöglichkeiten auf Kosten anderer Arten. Das größte Problem der Menschheit ist entwicklungsgeschichtlich betrachtet nämlich nicht die Überbevölkerung, sondern das ständig drohende Aussterben. Und diese Bedrohung bestand über Jahrhunderttausende hinweg.

Wie dramatisch die Situation war, lässt sich am Beispiel Europas verdeutlichen. Heute leben allein in der Europäischen Union über 446 Millionen Menschen. In der Altsteinzeit herrschte hier gähnende Leere. Wer damals unterwegs war, musste wochenlang wandern, um auf eine andere Sippe zu treffen: Im Zeitraum vor 42 000 bis 33 000 Jahren siedelten in Europa im Mittel nur 1 500 Menschen. Diese waren räumlich konzentriert; so fand sich die größte Dichte unserer Urahnen im südwestlichen Frankreich mit einer Population von 440 Individuen. Nächstgrößerer Ballungsraum war Nordspanien mit 260 Einwohnern, daneben gab es nur drei weitere Hotspots mit mehr als 150 Personen – die Mindestgröße, um eine überlebensfähige Population zu erhalten. Die kleineren Sippen mit zehn bis 80 Personen konnten nur deshalb bestehen, weil sie offenbar reiselustig waren und so Kontakt zu den größeren Gruppen hielten.[11] Möglicherweise stammt unser Wunsch nach Reisen, Urlaub und generell viel Bewegung über weite Distanzen aus diesen Zeiten.

Ein paar mehr Menschen hätte die Landschaft sicher vertragen, doch die Art der damaligen Ernährung verhinderte eine intensive Besiedlung. Das Sammeln von Beeren, Nüssen und Wurzeln stellte dabei noch das geringste Problem dar. Eine Übernutzung solcher Ressourcen ist selbst bei einer um ein Vielfaches größeren Bevölkerung kaum denkbar. Gerade bei Beeren und Nüssen sind es ja die Pflanzen selbst, die die Nutzung geradezu anbieten und die man damit keineswegs ausrottet, sondern sogar begünstigt. Brombeeren etwa können sich nach Genuss und Passage durch den Magen-Darm-Trakt wirkungsvoll verbreiten, indem ihre Samen ausgeschieden werden und an neuen Standorten keimen.

Ganz anders sieht es allerdings mit Fleisch aus. Es war sicher eine wesentliche Komponente in der Ernährung unserer Vorfahren und sorgte dafür, dass diese sich nicht allzu stark ausbreiten konnten. Naturgemäß muss man ein Tier töten, bevor man es verzehren kann. Das geht genau einmal relativ problemlos, nämlich dann, wenn man auf eine Population trifft, die den jagenden Menschen noch nicht kennengelernt hat. Solche paradiesischen Zustände herrschen auch heute gebietsweise noch, etwa auf den Galapagos-Inseln. Dort haben die Tiere keine Scheu vor den Touristinnen und Touristen und lassen diese bis auf wenige Meter an sich heran.

Ist aber die erste Lanze geworfen, hat der erste Pfeil sein Ziel gefunden, dann ändert sich die Situation schlagartig. Zweibeiner werden fortan als gefährliche Raubtiere gesehen, und die Fluchtdistanz nimmt schlagartig zu – nämlich mindestens so weit, dass sich die Tiere außerhalb der Reichweite von Speeren und Pfeilen befinden.

Das ist ansatzweise selbst heute noch in dicht besiedelten Landstrichen wie Deutschland zu beobachten. Auch dort werden Rehe und Hirsche ein kleines bisschen zahmer, wenn die Schonzeit im Spätwinter einsetzt. Sobald die Jagdwaffen schweigen, zeigen sie sich zunehmend unvorsichtig. Das ändert sich schlagartig mit dem ersten Schuss der beginnenden Jagdsaison im Mai, wenn die Tiere sofort wieder extrem schreckhaft werden. Ruht die Jagd hingegen ganz, wie etwa in Städten, wagen sich die Wildtiere sogar in die Vorgärten hinein und fressen dort in Seelenruhe die Blumenbeete leer.

Insgesamt war die Natur in grauer Vorzeit eine viel unzuverlässigere Nahrungsquelle als heute – der Ackerbau im Verbund mit dem globalen Handel hat den Nachschub kalkulierbarer und planbarer gemacht.

Eine kleine Population, schwankende Nahrungsquellen sowie Naturkatastrophen haben unsere Art sicher mehrfach an den Rand des Aussterbens gebracht. Der Ausbruch des Vulkans Toba auf der indonesischen Insel Sumatra vor ca. 74 000 Jahren hatte solch ein Potenzial. Riesige Mengen an Asche wurden in die Atmosphäre geschleudert, verdunkelten den Planeten für sechs Jahre und sorgten für eine massive Abkühlung. Unsere Vorfahren, von denen schon vor rund 120 000 Jahren etliche Sippen aus Afrika ausgewandert waren,[12] wurden durch dieses Ereignis auf kleinere Gruppen in Afrika in Äquatornähe reduziert – so wenige, dass sich ihre Spuren kaum noch nachweisen lassen. Alle heutigen Menschen gehen auf diese Restpopulation von geschätzten 30 000 Individuen zurück.[13]

Der letzte größere Schock trat möglicherweise vor 7 000 Jahren auf. Damals, so Forschende, kam es zu einem drastischen Schwund von Männern im gesamten Verbreitungsgebiet von Homo sapiens. Der Schwund war so stark, dass auf 17 Frauen nur noch ein Mann kam. Das lässt sich aus dem starken Rückgang der genetischen Vielfalt des Y-Chromosoms schließen. Eine mögliche Ursache könnten Stammesfehden gewesen sein. Damals dominierten wahrscheinlich Männergruppen, derer Mitglieder alle miteinander verwandt waren. Die Frauen wurden aus anderen Gebieten geholt (freiwillig oder nicht), sodass die Verwandtschaftslinie immer männlich geprägt war. Diese Männergruppen kämpften mit dem Aufkommen des Ackerbaus und damit festen Territorien gegen andere Gruppen – bis zu deren Auslöschung. So ließe sich die genetische Verarmung bei Männern im Vergleich zu Frauen erklären, die nicht fest an Clans gebunden waren und bei denen die genetische Vielfalt im gleichen Zeitraum eher noch zunahm.[14]

Diese ständige Gefahr des Verlöschens unserer Art ist es auch, weshalb all unsere Sinne auf Absicherung unserer Existenz in Form von materiellen Dingen, aber auch Informationen ausgerichtet sind. Heute würden wir es vielfach gierig nennen, wenn der Kleiderschrank überquillt und trotzdem noch die nächste Hose bestellt wird, doch vor entwicklungsgeschichtlich gesehen kurzer Zeit war diese Gier, besser: dieses Verlangen, einer der wichtigsten Impulse, um zu überleben.

Die Gefahr des Aussterbens besteht bis heute, doch die Gründe haben sich anscheinend ins Gegenteil verkehrt. Wir sind zu erfolgreich geworden, können zu viele Lebensräume besiedeln, können zu viele Ressourcen verwerten und all das in eine immer weiter ansteigende Bevölkerungszahl ummünzen. Weil wir dabei nicht nur die Erträge der Ökosysteme verbrauchen, sondern die Systeme selbst, schrumpfen unsere Grundlagen scheinbar unaufhaltsam. Haben wir die Naturgesetze außer Kraft gesetzt?

1.2 Revierverhalten

Falls der Mensch weiterhin ein Bestandteil der Natur ist, dann müssten für ihn dieselben Regeln gelten wie für jede andere Art auch. Stimmt diese Annahme, dann muss auch der steile Anstieg unser Population a) erklärbar sein und b) nicht ungebremst erfolgen können. Darauf deutet tatsächlich einiges hin, und dazu schauen wir uns diese Regeln der Reihe nach an.

Es gibt keine Art auf diesem Planeten, die sich unreguliert vermehren kann. Die einfachste Regulation ist physisch und bezieht sich auf den Platz: Wenn alles voll ist, passt niemand mehr hinein. Für Tiere ist so ein Gedränge unvorstellbar, weil vorher längst andere Faktoren greifen würden, vor allem einer: Die Nahrung ginge aus. Tiere sind ohne Pflanzen nicht denkbar, weil sie keine eigene Nahrung produzieren können. Wäre jedes Fleckchen mit Tieren besetzt, so bliebe kein Platz mehr für ihre Nahrungsgrundlage.

Klingt alles logisch und scheinbar überflüssig, doch wenn wir das Reich der Pflanzen betreten, sieht die Sache schon ganz anders aus, weil für sie die eigene Standfläche zur Existenz völlig ausreichend ist – vorausgesetzt es gibt genug Licht für die Blätter. So demonstrieren üppige Wiesen, dass jedes Plätzchen mit Gras oder Kräutern besetzt ist, sodass man kein Fleckchen nackten Boden erspähen kann.

Diese Dichte macht das Ökosystem jedoch nicht schwach, sondern ganz im Gegenteil fit. Je mehr Biomasse vorhanden ist, desto robuster ist das System. Humus kann sich unter der Grasnarbe bilden, der Wasser speichert und recycelte Nährstoffe freisetzt. Große Pflanzen wie Bäume können sich im Verbund als alte und dichte Wälder durch Verdunstung großer Mengen an Wasser herunterkühlen und so heiße Sommertage erträglicher machen. Zugleich sorgen sie durch den Ausstoß von Kohlenwasserstoffen sowie von Bakterien, die auf den Blättern sitzen, für

Kondensationskeime in der Luft. An ihnen bilden sich Wassertröpfchen, was zur Folge hat, dass es über solchen Wäldern signifikant mehr regnet.

Pflanzliche Populationen können also gar nicht dicht genug sein, während Tiere viel Abstand brauchen, um immer genügend Nahrung zur Verfügung zu haben. Es gibt allerdings eine Ausnahme, bei der Tiere diese Spielregeln ausgetrickst haben. Es handelt sich um die Wesen, die die größten Bauwerke der Erde geschaffen haben. Nein, das sind nicht die Menschen, sondern festgewachsene Nesseltiere, die Korallen. Sie haben sich mit Algen verbündet, die in ihnen Fotosynthese betreiben und den tierischen Partnern einen Teil der süßen Ausbeute überlassen. Hinzu kommt die Meeresströmung, die allerlei Verwertbares heranträgt, das die Nesseltiere mit ihren Fangärmchen herausfiltern können. So gelingt es ihnen, großflächig dicht an dicht aufzutreten und so imposante Gebilde wie das Great Barrier Reef zu bilden. Das Korallenriff vor der Ostküste Australiens gilt als größtes Bauwerk, welches je Lebewesen auf der Erde geschaffen haben, und ist ungefähr so groß wie Deutschland.

Für die meisten anderen Tierarten wären solche Siedlungsdichten allerdings unvorstellbar, denn meist wird ihre Nahrung nicht von einer Strömung herbeigetragen, sondern muss aktiv gesucht und im Falle von Fleischfressern, wie etwa Wölfen, sogar erbeutet werden. Sie fressen in unseren Gefilden Hirsche und Wildschweine, hauptsächlich jedoch Rehe.[15]

Diese Pflanzenfresser haben von der Forstwirtschaft mit ihren aufgelichteten Wäldern und Kahlschlägen massiv profitiert. Je mehr Licht, desto mehr Kräuter und Sträucher, die Rehe so lieben. Ihre Population ist deshalb vielerorts von ein bis zwei Tieren im einstigen Urwald auf rund 40 Tiere pro Quadratkilometer Wald angeschwollen. Diese 40 Tiere »produzieren« pro Jahr mindestens 20 Kitze. Ein durchschnittliches Wolfsrevier ist 250 Quadratkilometer groß, davon etwa ein Drittel Wald, also

80 Quadratkilometer. Das macht dann mindestens 1600 neue Rehe pro Jahr, somit mehr als genug für das Wolfsrudel, welches im Schnitt nur 400 Rehe erbeutet.[16]

Warum ist ein Revier dann viermal größer als nötig? Es liegt an der Scheu der Beutetiere, egal ob Wildschwein, Hirsch oder Reh: Wenn Isegrim auf Jagd ist, werden die Tiere vorsichtiger. Es spricht sich regelrecht im ganzen Wald herum, wie mir einst ein Kollege berichtete. Dass Luchse, Großkatzen, die ebenfalls Hirsche und Rehe lieben, im Revier sind, erkenne er daran, dass sich seine Hauskatze nicht mehr vor die Tür traue. Offenbar funktioniert der Buschfunk bis in unsere Gärten. Einen solchen Buschfunker haben Sie im Wald vielleicht schon einmal bei der Arbeit gehört: Es ist der Eichelhäher, ein extrem intelligenter Rabenvogel. Er warnt mit lautstarkem Krächzen vor Gefahr und ist bei menschlichen Jägerinnen und Jägern nicht besonders beliebt, weil er auch sie ankündigt. Die Reviergröße von Beutegreifern ist also auch abhängig von der verfügbaren Information der darin lebenden Tiere.

Bei Rehen spielt analog die verfügbare pflanzliche Nahrung eine Rolle, die den Vorteil besitzt, nicht weglaufen zu können. Dennoch sind auch Reh-Reviere (die nur im Sommer verteidigt werden) viel größer, als sie sein müssten. Fünf Hektar scheint bei Böcken das absolute Minimum zu sein, selbst bei allerbester Nahrungsverfügbarkeit.[17] Zum Vergleich: Auf einem Hektar könnte man bei saftiger energiereicher Vegetation ohne Probleme eine Kuh halten, die mit über 600 Kilogramm Körpergewicht[18] entsprechend mehr fressen muss als ein Reh mit maximal 25 Kilo.

Rehböcke benötigen deshalb mehr Platz, weil es sonst zu stressig wird. Geht es bei hohen sommerlichen Temperaturen in Richtung Paarungszeit, so wird das Revier erbittert verteidigt. Dazu muss ein Bock nicht ständig kämpfen, da er sein Gebiet geruchlich für Konkurrenten als No-go-Area markiert. Gibt es zu viele Rehe, dann vagabundiert ein Teil der Böcke (vor allem sehr junge) durch die Wälder und Felder auf der Suche nach einem freien Plätzchen. Das schafft Stress für alle Beteiligten. Die weiblichen Tiere sind zwar nicht ganz so unduldsam, brauchen aber speziell in der Zeit nach der Geburt der Kitze ein kleines eigenes Gebiet, wo sie in Ruhe fressen können. Auch bei ihnen erzeugt eine Überpopulation Stress.

Diese nervliche Belastung hat Folgen. Zunächst verlieren die Tiere Gewicht – wer ständig gestört wird, kann nicht so viele Kalorien zu sich nehmen. Die häufigeren Kontakte untereinander erhöhen zudem den Befall mit Parasiten. Schwächere Ricken bauen oft schon Embryos im Körper ab, sodass sie statt der üblichen Zwillinge nur noch ein Kitz setzen oder gar keinen Nachwuchs austragen.

Stress reguliert also ganz direkt die Population und ist damit neben der Nahrungsverfügbarkeit einer der Hauptfaktoren für die Vermehrungsrate. Dies trifft auf viele, vielleicht sogar alle Tierarten zu, selbst so evolutionär weit entfernte wie Frösche. Wird die Umwelt stressiger, so steigen selbst bei Grasfröschen die Stresshormone im Blut, und die Population schrumpft.[19]

Das wirft die Frage auf, wie es mit Homo sapiens aussieht. Gefühlt sind die meisten von uns regelmäßig gestresst, und falls wir uns trotz aller zivilisatorischen Errungenschaften weiterhin tierisch verhalten, sollte das ähnliche Auswirkungen auf unser Reproduktionsverhalten haben.

Menschen leben wie viele Tierarten in Revieren. Die Vorteile dieser festen Territorien liegen in der Ernährungssicherheit und in der Ruhe bei der Aufzucht des Nachwuchses – das ist bei uns nicht anders als bei Rehen und Wölfen. Und auch wir markieren unsere Reviere, wenn auch nicht mit Duftmarken, sondern mit Grenzschildern (Staatsgrenzen), Gartenzäunen oder Haustüren. Die Revierdichte hängt bei allen Tieren von der Ergiebigkeit der natürlichen Ressourcen ab, und hier gibt es einen Unterschied: Wir können deshalb so dicht siedeln, weil wir die Ressourcen in Geldform komprimieren und deshalb mit in die Städte nehmen können. Wohnort und Ressourcen sind dadurch trennbar. Ein Hochhaus mit Dutzenden von Wohnungen ist durch die tierische Brille betrachtet nichts anderes als ein dicht gepacktes, gestapeltes Reviersystem. Rehe und Wölfe würden dadurch gestresst, denn selbst wenn die Ressourcen ausreichen, ist auch die Nähe zu Artgenossen außerhalb der eigenen Familie extrem anstrengend, weil ständig die Grenzen verteidigt werden müssen. Im menschlichen Jargon heißt so etwas Nachbarschaftsstreit.

Menschen, die ihr Revier besonders gut verteidigen können, haben Macht, etwa durch ein hohes politisches Amt, durch eine Alleinherrschaft, besonders häufig aber durch viel Geld. Je stärker die Position, desto größer ist das Revier – ganz wie im Tierreich. So umfasst einer der größten Wälder Österreichs in Privateigentum 345 Quadratkilometer[20]; für eine Einzelperson oder Familie sicher etwas überdimensioniert. Ein noch gewaltigeres »Revier« ist in Australien zu besichtigen. Die größte Farm des Landes, Anna Creek Station, ist mit knapp 16000 Quadratkilometern[21] halb so groß wie Belgien.

Revierverhalten führt allerdings automatisch zu Aggressionen, die in der modernen Zivilisation nicht nur für menschliche Tragödien, sondern auch für erhebliche Umweltzerstörungen sorgen, vor allem wenn es um Staatsgrenzen geht. Doch auch die individuellen Reviere, in den meisten Fällen ein Häuschen mit Garten oder eine Wohnung in einem Mehrparteienhaus, führen zu Spannungen, die sich möglicherweise auf die Populationshöhe auswirken.

Dazu werfen wir einen Blick auf eine Besonderheit unserer Art, nämlich die, unsere Distanzzone maximal einzuschränken. Wo alle einander fremden Säugetiere bei Revierkämpfen schon längst aufeinander losgegangen wären, bleiben wir völlig gelassen.

Notwendig macht das unsere ausgefeilte Arbeitsteilung, ohne die gar nicht so viele Menschen auf diesem Planeten leben könnten, doch dazu später mehr.

Unsere persönliche Distanzzone, quasi unsere Bannmeile, die niemand ohne Erlaubnis betreten darf, ist im westlichen Kulturraum auf winzige ein bis vier Meter geschrumpft – näher dürfen nur Bekannte oder Familienmitglieder heranrücken.[22] Das unerlaubte Unterschreiten dieser Distanzzonen erzeugt Stress, und im Alltag passiert das ständig. Ob im öffentlichen Nahverkehr auf dem Weg zur Arbeit, ob auf Partys oder Konzerten, auf Weihnachtsmärkten oder in Fußgängerzonen, überall kommen uns Menschen näher, als wir uns instinktiv wünschen würden. Hinzu kommen Revier- und Rangkämpfe, bei uns im Gewand von Lohnverhandlungen und Karriereleiter.

Bei sozial lebenden Tieren, wie etwa dem Wildkaninchen, sind ähnliche Strukturen zu beobachten. Da gibt es Familien, Freundschaften und eine Hierarchie. Dies alles hat Einfluss auf das Wohlbefinden, das Stressniveau und nachweisbar auf die Reproduktion. Bei den Mümmelmännern regulieren gruppendynamische Prozesse die Größe der Population.[23]

Haben unsere sozialen Interaktionen ähnliche Auswirkungen wie im Tierreich, lassen sich Veränderungen bei der Geburtenrate feststellen? Möglicherweise schon, denn nun schauen wir uns das aktuelle Reproduktionsverhalten unserer Art an, und da gibt es durchaus Auffälligkeiten. So kommt eine Metaanalyse aus dem Jahr 2022 zu dem Befund, dass die Zeugungsfähigkeit von Männern global rapide sinkt.[24] Insgesamt wurden die Daten von 57 000 Männern in 53 Ländern aus allen Kontinenten ausgewertet. Noch ist im Großen und Ganzen alles im grünen Bereich – noch. Das liegt an der enormen Menge von Spermien, von denen sich normalerweise 100 Millionen in einem Milliliter Samenflüssigkeit tummeln. Doch seit den 1970er-Jahren geht die Menge ständig zurück auf aktuell nur noch 49 Millionen. Es ist kaum vorstellbar, dass die Halbierung ohne Folgen bleibt – schließlich gibt es kaum etwas in der Natur, was völlig überflüssig produziert wird. Und das Tempo der Abnahme der Spermienzahl scheint sich noch zu beschleunigen.

Über die Ursachen wird in der Wissenschaft geforscht, doch aktuell gibt es noch keine schlüssige Erklärung für einen einzigen Faktor. Stress zählt auf jeden Fall dazu, wie Studien belegen. Wissenschaftler und Wissenschaftlerinnen der Columbia University stellten bei Tests an 193 Männern im mittleren Alter fest, dass Stress die Anzahl und die Qualität der Spermien reduziert.[25] Männern sieht man das nicht an, Kohlmeisen dagegen schon: Die Qualität ihrer Spermien spiegelt sich in der Farbe ihrer Brust wider. Leuchtet sie kräftig gelb, ist alles in bester Ordnung. Eine schwache Färbung dagegen signalisiert schlechtes Sperma, weshalb Weibchen auf die knallgelben Männchen fliegen. Forschende der Universität Bern belegten, dass die Ursachen im Stress bei der Nahrungssuche und der Revierverteidigung liegen,[26] einem klassischen Problem hoher Siedlungsdichten.

Da drängt sich schon der Gedanke auf, dass wir auch bei der Reproduktion zumindest noch teilweise wie ganz normale Tiere funktionieren.

Wäre es nicht viel einfacher, einen Blick auf die menschliche Populationsdynamik, sprich: Bevölkerungsentwicklung zu werfen? Das haben wir bei den Rehen schließlich ebenfalls getan. Also machen wir es an dieser Stelle ebenso, doch es gestaltet sich nicht ganz so einfach wie bei den Tieren.

Die Geburtenrate in Deutschland geht tatsächlich seit vielen Jahren zurück, doch die moderne Zivilisation nimmt mit Methoden, die die Natur nicht vorgesehen hatte, kräftig Einfluss – eines der Stichworte heißt Antibabypille. Die unscheinbare Tablette revolutionierte das Sexualleben und machte

Schwangerschaften planbar. Zusammen mit der Markteinführung fiel die Kurve der Geburten ab Mitte der 1960er-Jahre so drastisch ab, dass man dieses Phänomen seither als »Pillenknick« bezeichnet. Bekam nach Angaben des Statistischen Bundesamtes jede westdeutsche Frau 1964, dem geburtenstärksten Jahrgang überhaupt, noch durchschnittlich 2,5 Kinder, so waren es am Tiefpunkt der Entwicklung ab Mitte der 1970er-Jahre unter 1,4. Seither dümpelt dieser Wert mit kleineren Aufs und Abs immer unterhalb der Sterberate.[27]

Die Bevölkerung schrumpft also ohne Zuzug schon seit rund 50 Jahren. Ist die Antibabypille demnach die Ursache des Schrumpfungsprozesses? Die Gleichzeitigkeit der Ereignisse legt das nahe. Doch ganz so einfach ist es nicht. Bleiben wir zur genaueren Betrachtung in Deutschland. Der Knick ist unbestreitbar, aber rührte er wirklich von der Pille her?

Um Klarheit zu gewinnen, müssen wir die Entwicklung noch ein wenig länger zurückverfolgen. Um 1870 waren fünf Geburten pro Frau völlig normal,[28] ein Wert, der an Nigeria denken lässt, wo solche Zahlen heute noch Durchschnitt sind.[29] Die Lebensverhältnisse waren ähnlich: Hunger und Armut waren ständig zu Gast, und die beginnende Industrialisierung erreichte weite Teile der ländlichen Bevölkerung nicht. Kinder galten als willkommene Arbeitskräfte, die das Familieneinkommen aufbessern halfen. Auch zur Versorgung der Eltern im hohen Alter war der Nachwuchs nötig, denn eine Rentenversicherung gab es erst Ende des 19. Jahrhunderts.

Und diese Rentenversicherung hatte Folgen, die sich möglicherweise stärker ausgewirkt haben als diejenigen der Pille. Denn ihre Einführung dürfte einer der ersten Fälle gewesen sein, wo soziale Maßnahmen einen unerwarteten Geburtenrückgang zur Folge hatten. Die Wirkung basierte wahrscheinlich auf zwei Effekten: Zum einen wurden Kinder als lebende Rentenversicherung überflüssig, zum anderen sank das Einkommen der Arbeitenden. Ein

Teil des Lohns wurde zwangsweise als Beitrag einbehalten und konnte nicht mehr für den Lebensunterhalt der Kinder ausgegeben werden. Mit dem weiteren Ausbau des Sozialstaats verstärkte sich dieses Wirkgefüge,[30] etwa durch die Schulpflicht, die den Kostenfaktor Kind (ich bitte um Entschuldigung für diese Formulierung) weiter nach oben trieb, da sie nun einen erheblichen Zeitanteil außer Haus verbrachten.

Analog zu dieser Entwicklung fiel die Geburtenrate immer weiter ab, unterbrochen nur von einem Aufschwung in den 1950er- und 1960er-Jahren (dem ich auch meine Geburt verdanke – meine Eltern wollten gerne viele Kinder). Dem langfristig fallenden Trend tat dies jedoch keinen Abbruch, und so gingen die Geburten auch Ende der Sechzigerjahre wieder zurück,[31] dem Zeitraum, in dem die Antibabypille eingeführt wurde. Doch schaut man sich die Daten genauer an, dann fällt die kleine Tablette als maßgeblicher Grund aus. Denn der Knick trat auch in Ländern auf, in denen die Pille so gut wie gar nicht verwendet wurde, wie etwa in Japan. Dort knickte die Geburtenkurve massiv ein, ohne dass die Pille überhaupt auf dem Markt war. Auch in den USA sank die Zahl schon in den 1950er-Jahren deutlich früher als in Deutschland, wo die Markteinführung eher zufällig mit den fallenden Zahlen korrelierte. Nur eine Minderheit der Frauen nutzte die Antibabypille, weil sie damals noch ein gesellschaftliches Tabu war.[32] Der Geburtenrückgang ist demnach eher auf konventionelle Verhütungsmethoden zurückzuführen.

Zunehmend dürften aber auch unfreiwillige Verhütungsmittel eine Rolle spielen, und zwar in Form von Umweltgiften, die wie Hormone wirken. Mindestens 15 Millionen Spermien pro Milliliter, 32 Prozent davon voll beweglich, sind nach der Definition der WHO zur Zeugungsfähigkeit erforderlich.[33] Dieser Wert wird bei mehr und mehr Männern unterschritten, und neben dem Stress stehen Chemikalien in Verdacht, das männliche Y-Chromosom zu schädigen. Im Vergleich zum weiblichen

X-Chromosom ist es sowieso schon mit weniger Genen ausgestattet und damit anfälliger gegen äußere Einflüsse.

Die Menschheit entlässt derzeit gewaltige Mengen an künstlichen Stoffen in die Umwelt, die über das Abwasser wieder ins Trinkwasser gelangen, so etwa Weichmacher und viele andere hormonähnlich wirkende Substanzen. Weltweit wird bei etlichen Wirbeltieren hierdurch eine Verweiblichung der Männchen beobachtet, die uns als Wirbeltierart leider ebenso betrifft. Ein solcher Kandidat ist Bisphenol A, eine Substanz, die vielen Plastikprodukten wie etwa Getränkeflaschen beigemischt ist. Es kann sich unter bestimmten Umständen lösen und wird dann über die Nahrung oder über die Haut aufgenommen. Im Körper wirkt es wie das Hormon Östrogen – nicht gerade günstig für Männer, die sich Nachwuchs wünschen.[34]

Der Geburtenrückgang ist also neben Stress, einer typisch tierischen Regulationsgröße bei hohen Dichten, zunehmend auf zivilisatorische Begleiterscheinungen wie den gesellschaftlichen Wandel, aber auch auf Umweltgifte zurückzuführen – hier haben wir die Tiere ja leider ebenfalls mit zu uns ins Boot geholt.

1.3 Winzlinge mit Power

Wir schauen gerne auf große Arten und lieben besonders diejenigen, die größer als wir sind: Wale, Elefanten und Giraffen, aber auch Bäume, Palmen oder Bambus (der je nach Art regelrechte Wälder bildet) – *big is beautiful*. Dabei sind es eher die allerkleinsten, die wir im Blick behalten sollten, die unser Leben viel entscheidender beeinflussen und uns entweder wohlgesinnt sind oder aber über uns herfallen.

Egal ob Pflanze oder Tier, wird es von einer Art zu viel, so greifen sie unerbittlich ein. Sie sind eine zweite wichtige Größe bei der

Regulierung einer Population. Dabei trifft es nicht jedes Individuum gleichermaßen: Ob man krank wird oder nicht, hängt von der persönlichen Konstitution ab. Je gestresster, desto leichter wird man Opfer von Erregern oder Parasiten. Diese sind letztendlich auch eine Art Beutegreifer, denn sie betrachten den Wirtsorganismus als riesiges Nahrungsreservoir, gleichzeitig aber auch als Lebensraum. Sie können ihre Opfer umso leichter erlegen, Pardon, befallen, wenn diese sich nicht richtig wehren können.

Das Problem der meisten dieser winzigen Angreifer ist, dass sie nur zusammen mit ihrer viel größeren Beute reisen und außerhalb lediglich Distanzen von wenigen Metern überbrücken können. Je dichter ihre Beute auftritt, desto eher können sie ihren Wirt wechseln, sprich, das nächste Individuum infizieren.

Viele Bakterien werden durch Körperkontakt oder die Atemluft übertragen; dazu muss die Begegnungsrate schon sehr hoch sein. Möglichkeiten sind sehr große Herden, wie in der afrikanischen Serengeti die großen Ansammlungen von Gnus, Zebras und Gazellen, oder auch in Nordrussland, wo auf der Taimyrhalbinsel die größte Rentierherde der Welt mit mehreren Hunderttausend Exemplaren weidet.[35]

Fehlt aber der direkte Kontakt, so geht es auch indirekt. Wer als Parasit oder Krankheitserreger lange ohne Tuchfühlung zum Wirtstier überleben kann, ist dann klar im Vorteil und in der Lage, auch bei geringer Wirtstierdichte zum Zuge zu kommen. Heimische Zeckenarten etwa können nur winzige Distanzen zu Fuß zurücklegen. Haben sie sich in der Haut eines Opfers festgebissen, so reisen sie quasi mit Vollpension über größere Strecken in neue Gefilde, wo sie sich vollgesaugt fallen lassen. Im Laufe ihrer Entwicklung müssen sie drei Opfer finden und Blut tanken, bis sie erwachsen sind und mit der Eiablage starten.

Die Wartezeit zwischen zwei geeigneten Tieren kann manchmal Jahre dauern, in denen keine Nahrung aufgenommen wird, was für die asketischen Zecken allerdings kein Problem darstellt.

Umso wichtiger ist es, sich sofort reisefertig zu machen, wenn es endlich soweit ist. Dazu lauern die Tiere grundsätzlich maximal in Rehrückenhöhe, weil sie sich nicht – wie fälschlicherweise oft angenommen – fallen lassen, sondern abgestreift werden, wenn ihre Bluttankstelle vorbeikommt. Sobald sie ihr Opfer riechen und die Erschütterung durch Schritte spüren, spreizen sie ihre Vorderbeine und sind bereit zum Wechsel in das Fell – oder auf Ihr Bein, wenn Sie anstelle eines Rehs durch das Gras streifen.

Gruseliger verschafft sich ein Saugwurm namens *Leucochloridium paradoxum* eine Mitreisegelegenheit. Seine Eier werden von Schnecken gefressen, in denen sich dann die Larven entwickeln. Sie steigen in die Fühler auf und fangen dort an, wie hypnotisch zu pulsieren. So werden diese Zombieschnecken schnell von Vögeln entdeckt und gefressen. Die Larve ist endlich dort, wo sie hinwollte, und macht es sich im Vogeldarm gemütlich, woraufhin Eier ausgeschieden werden und das Spiel von Neuem beginnt. Der Parasit ist übrigens kein Exot, sondern kann sogar in Deutschland beobachtet werden.[36]

Eine dritte Möglichkeit, als Schmarotzer in neue Gefilde zu reisen, ist es, nicht Tiere als Transportmittel zu nutzen, sondern den Zustand zu wechseln, wie es etwa die Krötengoldfliege macht. Das zu den Schmeißfliegen zählende Insekt ernährt sich harmlos von Pollen und Blüten verschiedener Doldengewächse. Was es dennoch anrichten kann, durfte ich vor Jahren im Waldgarten unseres Forsthauses erleben. Auf der Einfahrt saß am helllichten Tag eine Erdkröte. Auf den hellbraunen Steinchen des Untergrunds hob sich das dunkelbraune Tier gut ab, weshalb es mir sofort ins Auge fiel. Selbst als ich näher heranging, blieb das Tier sitzen. Das ist ungewöhnlich, ebenso wie die Tageszeit.

Bei genauerem Betrachten bemerkte ich Veränderungen am Kopf der Kröte. Die Nasenlöcher waren extrem geweitet und die Augen völlig eingeschrumpelt, das Tier also blind. Schnell war mir klar, dass hier die parasitische Fliege zugeschlagen hatte. Für ihren Nachwuchs hat sie nämlich eine makabre Speise vorgesehen: das Innere von Kröten. Dazu legt sie Eier auf das Haupt ihrer Opfer, und die schlüpfenden Larven kriechen in dessen Nasenlöcher. Dort beginnen sie ihr Festmahl, und im Laufe der Zeit dringen sie bis zum Gehirn vor – das Ende ihrer Gastgeber. Nun wird noch weiter gefressen, bis sich die Larven schließlich in die Erde eingraben und dort verpuppen.

Die Kröte habe ich übrigens nicht getötet, obwohl ich hin- und hergerissen war – denn auch die Larven (oder Fliegenbabys) haben ja ein Recht auf Leben, und ich wollte nicht den Schiedsrichter spielen. Der Vorteil solcher Parasiten gegenüber Bakterien ist die Mobilität der Eltern: Die Fliegen können sich ihr Opfer per Luftaufklärung suchen und sind damit weniger abhängig von einer außergewöhnlich hohen Krötendichte.

Apropos fliegen: Einer der bekanntesten Parasiten wird von den Menschen gar nicht in diese Gruppe eingeordnet, obwohl er genau wie andere Arten zumindest zeitweise auf Kosten seiner ungefragten Gastgeber lebt. Es ist der Kuckuck, ein scheuer Vogel, von dem man meist nur den typischen Ruf hört. Er sieht einem Sperber sehr ähnlich, der Jagd auf kleine Vögel macht. Diese Verkleidung nutzt Kuckuck, indem er brütende Vogeleltern anfliegt, die ob des vermeintlichen Sperbers kurz Reißaus vom Nest nehmen. Das nutzt das Kuckucksweibchen zur Eiablage, die relativ flott vonstattengeht – es wird nur eines pro Nest hinzugelegt, und das hat gute Gründe. Das schlüpfende Küken wirft zunächst die Eier oder sogar Küken seiner Stiefeltern über Bord, dann lässt es sich statt ihrer füttern.

Gasteltern sind so kleine Vögel wie Zaunkönig oder Rotkehlchen, die das Kuckuckskind an Größe schnell übertrifft. Mehr als einen solchen Brocken können die zierlichen Singvögel gar nicht großziehen. Warum sie das überhaupt tun? Das Kuckucksei ist nur wenig größer als das der Gastvögel und farblich an die jeweils ausgesuchte Vogelart angepasst. Im Reich der Schmarotzer sind solche »Riesenparasiten« allerdings die absolute Ausnahme.

Ob dieser mannigfaltigen Möglichkeiten ist die Welt voller Schmarotzer – man sieht sie nur meistens nicht. Wenn man an all die verschiedenen Tierarten denkt, dann selten zuerst an Parasiten. Dabei zählen rund 40 Prozent aller Tierarten zu diesen Lebewesen, wobei die Wissenschaft wahrscheinlich erst zehn Prozent aller Parasitenarten entdeckt hat.[37]

Allen Schmarotzern und Krankheitserregern ist gemein, dass sie mitnichten irgendeine Population regulieren wollen, obwohl sie einen Einfluss darauf haben. Große Populationen bieten vielmehr außergewöhnlich gute Lebensbedingungen für die kleinen Räuber, die sich entsprechend gut vermehren können und dabei viele ihrer Wirte schwächen oder sogar umbringen. So kommt es zu einer Dämpfung der betroffenen Tierpopulation, ohne dass dies absichtsvoll geschieht. Dünnen die Wichte die Wirte zu sehr aus, kommt es kaum noch zu Übertragungen, und die Population der Winzlinge geht ihrerseits zurück. Es ist ein ständiges Hin und Her, und Parasiten steuern damit einer unkontrollierten Massenvermehrung ihrer Wirte wirksam entgegen. Diese Rolle üben sie grundsätzlich auch bei uns Menschen aus, allerdings nicht mehr voll wirksam, der modernen Medizin sei Dank.

Ungefähr 1 000 Parasitenarten, vom Einzeller bis zum 20 Meter langen Fischbandwurm (Infektionen sind durch den Verzehr von rohem Fisch möglich), stehen auf Homo sapiens.[38] Und sie sind noch mitten unter uns, selbst in den medizinisch gut versorgten Industriestaaten. So liegt der Anteil der Menschen, die wenigstens einmal im Leben von Kopfläusen befallen wurden, in der EU je nach Zugehörigkeit zu bestimmten Gruppen bis zu 22 Prozent. An sich sind Kopfläuse zwar recht lästig, aber harmlos, doch sie können durchaus auch gefährliche Krankheiten wie das Fleckfieber übertragen.[39]

Auch Wurmparasiten sind noch heute sehr präsent. Die häufigste Art, der Madenwurm, hält sich ständig in rund einer Milliarde Menschen auf. Die weiblichen Würmer, nur einen Zentimeter groß, leben im Enddarm und kriechen nachts zum Ausgang. Dort legen sie Eier ab, die einen Juckreiz verursachen. Kratzt sich nun die befallene Person und nimmt es nicht ganz so genau mit der Hygiene, landen die Eier auf allen möglichen Gegenständen, auch auf Lebensmitteln. Ja, das klingt nicht sehr appetitlich und kommt doch selbst in Deutschland recht häufig vor.[40]

Hygiene hilft, die Verbreitung der Plagegeister zu bremsen, wie etwa das gründliche Händewaschen. Dieses soll aber meistens noch kleinere Lästlinge beseitigen: Bakterien und Viren, die Hauptdarsteller des folgenden Abschnitts. Dabei ist das große Heer der Bakterien für uns unverzichtbar. Es hält die Nährstoffkreisläufe in Gang, indem es im Konzert mit Pilzen und winzigen tierischen Helfern unermüdlich alle Lebewesen nach deren Tod recycelt. Dutzende Milliarden von Bakterien werkeln in einer Handvoll Erde und verhindern so, dass das Leben im eigenen Abfall erstickt. Unser sauerstoffbasiertes Leben hätte sich ohne die Knilche gar nicht entwickelt, denn es waren Cyanobakterien, die vor drei Milliarden Jahren die Fotosynthese erfanden, Sauerstoff produzierten und so die ganze Erdatmosphäre für immer veränderten.

Ob im Gestein in etlichen Kilometern Tiefe, ob in hohen Luftschichten, ob bei Temperaturen von plus 100 Grad oder minus 200 Grad – nichts kann offenbar den Tatendrang dieser erstaunlichen Wesen bremsen. Selbst die Art der Nahrung ist bei einigen von ihnen geradezu unglaublich: So gibt es Spezies, die als Steinfresser bezeichnet werden, weil sie genau dies tun. Dazu oxidieren sie das im Stein enthaltene Eisen, lassen es quasi verrosten und nutzen die dabei frei werdende Energie zum Überleben.[41] So tragen die hungrigen Einzeller zur Bodenbildung bei, ein wichtiger Prozess gerade heute, wo durch unsere Aktivitäten so viel Boden verloren geht.

In den drei Milliarden Jahren ihrer Existenz haben sich unglaublich viele Arten entwickelt. Bekannt sind weniger als 5000, doch Wissenschaftler vermuten, dass ähnlich wie bei den Parasiten erst weniger als zehn Prozent aller Bakterienarten entdeckt wurden.[42] Wie viele verschiedene Arten allein im Waldboden schlummern könnten, demonstrierten Forschende jüngst in Norwegen. Analysen an 30 Gramm Boden, also rund zwei Esslöffel voll, ergaben geschätzt bis zu einer Million verschiedene Arten![43] Warum nur geschätzt? Auszählen kann das Gewimmel kein Mensch, und deshalb kommen automatisierte Verfahren zum Zug, bei denen der Computer die Ergebnisse mit in den Datenbanken vorhandenen Gensequenzen vergleicht. Man weiß also hinterher nur, dass eine unglaubliche Zahl unbekannter Kreaturen noch der Entdeckung harrt, aber nicht, worum es sich dabei genau handelt.

Und die kleinen Kerlchen sind auch für unseren Körper überlebenswichtig! Dort tummeln sich mindestens so viele Bakterien wie eigene Körperzellen. Sie gehören zu Ihnen, genau wie Blutkörperchen oder Sinneszellen. Wie sehr sie Ihr Leben beeinflussen, zeigt die Forschung der letzten Jahre. So sind etwa Darmbakterien in der Lage, Botenstoffe für das Gehirn zu produzieren. Die Bakterien reden in unserem Leben also ein gewichtiges Wörtchen mit. Sie beeinflussen unser Verhalten, indem sie Angst oder auch Depressionen hervorrufen können.[44]

Aber auch bei den Dingen des täglichen Lebens, wie beispielsweise der Joghurtzubereitung oder der Sauerkrautherstellung, sind die kleinen Helfer gern gesehene Gäste.

Unter den vielen Arten gibt es jedoch auch etliche, die wir nicht willkommen heißen. Sie gelangen ohne Einladung an Bord und gehen mit dem Gastgeber nicht besonders rücksichtsvoll um. Eine Infektion mit Salmonellen, Staphylokokken, Chlamydien oder Streptokokken ist mit überaus unangenehmen Folgen für den Infizierten verbunden. Übertragen werden sie durch Nahrungsmittel, die Atemluft oder sexuelle Kontakte.

Auch im Tierreich ist dieses Mit- und Gegeneinander von Bakterien und Wirtstieren weitverbreitet; in vielen Fällen kommt es sogar zur Weitergabe von Krankheiten zwischen verschiedenen Arten. Ist dabei der Mensch im Spiel, der sich vor allem bei Haustieren infiziert (oder umgekehrt diese ansteckt), so spricht man von einer Zoonose. Um einen besonders gefährlichen Vertreter dieser Kategorie handelt es sich bei *Mycobacterium tuberculosis*, den Erreger der Tuberkulose.

Bereits seit 500 000 Jahren plagt dieses Bakterium den Menschen, indem es die Lunge, aber auch andere Organe befällt.[45] Noch im 19. Jahrhundert starben in Deutschland Hunderttausende jährlich an der Seuche. Verbesserte Hygiene und die Entdeckung von Antibiotika ließen die Infektionen dann im Verlauf des 20. Jahrhunderts zumindest in den Industriestaaten fast vollständig verschwinden.

Anders sieht es jedoch in den Ländern des globalen Südens aus. Abgekoppelt von einer ständigen medizinischen Versorgung infizierten sich 2021 10,6 Millionen Menschen neu mit der Krankheit, der im gleichen Zeitraum 1,6 Millionen von ihnen zum Opfer fielen.[46]

Grundsätzlich ist der menschliche Körper nicht wehrlos und rüstet zur Gegenwehr, etwa mit weißen Blutkörperchen. Einige von ihnen umfließen als Fresszellen die Eindringlinge und lösen sie auf, andere bekämpfen die ungebetenen Gäste mit Antikörpern. So weit wäre alles in schönster Ordnung, wenn es denn immer klappen würde. Doch manchmal kann sich ein einzelnes Exemplar der angreifenden Bakterien vor den Attacken der Körperpolizei retten und macht dann da weiter, wo seine vernichteten Artgenossen abrupt aufgehört haben: mit der rasanten Vermehrung.

Oft ist es eine winzige genetische Abweichung, die zum Überleben und damit zu einer Anpassung gegenüber der körpereigenen Abwehr führt. Der nächste Seuchenzug wird daher wieder mehr Menschen hinwegraffen, weil ihr Körper nicht auf den modifizierten Erreger angepasst ist. Die Genesenden sind möglicherweise wieder immun, sodass die Krankheit erneut zum Stillstand kommt. Ein ewiges Hin und Her. Entscheidend ist bei dem ganzen Spiel einmal mehr die Kontaktrate der potenziellen Wirte, sowohl bei Tieren als auch bei uns Menschen – viele Kontakte bedeuten viele Erkrankungen mit einer entsprechenden Reduktion der Population.

Wie einschneidend die Eindringlinge regulieren können, zeigte in der Vergangenheit *Yersinia pestis*, das Bakterium, welches die Pest auslöst. Es lebt in infizierten Nagetieren wie Ratten oder Mäusen und wird durch Flohbisse auch auf Menschen übertragen, von angesteckten Menschen dann weiter durch Tröpfcheninfektion. Selbst heute noch werden nach Angaben der WHO jährlich 1 000 bis 3 000 Betroffene registriert.[47]

In den Jahren 1347 bis 1352 war die Lage ohne moderne Medizin weit dramatischer: Die Pest grassierte als Schwarzer Tod unter der europäischen Bevölkerung und raffte je nach Schätzung bis zur Hälfte der damaligen Population dahin. Neuere Studien untermauern, dass die Seuche nicht alle Gebiete gleichmäßig heimsuchte, sondern vor allem dort zuschlug, wo sich viele Menschen konzentrieren, nämlich in den Städten.[48]

Heute ist die Kontaktrate ungleich höher als im Mittelalter, und nur mit entsprechenden Medikamenten schien die Menschheit die Bedrohung durch Einzeller in den Griff bekommen zu haben – Penicillin und Co. lassen grüßen. Doch der überbordende

Einsatz in der Massentierhaltung bringt sämtliche Errungenschaften in Gefahr, wie ich selbst einmal indirekt erleben durfte. Für eine anstehende Operation an der Leiste wurde bei mir zunächst ein Abstrich gemacht, um zu testen, ob ich mit multiresistenten Keimen befallen sei.

Diese unter der Bezeichnung MRSA bekannten Bakterien sind der Schrecken aller Krankenhäuser. Sie sind kaum noch mit Antibiotika zu bekämpfen und sorgen nach Operationen für lebensbedrohliche Infektionen. Inzwischen haben sie sich so gut an die Abwehrmaßnahmen angepasst, dass sie sich in vermeintlich sterilen Umgebungen regelrecht wohlzufühlen scheinen. Noch 2010 schätzten Fachleute, dass allein in Deutschland jährlich 10 000 bis 20 000 Menschen an den Folgen einer MRSA-Infektion durch einen Krankenhausaufenthalt verstarben.[49] Seitdem ist die Zahl mit Proben resistenter Keime erheblich zurückgegangen, unter anderem auch durch verbesserte Hygienemaßnahmen wie die besagten Tests aufzunehmender Patientinnen und Patienten.[50]

Zurück zu meinem eigenen Aufnahmetest: Bei mir war alles in Ordnung, bei dem Patienten vor mir nicht, wie mir der Mitarbeiter vertrauensselig erzählte. Der sei Mitarbeiter eines Geflügelbetriebs und hätte einen positiven Befund, müsste vor der OP also erst einmal entsprechend behandelt werden, um die Plagegeister loszuwerden.

Damit wurde ich Zeuge einer der größten Dummheiten, die wir aktuell begehen: Unsere Art tritt in einer unglaublichen Dichte auf und ist dazu noch unglaublich mobil – mobiler als alle anderen Tierarten. Damit liefern wir krank machenden Bakterien die allerbesten Voraussetzungen, uns zu befallen und zahlenmäßig einzudämmen (Entschuldigung, wenn das zynisch klingt). Das gelingt ihnen nur deshalb nicht, weil wir mittlerweile eine ganze Palette von Antibiotika zur Verfügung haben, um die Einzeller in Schach zu halten. Und was macht die Menschheit? Sie verfüttert die wertvollen Stoffe an Tiere in Mastställen, um die Erträge zu steigern. Darüber hinaus werden auch gesunde Tiere über das Futter pauschal behandelt, um dem Ausbruch von Krankheiten in der qualvollen Enge der Ställe vorzubeugen.

Durch den massenhaften Einsatz (mehr 60 Prozent der Antibiotika finden laut Aussage des Experten und EU-Parlamentsabgeordneten Martin Häusling in der Tierhaltung Verwendung) schlägt sich die Menschheit ihre wertvollste Waffe selbst aus der Hand. Es gibt nur noch wenige Reserveantibiotika, die eine Wirkung zeigen – mit der Betonung auf »noch«. Die Gefahr ist zwar schon lange erkannt, aber offenbar ist die Politik durch Lobbyisten infiltriert. Anders ist es nicht zu erklären, dass das EU-Parlament 2021 trotz aller Warnungen beschloss, dass diese Mittel weiterhin breitflächig in der Tierhaltung eingesetzt werden dürfen. [51]

Die Natur hat aber in Sachen Populationsdämpfung noch mehr zu bieten. Sind die Bakterien schon echte Winzlinge, so hat sich eine andere Form noch weiter geschrumpft: das Virus. Es ist hundert Mal kleiner als ein Bakterium und unter einem normalen Mikroskop nicht mehr zu erkennen. Im Grunde genommen besteht es nur aus einer Hülle und der DNA, dem genetischen Programm. Weil es noch nicht einmal einen eigenen Stoffwechsel hat, also keine Energie verbraucht, sich nicht verändert oder bewegt, rechnen es etliche Wissenschaftlerinnen und Wissenschaftler nicht zu den Lebensformen. Es gibt Hinweise darauf, dass sich Viren aus Einzellern, also ganz eindeutigen Lebewesen mit einem Stoffwechsel, entwickelt haben und im Laufe der Evolution viele Funktionen über Bord geworfen haben, die sie nun von den Wirtszellen ausführen lassen.[52]

Heute sind Viren nur noch eine Art Hülle aus Eiweiß, die Erbinformationen enthält, und wirken wie Parasiten. Angedockt an eine Wirtszelle schleusen sie ihr Erbgut ein. Daraufhin fängt die Zelle an, diese DNA zu kopieren, und entlässt sie später, mit neuen Hüllen versehen, in Stückzahlen von mehreren Tausend (pro Zelle!) wieder nach außen. Ihre eigentlichen Aufgaben vernachlässigt die Zelle und stirbt schließlich, sodass eine Invasion vieler Zellen für den befallenen Organismus lebensbedrohlich werden kann.[53]

Viren haben kein Interesse daran, ihren Wirt zu töten – sie haben gar kein Interesse. Langfristig können natürlich trotzdem nur die Virusarten überleben, die ihre Wirte nicht töten oder zumindest genügend Exemplare übrig lassen. Denn nur solange diese leben, können sie zu einer Nachwuchs erzeugenden Fabrik umfunktioniert werden.

Im Laufe der Evolution haben sich die für den Menschen bedeutsamen Viren so angepasst, dass sie zwar Krankheiten auslösen, aber nicht tödlich werden. Auch der Mensch hatte in vielen Fällen lange genug Zeit, eine eigene Abwehr in Form von Antikörpern aufzubauen, die die Eindringlinge lahmlegen. Die wiederum entwickeln Strategien, um doch noch in unseren Körpern zu landen. So werden Bakterien von Viren besiedelt, fast wie eine Art trojanische Pferde. Nach Schätzungen von Forschenden dringen im Schlepptau ihrer Beute täglich (!) rund 30 Milliarden solcher Viren durch die Darmschleimhaut in unseren Blutkreislauf und von dort in alle möglichen Organe.[54]

Es geht aber natürlich auch auf direktem Wege, etwa durch Anhusten oder Niesen. Die Erreger des Schnupfens sind Vertreter dieser eher zahmen Zeitgenossen. Jeder von uns wird regelmäßig befallen, und dennoch ist die Attacke, von leichten Beschwerden einmal abgesehen, gut verkraftbar. Auch das Epstein-Barr-Virus ist ein eher harmloser Vertreter. Es kann fieberhafte Erkrankungen verursachen, weilt aber in der Regel symptomlos in den Körpern von über 90 Prozent der Bevölkerung.[55]

Entwicklungsgeschichtlich junge Virusarten haben sich dagegen noch nicht gut genug an den Wirtskörper angepasst – umgekehrt gilt natürlich dasselbe für das Immunsystem. Diese Viren stammen meist von Tieren ab und haben durch einen engen Kontakt des Menschen zu Nutzvieh oder zu erlegtem Wild den Sprung zu uns herüber geschafft. Durch ihr ungestümes Vorgehen töten sie häufig den Erkrankten, was für beide Beteiligten ungünstig ist.

Grundsätzlich sind Viren aber wesentlich besser als ihr Ruf. Weil sie omnipräsent sind, wirken sie im gesamten irdischen Ökosystem dämpfend auf Auswüchse einzelner Arten und pfeifen sie gewissermaßen zurück, wenn sie sich zu stark ausbreiten. Dadurch erhalten und mehren sie die Artenvielfalt, was zur Stabilität der Systeme beiträgt.

Im heimischen Ökosystem ist eine solche regulierende Virusart der Erreger der Tollwut. Die Krankheit befällt hauptsächlich Füchse und verläuft immer tödlich. Weil neben Haustieren auch immer wieder Menschen infiziert wurden, rottete man die Krankheit kurzerhand durch Impfung der Füchse aus. Dazu wurden gefrorene Köder mit Impfkapseln teils per Flugzeug abgeworfen. Ich kann mich an die Aktion noch gut erinnern, denn einer dieser Brocken landete auf der Mülltonne an unserem Forsthaus. Die Füchse fraßen die schmackhaften Happen, zerbissen dabei die Kapsel und erhielten dadurch eine Schluckimpfung. Die Tollwut verschwand tatsächlich, und logischerweise stieg der Fuchsbestand entsprechend an. Aber die Steigerung ist natürlich nicht unendlich, denn nun ergreifen andere Krankheitserreger ihre Chance, wie die Räude oder die Staupe, die allerdings nicht ganz so drastisch wirken wie die Tollwut.[56]

Dasselbe versuchen die Erreger natürlich auch mit uns, und gegen die winzigsten aller Angreifer ist unsere moderne Medizin noch immer recht machtlos. Hinsichtlich der Krankheitsbekämpfung mittels Medikamenten ist die Lage bei Viren deutlich schwieriger als bei Bakterien. Während diese aufgrund ihres vorhandenen Stoffwechsels abgetötet werden können, gelingt das bei den völlig inaktiven Viren nicht. Aktiv wird auf deren Anregung hin nur die Wirtszelle, und diese körpereigenen Zellen dürfen bei einer Behandlung ja nicht in Mitleidenschaft gezogen werden. Was bleibt, sind beispielsweise Schlüsselproteine, die bei der Vervielfältigung der Virus-DNA eine entscheidende Rolle spielen. Zu ihrer Ausschaltung mit Medikamenten gibt es zu Beginn der Infektion ein schmales Zeitfenster – viel mehr steht in den meisten Fällen heute nicht zur Verfügung.[57]

Genau wie Bakterien vermögen sich Viren jedoch an neue Situationen rasch anzupassen, viel rascher sogar. Denn während die Wirtszelle munter neue Viruskopien herstellt, unterlaufen ihr immer wieder Fehler. Diese Fehler im Erbgut der neuen Viren ermöglichen prinzipiell das Entstehen von neuen Varianten. Denn im Gegensatz zu allen anderen Lebensformen, in deren Zellen solche Kopierfehler schnell entdeckt und korrigiert werden, kann ein Virus dies nicht, da es ja völlig inaktiv ist. So werden zwar jede Menge funktionsuntüchtiger Nachkommen in die Welt entlassen, zugleich steigt jedoch die Chance rapide, dass auch eine neue Genkombination mit vorteilhaften Merkmalen entsteht, etwa einem Merkmal, das resistent gegen neueste Medikamente ist. Auch hier beginnt also ein Wettlauf zwischen Krankheitserreger und Pharmaforschung.

Viren haben noch eine weitere Möglichkeit, sich sehr schnell zu verändern: durch den Antigenshift. Die genetischen Informationen eines Virus sind in Segmente unterteilt. Kommen in einem Wirtskörper verschiedene Virenarten zusammen, so können sie untereinander komplette Teilbereiche austauschen. Zwischen Schweinen, Vögeln und Menschen kommt es immer wieder zu gegenseitigen Infektionen, sodass in einem Körper gleichzeitig Schweine-, Vogel- und Menschenviren vorhanden sein können, die munter ihre Gensegmente austauschen.[58] Sie sind dadurch imstande, sich rasch zu gefährlichen Erregern zu wandeln, welche die leichte Übertragbarkeit auf die eine Art mit der tödlichen Wirkung der anderen Art kombinieren.

Bakterien und Viren können aber nicht zur völligen Ausrottung der Menschheit führen, denn zu ihrer Ausbreitung brauchen sie eine bestimmte Populationsdichte, eine gewisse Kontaktrate zwischen den Mitgliedern einer Art. Leben die einzelnen Individuen oder Gruppen zu weit auseinander, sehen sie sich zu selten oder nie, so ist eine Ausbreitung nicht möglich. Davon abgesehen würde es uns ohne Viren überhaupt nicht geben. Geschätzte acht Prozent unseres Erbguts ist Virus-DNA – die Kerlchen gehören also gewissermaßen zu unserer Verwandtschaft.[59]

Trotz aller Versuche der Natur, die Größe der menschlichen Population zu regulieren, konnten wir zumindest in jüngster Zeit immer wieder ausweichen. Die Geschichte dieser Entwicklung beginnt allerdings früher, sehr viel früher, und jetzt wird es heiß.

1.4 Falsch abgebogen

An einem fernen Punkt in der Vergangenheit begann unsere Entwicklung von der anderer Tierarten abzuweichen. Der Auslöser dafür war die Zähmung des Feuers. Nicht Waffen, nicht Ackerbau und Viehzucht, sondern die Energiegewinnung durch Verbrennungsvorgänge war der Schlüssel für den Siegeszug des Menschen. Alle anderen Arten können aktiv Energie nur aufgrund körpereigener Prozesse erzeugen, Homo sapiens dagegen erschloss sich bereits vor rund 900 000 Jahren Holz als Wärmequelle.[60]

Feuer ist die wesentliche Errungenschaft des Menschen. Nun war es möglich, auch kalte Regionen zu besiedeln, und schwer verdauliche Nahrung konnte so aufgeschlossen werden, dass sie jede Menge Energie lieferte. Zudem waren die Flammen eine wirkungsvolle Waffe zur Abwehr von Raubtieren.

Der Mensch ist übrigens nicht die einzige Art, die Feuer nutzt. In Australien sind es Greifvögel wie der Schwarzmilan, die laut Beobachtungen von Aborigines aktiv Brände vergrößern. Sobald die Savanne brennt, flüchten unzählige Kleintiere vor der Feuerfront, auf die sich die Vögel dann in einem regelrechten Rausch stürzen. Manche von ihnen tragen glimmende Zweige in Flächen, die bis dahin vom Feuer verschont wurden, um auch dort das Buffet zu eröffnen. Forschende konnten die Beobachtungen der Ureinwohner bestätigen.[61]

Doch das aktive Entzünden eines Feuers, etwa mit Stahl und Feuerstein, ist tatsächlich eine einzigartige Fähigkeit, die nur unsere Art beherrscht. Das Sitzen am Feuer war für unsere Entwicklung offenbar so wichtig, dass sich ein spezieller Aspekt sogar in unsere Genen wiederfindet – die Fähigkeit, Rauch zu ertragen.

Das haben Sie vielleicht auch schon erlebt: Wenn man in gemütlicher Runde um ein rauchendes Feuerchen sitzt, dann dauert es nicht lange, bis die erste Person im Qualm hockt. Das ist unangenehm und kann durch einen Platzwechsel behoben werden, doch für unsere Ahnen sah die Sache anders aus. Wer in klirrender Winterkälte in einer Höhle, einem Zelt oder in einer Kate Zuflucht suchte und sich ein wenig wärmen wollte, musste auch den schlecht abziehenden Rauch in Kauf nehmen, denn Schornsteine gab es vor Jahrzehntausenden sicher nicht. Das sorgte für vorzeitige Todesfälle, doch allmählich wurden die Menschen robuster. Das sogenannte AHR-Gen, das uns von anderen Menschenarten, wie beispielsweise den Neandertalern, unterscheidet, verringert nämlich die schädliche Wirkung je nach Molekülart im Rauch um den Faktor 1000.[62]

Das Gehirn, gut nahrungsversorgt, konnte also wachsen, doch selbstverständlich nicht als Selbstzweck. Seine steigenden Fähigkeiten ermöglichten ein fein abgestimmtes soziales Miteinander und brachten Kulturen hervor. Eine Kultur ist, je nach Definition, die geistige Leistung einer Gemeinschaft, wie etwa eine gemeinsame Sprache. Diese wird ja erst in differenzierter Form erforderlich, weil viele Individuen zusammenleben und sich abstimmen müssen. Je mehr und je feiner man sich abstimmen muss, je mehr soziale Interaktion es also gibt, desto intelligenter müssen die einzelnen Mitglieder sein. Oder anders ausgedrückt: Es gibt große Anreize für die Weiterentwicklung der Gehirnleistung.

Oder war es genau andersherum? Machte erst das wachsende Gehirn ein Leben in Familienverbänden notwendig? Das zu außergewöhnlicher Größe angeschwollene Denkorgan ließ Geburten nämlich zunehmend problematisch werden – schließlich muss alles durch den Geburtskanal der Frauen passen, und ab einer bestimmten Größe ist rein anatomisch Schluss. Aber warum eigentlich? Konnte das Becken nicht entsprechend breiter werden? Dem stand unser aufrechter Gang im Wege, der zur Fortbewegung Vorteile versprach und zugleich die Hände zum dauerhaften Greifen frei machte – und damit auch die Gehirnentwicklung förderte.

Forschende konnten nachweisen, dass das Denkorgan bei unseren Vorfahren erst nach der Etablierung des aufrechten Ganges richtig an Fahrt gewann – wer Werkzeuge und andere Dinge basteln kann, muss eben mehr überlegen. Der aufrechte Gang erforderte anatomisch allerdings ein schmaleres Becken, weshalb immer größere Säuglingshirne durch immer schmalere Becken passen mussten. Dies wird in der Wissenschaft als Geburtsdilemma bezeichnet.[63]

Der Ausweg: Menschenkinder werden zu einem Zeitpunkt geboren, an dem sie noch sehr unselbstständig sind, dafür aber kleinere Köpfe haben. Im Gegensatz zu vielen anderen Tierkindern sind Säuglinge und Kleinkinder auf die Hilfe von Erwachsenen angewiesen, mithin viele Jahre nicht selbstständig überlebensfähig. Also mussten sie betreut werden, was in grauer Vorzeit für Alleinerziehende nicht möglich gewesen wäre.

Mussten sich unsere Ahnen also nur deswegen in Gruppen zusammenschließen, um die großen, aber hilflosen Säuglinge gemeinsam aufziehen zu können, oder war der Zusammenschluss zu sozialen Gemeinschaften der Treiber für unsere Gehirnentwicklung? Es gibt nämlich auch hochintelligente soziale Tiere, die dieses Geburts- und Aufzuchtproblem nicht haben, doch dazu gleich mehr.

Schauen wir uns zunächst an, wie andere Säugetiere das Problem mit hilflosen Jungtieren lösen. Dazu kehren wir zu den Rehen zurück. Das Weibchen, die Ricke, legt das Kitz kurz nach der Geburt ins hohe Gras ab und lässt es dort stundenlang allein. Das Kleine ist noch nicht in der Lage, der Mutter bei der Futtersuche zu folgen, ganz zu schweigen von einer Flucht, falls ein großer Beutegreifer auftauchen sollte. Das Kitz ist deshalb in der ersten Zeit fast geruchlos und von Füchsen oder Wölfen nicht zu wittern. Das gefleckte Jugendfell löst die Konturen in der Vegetation auf, zudem schmiegt sich das Rehbaby flach auf den Boden und gibt keinen Laut von sich. Dieses Verhalten erlaubt der Ricke, stundenlang nach saftigen Kräutern oder frischen Baumtrieben zu suchen, um Kraft zur Regeneration und zur Milchbildung zu tanken. Nur hin und wieder schaut sie nach dem Nachwuchs und lässt ihn trinken.

Ähnlich macht es auch die Häsin, die nur zweimal am Tag bei ihren Sprösslingen vorbeischaut und eine Milchmahlzeit anbietet.

Sobald die Kitze größer und ausdauernder sind, begleiten sie ihre Mutter ein Jahr lang durch Wald und Feld. Ansonsten leben die kleinen Hirsche in der Regel allein, und die männlichen Exemplare verteidigen, ganz typisch für Eigenbrötler, ein kleines Revier von rund 20 Hektar Größe im Wald. Die Kommunikation ist übersichtlich und besteht meist aus Duftmarken, die aus Drüsen an Stirn und Beinen abgesondert und an der Vegetation hinterlassen werden. Sie warnen Konkurrenten vor dem Betreten des Areals, was bei Nichtbeachtung mit erbitterten Angriffen geahndet wird. Das ist übrigens auch der Grund dafür, dass sich Rehböcke kaum in Gefangenschaft halten lassen – sie begreifen nach Einsetzen der Geschlechtsreife ihr Pflegepersonal als Nebenbuhler und attackieren es mit ihrem spitzen Geweih.

Nähert sich ein Beutegreifer oder eine andere Gefahr, so stoßen die Rehe einen Warnruf aus. Er klingt wie heiseres Hundegebell und signalisiert dem Angreifer: »Ich habe dich entdeckt, du kannst dein heimliches Anschleichen vergessen!« Gleichzeitig wissen alle Artgenossen Bescheid, dass sie für die nächsten Minuten auf der Hut sein sollten. Darüber hinaus kann noch gefiept werden, wenn etwa die Ricke ihre Paarungsbereitschaft signalisiert oder ihr Kitz ruft. Viel mehr gibt das Repertoire an Lautäußerungen allerdings nicht her, was zeigt, dass ein intensiver Austausch innerhalb der lokalen Population weder notwendig ist noch stattfindet. Zwar schließen sich die Tiere über den Winter auch zu kleinen Rudeln zusammen, um besser gegen Angriffe von Wölfen oder Luchsen gewappnet zu sein – einer passt auf, die anderen können äsen. Aber die Struktur ist dennoch lose und deshalb eine differenzierte Rehsprache unnötig.

Wer stärker kooperiert oder sogar lebenslange Bindungen eingeht, muss sehr viel mehr kommunizieren, wie etwa die Kolkraben. Die intelligenten Tiere – mittlerweile ob ihrer geistigen Leistungen als »geflügelte Affen« bezeichnet – haben das Problem des Geburtsdilemmas nicht. Ihre Küken werden wie bei allen anderen Vögeln aus Eiern ausgebrütet und danach einige Wochen im Nest versorgt, bevor sie flügge werden. Darin unterscheiden sich Rabenkinder nicht von Kohlmeisen oder Rotkehlchen, deren Gehirnleistung deutlich unter denen von Rabenvögeln liegt.

Keine größeren Eier, keine längeren Aufzuchtzeiten – hier ist der Treiber definitiv nicht die Gehirngröße bei Geburt, ausschlaggebend sind vielmehr die generellen Vorteile sozialer Interaktion.

Dazu gehen die schwarzen Gesellen nicht nur lebenslange Partnerschaften ein. Sie leben auch in Gruppen, etwa mit ihrem Nachwuchs der letzten Jahre. Dieser hilft ihnen bei der Aufzucht der Jüngsten, vor allem aber lernt er von den Eltern wie in der Schule. Hier wird ein weiterer Vorteil deutlich, wie er auch für uns Menschen gilt: Hochkomplexe Fähigkeiten brauchen Zeit, um erlernt zu werden. So gibt es Lektionen in Feinderkennung, Futtersuche und Werkzeuggebrauch. Dieses jahrelange Lernen fördert die Intelligenz, gleichermaßen bei Rabenvögeln und Menschen, wie Wissenschaftlerinnen und Wissenschaftler in einem Forschungsprojekt 2020 feststellten. Dazu analysierten sie Tausende von Singvogelarten, darunter auch 127 Rabenvogelarten, denen sie außergewöhnlich große Gehirne attestierten.[64]

Im Vergleich zu Rehen ist die Rabensprache überwältigend differenziert. So können sich die Tiere an Gruppenmitglieder erinnern, die jahrelang abwesend waren. Alleine die »Begegnungskommunikation« ist so raffiniert, dass es ebenso wie bei uns Menschen nicht nur auf die Worte, sondern sogar auf die Stimmlage ankommt. So stellten Forscher der Universität Wien fest, dass andere Raben unterschiedlich begrüßt werden – je nachdem, wie sehr man sich mag und ob man sich überhaupt kennt. Fremde Vögel werden in einer eher aufgeregten Tonfolge mit vielen aufeinanderfolgenden Lauten begrüßt, die möglicherweise dazu dient, den Rufer größer erscheinen zu lassen. Bei bekannten Artgenossen klingt die Tonfolge entspannter, allerdings gibt es auch hier deutliche Unterschiede, je nach Beziehungsqualität. Ist man mit dem zurückkehrenden Vogel befreundet, so wird er in einer höheren Tonlage begrüßt, ganz im Gegensatz zu Kolleginnen und Kollegen, die mit einer negativen Erinnerung in Verbindung gebracht werden: Ihre Begrüßung fällt tiefer und rauer aus (ähnlich machen wir das übrigens auch).[65]

Haben Sie vorhin kurz innerlich gezuckt, als ich »Worte« im Zusammenhang mit Raben schrieb? Das ist nicht übertrieben, wie Forschende der Universität Wien entdeckten. So können die Vögel ihren Gruppenmitgliedern Botschaften wie »Hier ist Futter. Ich bin zwei Jahre alt und männlich« zurufen.[66] Dann wissen gleich alle Bescheid, dass es hier etwas zu holen gibt und der Rufer nicht auf Rangkämpfe aus ist.

Wo es Sprachen gibt, entstehen auch regionale Dialekte – das ist bei Kolkraben nicht anders, wie Forschende der Universität Bern im Umfeld der Stadt herausgefunden haben. Im Überschneidungsgebiet der lokalen »Mundarten« gab es sogar bilingual krächzende Exemplare.[67]

Das Phänomen kennen Sie auch von menschlichen Gruppen. Sie entwickeln nicht nur regional eigene Dialekte, sondern auch innerhalb von Interessengruppen, wie beispielsweise im Bereich von Berufen oder Hobbys. Das dient nicht nur der besseren Verständigung, sondern ebenso der Abgrenzung gegenüber anderen und damit dem Zugehörigkeitsgefühl, also der Festigung der Bindungen. Wer diese Abschottung durchbricht und die codierten Botschaften für andere verständlich macht, muss mit Widerstand rechnen (siehe Forstwirtschaft ;-)

Fassen wir noch einmal zusammen: Größere Gehirne ermöglichen umfassenderes Lernen und differenziertere Überlebensstrategien. Dazu muss der Nachwuchs mehr als nur instinktives Verhalten beherrschen, er muss es in jahrelanger Arbeit von seiner Gruppe beigebracht bekommen. Das gilt gleichermaßen für Menschen, Rabenvögel, aber auch andere intelligente Arten wie Orcas (die ebenfalls regionale Dialekte haben). Das bereits angesprochene Geburtsdilemma unserer Art ist demnach nicht besonders schwerwiegend, weil eine lange Kindheit ohnehin vorteilhaft ist.

Allerdings reichte das alles noch nicht aus, um sich zahlenmäßig deutlich von anderen Säugetieren abzuheben. Trotz der stark gestiegenen geistigen Kapazitäten dümpelte die Bevölkerung Jahrhunderttausende vor sich hin. Doch dann änderte sich die

Situation grundlegend: Der Startschuss zur Bevölkerungsexplosion fiel vor etwa 11 000 Jahren. Im Gebiet der Flüsse Euphrat und Tigris sowie südlich davon, heute den Ländern der Türkei, des Iraks, Syriens und Jordaniens zugehörig, begannen findige Steinzeitmenschen, sich unabhängig von dem schwankenden Nahrungsangebot der Natur zu machen. Sie erfanden die Kulturlandschaft. Sicher war es nicht so, dass einer von ihnen die zündende Idee hatte, Getreide zu säen und zu ernten. Vielmehr war es ein allmählicher Übergang. So wurden aus den Jäger- und Sammlergesellschaften langsam sesshafte Dorfbewohner, die Wildgetreide sammelten und in ersten Speichern für den Winter einlagerten.[68] Im Kernbereich ihrer Reviere mussten deshalb Siedlungen angelegt werden, schon allein deshalb, um die wertvollen Vorräte zu bewachen.

Parallel dazu zähmten die angehenden Dorfbewohner Wildtiere als Frischfleischvorrat. Ohne Kühl- und Gefriermöglichkeiten hielten sich tierische Lebensmittel im Sommer nicht besonders lang. Was lag näher, als einen lebendigen Vorrat mit praktisch unbegrenzter Haltbarkeit anzulegen?

Schon vor dem Ackerbau begann die Zähmung von Wildtieren zu Nahrungszwecken – und der erste Kandidat war wahrscheinlich der Vorfahre unserer Hunde, der Wolf. Die niedlichen, verspielten Welpen, aus den Bauen ausgegraben oder gefangen, wurden schnell zutraulich. Zäune oder Hirtenjungen brauchte man nicht. Erste Spuren der Domestizierung sind mindestens 15 000 Jahre alt und zeigen, dass diese Versuche zuerst in Asien stattfanden.[69] Die besonders anhänglichen und treuen Tiere durften mit den Steinzeitmenschen am Lagerfeuer leben und Fleischreste vertilgen, sodass sie als Ahnherren von Dackel und Schäferhund in Frieden alt werden konnten. Wildschafe und -ziegen gesellten sich bald dazu, in Asien ließ sich der Wasserbüffel in den Dienst der Menschheit stellen.

Um 8000 v. Chr. wurden dann erste Äcker bestellt. Getreide

wie Reis und Emmer (die Urform des Weizens), aber auch Roggen und Gerste tauchten auf dem Speiseplan auf; in Amerika lag der Schwerpunkt auf Mais, Kürbis und Kartoffeln. Die Feldfrüchte wurden nach Ansicht des Forschers Patrick E. McGovern zunächst jedoch nicht gegessen, sondern getrunken. Wie er in seinem Buch *Uncorking the Past* beschreibt, brauten unsere Vorfahren schon vor über 9 000 Jahren berauschende Flüssigkeiten, die sie dann genüsslich am Lagerfeuer schlürften. Triebfeder der Ackerbaukultur war McGovern zufolge nicht der Hunger, sondern das Bedürfnis nach regelmäßiger Versorgung mit alkoholischen Getränken.[70]

Ob flüssige oder feste Nahrung, der wesentliche Schritt war getan. Die kleinen Felder, durch mühevolles Pflügen der Natur abgetrotzt, mussten gehegt und gepflegt werden. Dazu bot es sich an, gleich in der Nähe zu wohnen: Das dauerhafte Dorf war geboren. Unkrautjäten oder auch Gießen waren aber nicht ausschlaggebend für die Sesshaftigkeit: Der sprießende Nahrungsvorrat musste gegen Vögel und Säugetiere, vor allem aber gegen hungrige Neider der eigenen Spezies verteidigt werden. Große Wanderungen waren ja auch nicht mehr nötig, denn die Versorgung der Familie erforderte jetzt nicht mehr tagelange Jagdzüge und oft erfolglose Suchaktionen nach winzigen Samen und Früchten. Und schon schrumpften die Reviere der Steinzeitler kräftig: von Hunderten von Quadratkilometern pro Familie auf einen Kreis von wenigen Kilometern Durchmesser rund um die neuen Bauerndörfer.

Der frei werdende Raum zwischen den Siedlungen wurde dennoch genutzt, zunächst aber nur als Jagdrevier zur Ergänzung der Getreidekost. Im Laufe der Zeit machte sich in den besonders fruchtbaren Gebieten der Nachwuchs unserer Vorfahren daran, ein neues Dorf nach dem anderen zu gründen. Damit verschwand leider auch ein paradiesischer Zustand, nämlich dass alles allen gehört. Das ist bei mühsam gehegten Ackerfrüchten, geerntet und sorgsam eingelagert, nicht mehr möglich – wenn sich jeder ungefragt bedienen dürfte, würde sich die ganze Arbeit kaum noch lohnen. Land konnte von nun an zum Eigentum werden.[71]

Wachsen Lebensgemeinschaften über kleine familiäre Gruppen hinaus, dann brauchen sie weitere Regeln. Noch bevor der moderne Staat mit Gesetzen und Ordnungskräften wie etwa im alten Ägypten entstand, muss es andere Möglichkeiten gegeben haben, das Zusammenleben so zu gestalten, dass die Gesellschaft friedlich und fair blieb. Eine solche Möglichkeit ist die Religion. Und an dieser Stelle verlassen wir, Stand heute, die Parallelen zur Tierwelt.

Religion ist ein echter evolutionärer Vorteil, wenn es um den Erhalt der Art geht. Doch ist Religion tatsächlich ein Produkt der Evolution? Theorien hierzu gibt es bereits. Richard Sosis, Anthropologiedozent an der University of Connecticut, forscht nach den Gründen. Seiner Meinung nach verhindert Religion einen starken Egoismus. Gemeinschaften sind von der Steinzeit bis heute nur erfolgreich, wenn sich alle Mitglieder kooperativ verhalten. Schmarotzer, die andere für sich arbeiten lassen, schmälern das Gesamtergebnis und sorgen für Unfrieden.

Religion bietet die Chance, die Gläubigen auf einen Verhaltenskodex einzuschwören, dessen Einhaltung nicht aufwendig kontrolliert zu werden braucht. Bei Verstößen erfolgt, so der Glaube, eine Strafe durch die höhere Instanz, die bei gutem Betragen auch Belohnungen bereithält. Je härter die den Mitgliedern auferlegten Verpflichtungen und Rituale, desto stärker ist das Zusammengehörigkeitsgefühl und damit das Vertrauen untereinander.[72]

Anderen Forschern zufolge haben religiöse Menschen zudem mehr Kinder, pflanzen sich also erfolgreicher fort. Der entsprechende Forschungszweig nennt sich Religionsdemografie. Der

Religionswissenschaftler Dr. Michael Blume bescheinigt allen Religionen eine geburtenfördernde Wirkung – sofern sie denn konsequent gelebt werden. Dabei spielt die Art der Religion eine untergeordnete Rolle. Bisher gibt es keine nicht-religiöse menschliche Population, deren Geburtenrate nicht unter den zur Erhaltung notwendigen Mindestwert von 2,1 Kindern pro Frau gefallen ist, die also irgendwann demografisch verschwindet.[73] Mehr Nachwuchs und damit noch mehr Gläubige: Kein Wunder, dass sich Religiosität als wichtige menschliche Eigenschaft im Laufe der Zeit überall durchsetzte.

Der Glaube an höhere Wesen sollte sich wie jede menschliche Eigenschaft evolutionär entwickelt haben, und die Frage ist, wo sich im Gehirn die entsprechende Hardware gebildet hat. Mit dieser Fragestellung beschäftigt sich ein relativ junger Forschungszweig, die Neurotheologie. Sie versucht, Religiosität mit Gehirnaktivitäten in Verbindung zu bringen. Erste Erfolge wurden bereits vermeldet: Der linke Schläfenlappen, der sich bis hinter das Ohr zieht, soll in bestimmten Fällen spirituelle Erlebnisse produzieren. Hier setzte Michael Persinger, ein Professor für Psychologie an der Laurentia University in Kanada, an. Schon in den 1980er-Jahren bastelte er eine Art Motorradhelm mit Magnetspulen. Sie sollten den linken Schläfenlappen stimulieren und Erscheinungen provozieren. Dazu wurden rund 1 000 Teilnehmende nacheinander mit dem Helm auf dem Kopf in einen dunklen Raum gesetzt und den Magnetfeldern ausgesetzt. Anschließend berichteten 80 Prozent der Probanden von spirituellen Erlebnissen oder anderen Erscheinungen. Das Experiment war allerdings höchst umstritten, weil es sich nicht einwandfrei reproduzieren ließ.

Bis heute weiß man nicht exakt, wo im Gehirn religiöse Gefühle entstehen; möglicherweise ist es eine Kombination verschiedener Regionen, die daran beteiligt sind.[74]

Ganz aus dem Rennen ist der linke Schläfenlappen aber noch

nicht, denn es gibt Personen, bei denen epileptische Anfälle in dieser Hirnregion immer wieder religiöse Visionen hervorbringen. Temporallappenepilepsie (TLE) nennt sich die Krankheit, die bei den Betroffenen eine besonders ausgeprägte Religiosität erzeugen kann. Apostel Paulus könnte ebenfalls darunter gelitten haben, denn er hatte besonders intensive Erscheinungen; auch scheinen andere Anzeichen wie zeitweilige Blindheit auf eine Form dieser Krankheit bei ihm hinzuweisen.[75]

Der Wiener Wissenschaftsjournalist Ulrich Kraft fragte im Jahr 2002 ketzerisch: »War es also ein Flackern im Schläfenlappen, das Buddha unter dem Feigenbaum die Erleuchtung brachte? Wurden Mose die Zehn Gebote nicht von Gott überreicht, sondern von einem Bündel feuernder Neuronen eingeflüstert?«[76] Schon möglich, aber dennoch ist bis heute umstritten, wie religiöse Gefühle im Gehirn entstehen, denn es gibt durchaus andere Theorien über beteiligte Regionen.[77]

Neben der genauen Verortung im Körper stellt sich noch eine andere Frage, und zwar die nach einer im Ursprung tierischen Natur der spirituellen Gefühle. Wenn Religion für den Menschen so vorteilhaft ist, warum sollten solche Verhaltensweisen nicht auch bei Tieren zu finden sein? Oder sind wir hier einem exklusiven Phänomen von Homo sapiens auf der Spur?

Zumindest bei Arten mit komplexen Sozialgemeinschaften, wie etwa Delfinen oder Wölfen, lohnt es sich, einmal genauer hinzuschauen. Denn auch bei ihnen wird getäuscht und getrickst, sodass sich eine gemeinsame Vertrauensbasis in Form einer Religion lohnen könnte. Ein guter Ansatzpunkt ist der Temporallappen. Wir erinnern uns: Der linke Schläfenlappen ist beim Menschen möglicherweise an der Entstehung religiöser Gefühle beteiligt. Dieses Organ findet man auch bei Affen, Delfinen und Hunden, ja sogar bei Mäusen. Die rein organische Voraussetzung für spirituelle Erlebnisse könnte also im Tierreich vorhanden sein. Oder ist es eher so, dass dieses Gehirnareal bei anderen Arten nicht so funktioniert wie bei uns, dass also nur organisch eine Übereinstimmung festgestellt werden kann?

Die evolutionäre Entwicklung unseres Gehirns spricht eher dagegen. Wir haben uns aus anderen Arten entwickelt und, Baustein für Baustein, auf schon Vorhandenes aufgesattelt. Gewiss, es gibt gravierende Abweichungen zu anderen Arten, beispielsweise unser Denkvermögen. Diese Abweichungen resultieren jedoch nicht aus einer neu hinzugekommenen Hirnregion, sondern aus der massiven Vergrößerung bereits existierender Hirnareale. Es gibt aber noch einen deutlich überzeugenderen Hinweis: Auch Säugetiere können an Temporallappenepilepsie erkranken. Etliche Anhaltspunkte lassen ein derartiges Leiden bei verschiedenen Tierarten bis hin zu Mäusen vermuten.[78] Wenn also ein gleich aufgebautes Hirnareal zu gleichen Krankheitssymptomen führen kann, warum soll sich ein Tier mit TLE dann nicht auch ähnlich fühlen wie manche der entsprechend veranlagten Menschen?

Tiere könnten möglicherweise zu spirituellen Gefühlen in der Lage sein. Wie diese sich äußern, ob es Vorstellungen von höheren Wesen oder gar einem Leben nach dem Tod gibt, gehört endgültig ins Reich der Spekulation. Meines Wissens sind religiöse Gefühle bei Tieren noch nicht Gegenstand intensiver Forschung geworden, obwohl sich dieses Feld aufgrund der Parallelen geradezu aufdrängt. Vielleicht geht das einigen aber auch einfach nur zu weit, schreit ein kleiner Mann im Ohr »Blasphemie!« Dabei muss eine religiöse Einstellung der Forschung nicht im Wege stehen, denn auch Tieren sollte, so es denn ein Leben nach dem Tod und einen Himmel gibt, der Weg in die Ewigkeit nicht verschlossen bleiben.

Doch selbst wenn Religion ein nicht auf unsere Art beschränktes Phänomen ist, so dürfen wir doch ob der zahlreichen Glaubensrichtungen mindestens als besonders erfolgreich in dieser Disziplin gelten. Zusammen mit der Revolution in der Landwirtschaft gab es nun für das weitere Wachstum der Population kein Halten mehr.

Dümpelte etwa in Südosteuropa die Bevölkerung vor Beginn von Ackerbau und Viehzucht um 50 000 Personen, so verzwanzigfachte sich der Wert um 6000 vor Christus auf 1,1 Millionen.[79] Um Christi Geburt lebten 188 Millionen Menschen auf der Erde, eine Zahl, die sich erst nach 1 400 Jahren verdoppelt hat. Bis Ende des 17. Jahrhunderts waren es bereits 600 Millionen, um 1800 schon eine knappe Milliarde,[80] um bis heute auf über acht Milliarden anzuschwellen.

Diese Entwicklung lässt nur einen Schluss zu: Das Nahrungsangebot muss sich parallel laufend verbessert haben, und zwar jeweils unmittelbar vor dem weiteren Anwachsen der Bevölkerung. Denn dieser Mechanismus funktioniert überall im Tierreich: Die Populationsgröße einer Art spiegelt immer deren Nahrungsbasis wider. Typischerweise läuft dabei das Nahrungsmittelhoch wie eine Welle dem Anstieg der Population voraus. Erst einige Zeit nach dem Absinken dieses Hochs geht auch die Population wieder zurück.

Werfen wir also einen Blick auf die Veränderungen in der Landwirtschaft, der Nahrungsbasis unserer eigenen Art. Die Periode des ersten Anwachsens auf 188 Millionen haben wir ja schon beleuchtet. Kleinere Weiterentwicklungen, wie etwa die Einführung der Dreifelderwirtschaft ab dem 8. Jahrhundert,[81] können die Erhöhung auf 600 Millionen erklären. Großflächig angewandt verbesserte sie die Erträge durch einen regelmäßigen Wechsel der Anbaufrüchte und Anbaupausen (Brachen), die ein Auslaugen der Böden verhinderte. Pferde lösten Kühe als Zugtiere ab, wodurch statt Holz- schwere Eisenpflüge eingesetzt werden konnten. Zudem hatten Pferde ein deutlich höheres Arbeitstempo. Das schlug sich ebenfalls in gesteigerten Erträgen nieder.

Eine stärkere Veränderung trat im Zuge der Eroberung Amerikas durch die Europäer ein. Viele Nutzpflanzen wechselten die Kontinente. Unter ihnen auch eine Knolle, deren Siegeszug im 18. Jahrhundert begann: die Kartoffel. Zwar war sie in Europa schon länger als Nahrungsmittel bekannt, dennoch hatte außer den Iren niemand so recht das Vertrauen, in größerem Ausmaß damit zu experimentieren. In Preußen war es Friedrich der Große, der mit Macht (und unter Androhung von Strafen) für den Kartoffelanbau eintrat.[82] Die Knolle hatte ja auch viele Vorteile: Sie ließ sich einfach anbauen, brauchte keine speziellen Geräte zur Ernte und lieferte den anderthalbfachen Ertrag von Getreide.

Auch andere Nutzpflanzen wie Mais, Reis oder Kürbisse gelangten weltweit in neue Anbaugebiete. Damit war der Sprung auf eine Milliarde Menschen kein Problem mehr. Düngerimporte aus Südamerika, bei denen Segelschiffe Hunderttausende Tonnen von Guano nach London, Antwerpen und Hamburg brachten, erhöhten die landwirtschaftliche Produktion noch weiter. Diese Exkremente von Seevögeln, die sich auf fernen Inseln und Klippen teilweise über 30 Meter hoch türmten,[83] päppelten die verarmten Böden Mitteleuropas auf.

Der endgültige Durchbruch wurde dann durch die Entwicklung des Kunstdüngers um 1910 ermöglicht. Mithilfe von Luftstickstoff, einem schier unerschöpflichen Reservoir, konnte Ammoniakdünger erzeugt werden, der den Ertrag auf den landwirtschaftlichen Feldern weltweit bis heute massiv steigert. Neben weiteren Entwicklungen wie Spritzmittel gegen Schädlinge, maschinelle Unterstützung und züchterische Neuentwicklungen von Getreidesorten und Nutztierrassen ist dieser Düngerschub für den heutigen Bevölkerungsstand maßgeblich verantwortlich.

Und noch wirkt die Entwicklung weiter. Denn die vergangenen 100 Jahre haben dem Menschen rein zahlenmäßig offensichtlich nicht gereicht, um diesen neuen Nahrungsmittelsegen ausschöpfen zu können. Möglicherweise kann das aktuelle landwirtschaftliche Potenzial zusätzliche zwei Milliarden Erdenbürger ernähren, falls die Erzeugnisse gleichmäßig und gerecht verteilt werden.[84] Am Horizont flackern bereits die Verheißungen gentechnisch veränderter Pflanzen und Tiere auf. Wird das biotechnisch Mögliche konsequent umgesetzt (und daran kann aktuell kein Zweifel bestehen), so wird unsere Art auch diese Erweiterung der Nahrungsbasis freudig in zusätzlichen Nachwuchs umsetzen – es sei denn, andere natürliche oder kulturelle Wachstumsbremsen greifen, doch dazu später noch mehr. Eng muss es dabei grundsätzlich nicht werden, denn allein Nordamerika könnte, um auf die durchschnittliche Bevölkerungsdichte der EU zu kommen, noch fast zwei Milliarden Menschen aufnehmen.

Gewiss, das ist nicht unbedingt wünschenswert, und auch die Umwelt würde entsprechende Schäden davontragen. Hinzu kommt, dass dicht besiedelte Regionen wie Westeuropa von der Natur in dünn besiedelten Weltteilen profitieren, wenn wir etwa an die Wirkung großer Wälder auf das Wetter der Kontinente denken. Würde überall eine Kulturlandschaft im europäischen Sinne angelegt (wovon wir etwa Brasilien aus guten Gründen heftig abraten), dann ginge wahrscheinlich auch die Tragfähigkeit der veränderten Ökosysteme vor unserer Haustüre deutlich zurück.

Unser Körper hat übrigens in Bezug auf die Nahrung den Weg aus der Steinzeit in die Moderne noch immer nicht gefunden. Dass Essen jederzeit, auch im Winter, verfügbar ist, haben wir einfach nicht auf dem Schirm. Wie sehr wir in dieser Hinsicht immer noch wie viele andere Tiere ticken, zeigt sich jedes Jahr mit Beginn der kalten Jahreszeit aufs Neue. Viele Tiere schalten jetzt in den Energiesparmodus. Hirsche etwa senken ihre Körpertemperatur ab und verkleinern ihren Magen. Dösend stehen sie dann im Wald und brauchen zwischendurch nicht mehr so viel Futter – das ist auch dringend notwendig, denn das Gras, ihre Leibspeise, ist nun überwiegend verdorrt, und die gelben Halme enthalten kaum Nährstoffe.

Da haben es die Eichhörnchen schon besser, die von den im Herbst angelegten Verstecken mit Eicheln, Bucheckern, Nüssen oder Pilzen profitieren. Da sie die genaue Lage ihrer Depots meist wieder vergessen, müssen sie beim Wiederfinden ihre Nase einsetzen, was nicht immer funktioniert (wie die vielen Baumsämlinge im Frühjahr beweisen, die aus solchen Vorräten sprießen). Das Futter reicht aber in jedem Fall kaum für ein normales Eichhörnchenleben, weshalb die Tiere die meiste Zeit des Tages verschlafen und nur kurz aufwachen, um einen Snack zu sich zu nehmen. Ähnlich machen es viele Tiere und in abgewandelter Form auch wir.

Unsere Vorfahren durchlebten als Jägerinnen und Sammler im Winter eine harte Zeit, und das nicht nur wegen des zurückgehenden Nahrungsangebots. Durch die kurzen Tage blieb natürlich viel weniger Zeit für die Jagd übrig, und auch das Sammeln des Brennholzes für das Lagerfeuer, welches den Winter überhaupt erst erträglich machte, musste in den wenigen Stunden erledigt werden. Was lag da näher, als es wie die Tiere zu machen und einen Gang zurückzuschalten?

Dass wir uns mit unserem jahreszeitlichen Verhalten immer noch in der Steinzeit befinden, zeigt uns unser Körper bis heute. So haben Sie vielleicht auch schon die Erfahrung gemacht, dass das Weihnachtsessen besonders ansetzt. Damit ist ja in der Regel keine einzelne Mahlzeit gemeint, sondern das Essen während der Weihnachtsfeiertage und des Urlaubs in dieser Zeit. Der Körper arbeitet auf Sparflamme, wir sind oft müde, essen aber im Gegensatz zu unseren Vorfahren in gemütlicher Runde sogar eher mehr als im Sommer, wenn wir aktiver und auch abgelenkter sind. Und was sagt die Wissenschaft dazu? Sie fand kürzlich handfeste Indizien dafür, dass wir tatsächlich ein bisschen wie Eichhörnchen und Co. ticken. So zeigte eine Studie an

292 Personen mit Schlafstörungen, dass sie im Durchschnitt der Monate November bis Februar 50 Minuten länger schliefen als sonst.[85] Und wie ist dies bei gesunden Menschen? Dazu liegen noch keine Befunde vor, doch einer der Wissenschaftler, Dieter Kunz, erklärte in einem Interview, dass die Effekte bei gesunden Menschen noch ausgeprägter sein könnten, weil bei ihnen die Störungen wegfallen würden.[86]

Kommen wir auf die allgemeingültigen Mechanismen in der Natur zurück: Noch steigt unser Nahrungspotenzial an, sodass auch die Bevölkerung weiter wachsen kann, wenn wir die übrigen Faktoren (Krankheiten, Kriege etc.) im Griff behalten. Sie wächst, so zeigen die Erfahrungen mit unseren Mitgeschöpfen, auch dann noch eine gewisse Zeit weiter, wenn das nachhaltige Nahrungsangebot schon wieder rückläufig ist. Dann wird der Lebensraum übernutzt, die Nahrungsquellen zumindest schwer geschädigt oder sogar zerstört, was den anschließenden Absturz umso heftiger ausfallen lässt.

Bis dahin bleibt uns also noch Zeit, darüber nachzudenken, wie wir einen unkontrollierten Bevölkerungsrückgang (und das bedeutet viel mehr Hungertote als heute) abfedern können. Ich bin mir allerdings nicht sicher, ob wir diese Prozesse tatsächlich zu steuern vermögen. Bevor wir dies näher beleuchten, schauen wir uns noch eine andere Art von Hunger an: den nach Informationen.

Als unsere Vorfahren durch Wald und Steppe streiften, war Information Mangelware, aber für das Überleben wesentlich wichtiger als heute. Raubtiere, Unwetter oder feindliche Sippen, Nahrungsmangel oder Nahrungsquellen, gute Quartiere bei schlechtem Wetter, Heilpflanzen gegen Krankheiten – Wissen über diese wesentlichen Faktoren des Überlebens war unabdingbar und wurde als kostbares Gut gehandelt (und nicht an jeden weitergegeben). Entsprechend sind unsere Instinkte darauf ausgelegt, jeden noch so kleinen Schnipsel an Neuigkeiten gierig aufzusaugen und auf die Bedeutung für das eigene Wohlergehen zu interpretieren. Exakt für dieses Maß an Informationen sind unsere Sinne und unser Verstand ausgelegt – nicht mehr und nicht weniger.

Heute empfinden wir einen Ausflug in die Natur, unser ursprüngliches Ökosystem, als geradezu entspannend, was in erschreckender Weise offenlegt, wie übervoll mit Reizen unser Alltag mittlerweile ist. Handys mit Social-Media-Apps lassen uns je nach Neigung stundenlang durch Posts anderer Menschen scrollen, ohne dass wir hinterher noch sagen könnten, was wir uns da im Detail angesehen haben. Ähnlich verhält es sich mit Nachrichten, Talk-Shows, aber auch Spielfilmen, Zeitschriften und, ja, auch Büchern. Hinterher, und damit meine ich einen Abstand von einigen Tagen, kann kaum noch jemand Details erinnern, sondern bestenfalls ein paar Schlagworte, falls es wirklich interessant war (was ich natürlich für dieses Buch sehr hoffe).

Nun könnte man sagen, dass es doch völlig gleichgültig sei, was Individuen in ihrer Freizeit tun und lassen. Doch das ist es keineswegs, denn der Informationshunger verbraucht mittlerweile nicht nur geistige, sondern ebenfalls gigantisch viel an natürlichen Ressourcen. Die globalen täglich abgesetzten rund 300 Milliarden E-Mails oder 720 000 Stunden neue YouTube-Videos verbrauchen neben allen anderen digitalen Produkten und Nutzungen schon heute bis zu zwölf Prozent des global erzeugten Stroms – Tendenz weiter steil steigend. Information konkurriert also jetzt schon mit dem Antrieb von Fahrzeugen, dem Heizen von Häusern oder der Produktion von Lebensmitteln.[87]

In vielen Fällen dienen die gewonnenen Daten und Eindrücke natürlich nicht nur dem Freizeitvergnügen, sondern auch der immer differenzierteren Arbeitsteilung. Diese erleichtert nicht nur das Leben, sondern ist ein weiterer Faktor für das Bevölkerungswachstum.

Uns allen ist gemeinsam möglich, was Einzelne nicht können:

Unmengen an Nahrung zu erzeugen, Autos zu bauen und Raketen zum Mond fliegen zu lassen. Selbst relativ einfache Dinge wie elektrische Zahnbürsten werden arbeitsteilig in bis zu zehn Ländern auf drei Kontinenten zusammenbaut. Und das Denken nehmen uns mehr und mehr Maschinen ab, wodurch noch mehr Dinge ersonnen werden können, die ihrerseits den Rohstoffverbrauch weiter in die Höhe treiben.

Wenn Ackerbau und Viehzucht der Startschuss für die unheilvolle Entwicklung waren, dann ist die Arbeitsteilung der Turbolader für die weitere Entfaltung unserer Zivilisation.

Ein solcher Startschuss fiel mit der Gründung von Staaten, wie etwa im alten Ägypten. Die verschiedenen Lebensbereiche wurden in Berufe aufgegliedert, die Gemeinschaft durch eine Verwaltung gesteuert und durch ein Heer beschützt. Die zunehmende Spezialisierung ermöglichte es, Tätigkeiten bis zur Perfektion zu erlernen und so die Effektivität und Produktivität erheblich zu steigern. Wie gut das gelang, sieht man bis heute an den Pyramiden – man weiß noch immer nicht genau, wie es möglich war, sie zu errichten. Die Cheops-Pyramide etwa besteht aus 2,6 Millionen Steinblöcken, die im Durchschnitt 2,5 Tonnen wiegen. In der 20-jährigen Bauzeit mussten die Arbeiter also alle zwei Minuten einen solchen Block einbauen, nachdem er in einem entfernten Steinbruch herausgemeißelt, per Schiff an die Baustelle transportiert und anschließend wie auch immer hochgewuchtet wurde.[88] Vor allem aber: Diese ganzen Tätigkeiten trugen nichts zur Nahrungsmittelerzeugung oder zur Herstellung anderer lebensnotwendiger Güter bei, stellten also eine Art kultureller Überschussproduktion dar.

Schauen wir uns die heutige Arbeitsteilung mit den viel feiner ausgebildeten beruflichen Spezialisierungen an, dann wird klar, um wie viel produktiver die heutige Gesellschaft ist. Im Gegensatz zu damals ist die Arbeitsteilung mittlerweile global – so global, dass der Ausfall einzelner Länder in der Kette schnell das ganze System gefährdet, wie die Diskussion um Taiwan und China in Bezug auf die Chipherstellung zeigt. Und die Spezialisierung geht immer tiefer, wie sich schon allein an der Vielzahl der Ausbildungsberufe erkennen lässt: Laut dem Bundesinstitut für Berufsbildung können junge Menschen allein in Deutschland zwischen 324 anerkannten Ausbildungsberufen wählen.[89]

Mit diesem Verhalten, diesen Spezialisierungen unterscheiden wir uns extrem von den Tieren. Natürlich gibt es bei ihnen auch unterschiedliche Begabungen, die bei sozial lebenden Arten ebenfalls zu einer Art Arbeitsteilung führen. So organisiert ein Wolfsrudel eine Jagd in einzelne Teilaufgaben, die je nach Fähigkeit (Aufspüren, Hetzen, Kehlbiss etc.) von verschiedenen Mitgliedern erledigt werden. So intensiv und mit derartigen Auswirkungen wie bei uns Menschen hat es das aber in der Erdgeschichte noch nicht gegeben.

Sind wir nun endgültig vom Pfad der Natur abgewichen, gelten viele ihrer Gesetze nicht mehr für uns?

1.5 Was zum Teufel ist eigentlich Natur?

Während ihrer Ausbildung zum Waldführer und zur Waldführerin frage ich die Teilnehmenden regelmäßig reihum, was sie sich unter dem Begriff »Natur« vorstellen. Für manche muss es Urwald sein, auf den noch nie ein Mensch eingewirkt hat, während andere die Menschen selbst und alle ihre Produkte und Bauten miteinschließen möchten. Selbst auf meine Nachfrage, ob dies denn auch die Outdoor-Kleidung aus Kunstfasern beinhalte, nicken manche – und das ist auch ihr gutes Recht, denn es gibt keine einheitliche Definition, noch nicht einmal in den Naturwissenschaften. Und die sollten es doch eigentlich wissen.

Und tatsächlich ist uns die Natur, sogar wilde, ungezähmte (und ungebetene), im Alltag sehr viel näher, als wir glauben. Wir interagieren ständig mit einer Unzahl an Lebewesen, selbst wenn uns unsere Zivilisation suggeriert, dass dies in unserem heutigen Leben nicht mehr der Fall sei. Unsere Wohnungen, Büros, Supermärkte, Autos und andere Räume, in und mit denen wir uns bewegen, gelten als perfekt entkoppelt von der als unhygienisch gefühlten Umwelt. Diese Umwelt ist bevölkert mit Billionen von Bakterien, Pilzen oder anderen winzigen Gesellen, die kein besonders gutes Image haben und dennoch vielfach für unser Wohlbefinden unabdingbar sind. Und natürlich lassen sie sich trotz aller Anstrengungen unsererseits nicht so einfach vor die Tür setzen. Eine diesbezüglich ganz besonders interessante Art schaffte es sogar in die Schlagzeilen der Nachrichtenportale: Kleine Krabbeltiere, die dort aktiv sind, wo wir sie am wenigsten vermuten.

Haben Sie nicht auch manchmal das Gefühl, dass Sie irgendetwas im Gesicht zwickt, ohne dass dort tatsächlich etwas ist? Das ist eine Illusion – nicht das Zwicken, sondern der Glaube, dort wäre nichts. Ganz im Gegenteil tummeln sich dort kleine Knilche, die sich auf unsere Haarfollikel im Gesicht spezialisiert haben. Es sind Haarbalgmilben, die dort friedlich Talg in den Drüsen mümmeln. Zumindest tagsüber tun sie dies, denn die empfindlichen Tierchen haben im Verlaufe der Evolution ihren UV-Schutz verloren und bleiben daher lieber unter der Hautoberfläche. Nachts haben sie dagegen anderes im Sinn. Dass es dunkel wird, teilt ihnen unser Schlafhormon Melatonin mit. Nun krabbeln Männchen und Weibchen an die Oberfläche und paaren sich dort – mitten im Gesicht. Und da die Sexualpartner immer aus derselben Kolonie stammen, ist Inzucht und die Reduzierung der genetischen Vielfalt unvermeidlich.

Trotz der leichten Gänsehaut, die sich beim Gedanken an dieses Treiben einstellen kann, sollten wir den Haarbalgmilben dankbar sein. Ohne sie hätten wir möglicherweise viel mehr

Pickel wegen verstopfter Talgdrüsen. Forschende gehen davon aus, dass diese Milben gerade im Übergang von einem Parasiten zu einem Symbionten sind, also zu einer Art, von deren Zusammenleben mit uns sowohl sie als auch wir profitieren.[90]

Wir sind also nicht Teil der Natur, wir *sind* Natur. Bakterien, Pilze und Milben gehören zu unserem Körper wie Vögel und Säugetiere zum Wald, ohne sie wären wir nicht lebensfähig. Jeder Mensch ist ein eigenes Ökosystem, welches im Austausch mit anderen Ökosystemen steht. Bei dieser legitimen, allumfassenden Definition von Natur bräuchten wir allerdings keinen Natur- und Umweltschutz mehr zu betreiben. Alle und alles wäre Natur, und egal wie sehr wir sie ramponierten, wäre dies alles keine Beschädigung, sondern lediglich ein Prozess der Einflussnahme und Umformung wie bei allen anderen Arten auch, die ihre Umwelt nutzen.

Für den Alltag brauchen wir keine einheitliche Definition des Begriffs Natur, für den amtlichen Bereich auf jeden Fall. Wenn wir unsere Umwelt schützen wollen, dann sollten wir schon wissen, worüber wir sprechen. Und schon habe ich zwei Begriffe durcheinandergeworfen. Umwelt ist nämlich alles um uns herum, egal ob künstlich hergestellt, verändert oder unverfälscht. Umweltschutz kann auch bedeuten, dass wir etwa eine Kulturlandschaft so schonend bewirtschaften, dass sie sich nicht fortlaufend ökologisch (und damit langfristig auch ökonomisch) verschlechtert. Naturschutz hingegen kümmert sich um einen speziellen Aspekt der Umwelt.

Laut Duden ist Natur »... alles, was an organischen und anorganischen Erscheinungen ohne Zutun des Menschen existiert oder sich entwickelt«.[91] Ähnliche Definitionen finden sich auch in wissenschaftlichen Nachschlagewerken, und gemeinsam werfen sie ein Problem auf: Wenn der Mensch seine Finger nicht im Spiel haben darf, dann gibt es auf unserem Planten keine Natur mehr.

Klimawandel, Abgase, Mikroplastik und Artensterben beeinflussen auch Lebensräume, in denen keine Zweibeiner unterwegs sind und die dennoch indirekt verändert werden. Mit dieser Definition würde Naturschutz keinen Sinn mehr ergeben, weil das Schutzobjekt selbst verloren gegangen ist. Der Notausgang lautet: Natur ist alles, was sich ohne *aktives* Zutun des Menschen entwickelt oder existiert. Auf diese Definition kann man sich sicher einigen, wenn wir etwa an den Schutz des Amazonas-Regenwalds oder der Antarktis denken – passiv finden dort die gleichen Beeinflussungen statt wie überall auf der Erde, aber aktives Zutun kann man dort sofort unterbinden, sofern der politische Wille vorhanden ist.

Was zur Natur gehört, ist übrigens auch eine Frage von Zeit und Raum. Wenn wir einen größeren Maßstab anlegen und das ganze Universum betrachten, dann spielen die menschenverursachten Vorgänge auf der Erde keine, wirklich gar keine Rolle. Allein im beobachtbaren Universum wird die Zahl der Galaxien auf eine Billion geschätzt,[92] jede von ihnen mit zig Milliarden Sternen gefüllt, um die wiederum unzählige Planeten kreisen. Leben wird also mit ziemlicher Sicherheit auf etlichen Himmelskörpern vorhanden sein, und auch auf dieser großen Bühne spielt sich ein ständiges Werden und Vergehen ab. Für unseren Planeten wird es dabei schon lange vor der Verwandlung unseres Heimatsterns in ein Riesenmonster (in sechs bis sieben Milliarden Jahren) eng: Durch Zunahme der Sonnenstrahlung wird der Sauerstoff in einer Milliarde Jahren auf ein Millionstel der heutigen Konzentration abgesunken sein, sodass Leben, wie wir es uns heute vorstellen, nicht mehr möglich sein wird.[93]

Die Gefahr einer solchen Betrachtungsweise liegt darin, dass man nun schnell fatalistisch werden könnte. Wenn die Erde im gesamten Kosmos völlig bedeutungslos ist, dann könnten wir doch auch weitermachen wie bisher. Wenn in der Unendlichkeit selbst die Existenz unseres Sonnensystems nur ein Wimpernschlag ist, dann sollte es keine Rolle spielen, ob wir zum Shoppen nach New York fliegen oder weiterhin Kleidung in Billigkaufhäusern kaufen. Was in den nächsten Jahrhunderten hier auf unserem kleinen Ball passiert, wäre demnach nicht mehr als ein überflüssiges Gedankenspiel.

Für mich bewirken solche Überlegungen allerdings genau das Gegenteil: Wenn die fernere Zukunft keine Rolle spielt, dann ist die Gegenwart umso wichtiger. Es geht nicht um die Menschheit in 1000 Jahren, sondern um die jetzt lebenden Erdenbürgerinnen und -bürger. Was wir der Natur antun, tun wir uns selbst an. Womit wir wieder bei der Ausgangsfrage wären, die sich, wie Sie nun wissen, nicht eindeutig beantworten lässt. Vielleicht ist der Begriff auch schon zu abgenutzt, denn er wird gerade im Bereich des Umweltschutzes geradezu missbraucht. So werden alte Kulturlandschaften aufwendig gegen die Rückkehr der angestammten Wälder verteidigt, indem in diesen »Naturschutzgebieten« der Baumbewuchs schon im Entstehen entfernt wird. Wacholderheiden, Magerwiesen, Streuobstwiesen und Co., sie alle eint, dass sie zwar eine sanfte Art historischer Landwirtschaft verkörpern, keineswegs aber vom Menschen nicht aktiv beeinflusste Prozesse. Dass sie erhaltenswert sind, mag sicher niemand abstreiten, aber sie sollten der Klarheit wegen in der Kategorie von Freilichtmuseen geführt werden.

Griffiger als »Natur« ist ein anderer Begriff, der sich auch amtlich immer mehr durchsetzt: die Wildnis. Wildnis kann alles sein: ein aufgegebenes Industriegebiet, eine ehemalige Fichtenplantage oder Ackerland, das sich selbst überlassen bleibt. Natürlich gehören auch die verbliebenen Regenwälder, die arktische Tundra oder die antarktische Eiswüste dazu. Sie alle eint, dass dort der natürliche Prozess ganz ohne den lenkenden Einfluss des Menschen stattfinden darf, und speziell für die zuvor kulturell umgestaltete Landschaft ist der Gedanke der Wildnis auch tröstlich: Sie darf sich wieder auf den Weg machen, darf sich mit all ihren Arten entfalten und selbst gestalten – ein ungeheuer faszinierender Prozess.

Wie gut dieser immer noch funktioniert, zeigen zwei Beispiele: Tschernobyl und der Amazonas-Regenwald. Der Ort der Reaktorkatastrophe ist knapp vier Jahrzehnte nach dem schrecklichen Unfall kaum wiederzuerkennen. Auf einer Fläche von 2200 Quadratkilometern (fast so groß wie Luxemburg) abgesperrt, um Strahlenunfälle im kontaminierten Gelände zu vermeiden, konnten sich Wälder, Sumpflandschaften und wilde Tiere in der einstigen Agrar- und Industrielandschaft wieder ausbreiten. Weil dort auch nicht mehr gejagt wird, sind Elche, Wölfe und Adler besonders zahlreich zurückgekehrt. Offenbar konnten sie sich im Laufe der Jahre sogar an die erhöhte Strahlung anpassen und tragen überraschend wenig Schäden davon.[94]

Auch der Amazonas-Regenwald, Sinnbild einer nie vom Menschen umgestalteten paradiesischen Urlandschaft, birgt Überraschungen. Ging man früher davon aus, dass lediglich kleine Gruppen indigener Völker den Wald durchstreiften und höchstens winzige Lichtungen für den Anbau von Nahrungsmitteln herstellten, so musste das Bild in jüngster Zeit kräftig korrigiert werden. Forschende gehen jetzt davon aus, dass auf mehr als 400 000 Quadratkilometern, also mehr als der Fläche Deutschlands, blühende Zivilisationen die Landschaft umformten. Mithilfe von Laserscans aus Flugzeugen heraus entdeckten sie ganze Städte, die sich im Computer immer noch deutlich sichtbar unter den Baumkronen verbergen. Sie wurden offenbar schon in vorspanischer Zeit wieder aufgegeben, hinterlassen aber bis heute ihre Spuren. Die damalige Bevölkerung hatte auf großer Fläche Landwirtschaft betrieben und dabei Böden und Pflanzenzusammensetzung so verändert, dass dies bis heute nachwirkt. Dennoch hat sich der Regenwald von diesen Jahrhunderte andauernden Nutzungen so erholt, dass man lange davon ausging, er sei seit Urzeiten völlig unberührt.[95]

Egal ob »Wildnis« oder »Natur«, der Prozess im Sinne von schützenswerten Landschaften klammert also in der Regel den manipulierenden Menschen aus. Würden wir nicht so hemmungslos jedes halbwegs interessante Eckchen auf unserem Planten umkrempeln (wie demnächst womöglich sogar die Tiefsee), dann wären unsere gestalterischen Tätigkeiten noch immer innerhalb der Norm anderer Arten. Das Umgestalten von Lebensräumen ist nämlich keineswegs eine Erfindung des Menschen. Wie Bäume dies tun, haben wir schon besprochen.

Natur war vor ihrem Eintreffen in Mittel- und Nordeuropa die Tundra mit ihren Zwergsträuchern, Gräsern, Kräutern, Moosen und Flechten. Sie alle verschwanden nach der Ankunft der Pflanzengiganten, ein Prozess, den wir in vergangenen Jahrhunderten mit dem Abholzen der Wälder und der Einführung der Weidewirtschaft lokal wieder umgedreht haben. Nach unserem Verschwinden in einer hoffentlich ferneren Zukunft werden möglicherweise wieder die Bäume das Ruder übernehmen – Tschernobyl und der Amazonas-Regenwald haben das bewiesen. Wenn Natur wieder Natur, Pardon: Wildnis sein darf, wo wird sie sich eines Tages einpendeln, aus welchen Baumarten wird eine Waldwildnis zusammengesetzt sein?

Viele Wissenschaftlerinnen und Wissenschaftler haben eine Vision davon vor Augen, die sich potenzielle natürliche Vegetation nennt. Ganz abgesehen davon, dass diese Vision Tiere zumindest in der Definition ausschließt, ist sie auch ansonsten ein reines Fantasiegebilde. Gäbe es eine solche vorhersagbare Vegetation, dann bedeutete dies, dass sich Natur in einem Gleichgewicht einpendelt, welches man anhand der Pflanzen und ihrer Anteile am Ökosystem beschreiben könnte. Doch gibt es ihn überhaupt, diesen Gleichgewichtszustand?

1.6 Die Illusion vom natürlichen Gleichgewicht

Ich liebe es, Illusionen gleich zu Beginn eines Kapitels platzen zu lassen, so wie auch hier: Es gibt kein natürliches Gleichgewicht! Ein ausbalancierter Zustand, der fein eingependelt ist, klingt so schön ausgewogen und irgendwie fair. Alles kommt zu seinem Recht, wenn niemand das System über Gebühr strapaziert. Dieser paradiesische Zustand ist leider eine Fata Morgana, und das beste Beispiel für ein nicht vorhandenes Gleichgewicht sind wir selbst.

Momentan würde wohl niemand behaupten, dass sich die Ökosysteme irgendwo eingependelt hätten: Die Bevölkerung wächst, die Wälder schrumpfen, die Meere werden leer gefischt und mit Plastik vermüllt, und selbst die Atmosphäre verändert sich fortlaufend mit dem Resultat steigender Temperaturen. Die Entwicklung ist so markant, dass die Wissenschaft von sogenannten Kipppunkten spricht, also Schwellen innerhalb der Veränderungsprozesse, nach deren Überschreitung die Veränderung auch ohne unser Zutun sich selbst verstärkend weiterläuft. Dazu zählen etwa das Abschmelzen der Polkappen, das Auftauen der Permafrostböden oder die Auflösung und Versteppung des Amazonas-Regenwaldes. Kipppunkte sind logischerweise das Gegenteil eines Gleichgewichts, und es gab sie immer wieder, auch schon lange vor dem Auftauchen der Menschen.

Ein besonders gravierender Fall trat vor über zwei Milliarden Jahren auf und ist heute unter dem Namen »Große Sauerstoffkatastrophe« bekannt. Bis zu diesem Zeitpunkt kam alles Leben auf der Erde ohne Sauerstoff aus. Doch schon vor rund drei Milliarden Jahren hatten Cyanobakterien die Fotosynthese erfunden, bei der CO_2 und Wasser mithilfe des Sonnenlichts in Zucker umgewandelt werden. Dieser geniale Coup bescherte den Winzlingen schier unendliche Nahrungsquellen. Doch Sauerstoff ist ein extrem aggressives Gas und war damals für fast alle Lebewesen lebensgefährlich. Für Hunderte von Millionen Jahren stellte es trotzdem kein Problem dar. Es gab nämlich genug Material, mit dem der Sauerstoff reagieren konnte. So rosteten eisenhaltige Gesteine vor sich hin und färbten die einst graue Erde braun. Doch irgendwann wurde die Sauerstoffmenge so groß, dass sich auch die Zusammensetzung der Atmosphäre veränderte. Zu dem Zeitpunkt setzte ein Massensterben ein, das größte, das die Erde bisher (einschließlich des heutigen) gesehen hat. Zwischen 80 und über 99 Prozent allen Lebens verschwand von dem Planeten. Die Spuren dieser Katastrophe lassen sich bis heute in Gesteinen ablesen, die erzählen, dass die Biomasseproduktion um mehr als 80 Prozent einbrach und für lange Zeit nicht mehr anstieg.[96]

Obwohl danach der Siegeszug der mehrzelligen Lebewesen begann und die Artenvielfalt schier explodierte, kam es zunächst zu einer weiteren Katastrophe: Die Erde verwandelte sich in einen frostigen Schneeball. Ob die Eisschicht die ganze Erde bedeckte oder nicht, ist wissenschaftlich noch umstritten. Immerhin wurden von Gletschern und Eisströmen Sedimente in die Ozeane gespült und dort abgelagert, was nur mit offenen Wasserflächen möglich gewesen ist.[97] Dennoch waren weite Teile der Erde vereist, ein Zustand, der sich noch mehrmals im weiteren Verlauf der Geschichte einstellte. Das Eis zog sich erst zurück, als weitere Naturereignisse in Form von Vulkanausbrüchen den CO_2-Gehalt in der Atmosphäre wieder ansteigen ließen und damit für einen Treibhauseffekt sorgten.[98]

Daneben schlugen regelmäßig Asteroide ein, wie etwa ein zwölf Kilometer großer Riesenbrocken vor rund 66 Millionen Jahren bei Chicxulub Pueblo in Mexiko, der zum Aussterben der meisten Saurierarten führte und Platz schuf für andere Arten, wie etwa die Säugetiere.[99] Instabilität schafft immer neue Chancen, durch die letztendlich auch wir auf der Bühne des Lebens auftauchen konnten.

Sie sehen: Viele der globalen Katastrophen liegen gar nicht in den Händen eines sich selbst regulierenden Ökosystems, sondern werden von unbelebten Elementen wie Vulkanen, den driftenden Kontinenten oder Asteroiden verursacht. Das Leben versucht anschließend immer wieder, halbwegs stabile Bedingungen zu schaffen. Doch selbst ohne Katastrophen gibt es regelmäßige Veränderungen, die zum Beispiel durch eine Zu- und Abnahme der Sonnenaktivität verursacht werden. So strahlt unser Heimatstern alle elf Jahre in einem Maximum, um danach wieder ruhiger zu werden. Dieser Rhythmus hat auf das Klima nicht allzu viel Einfluss, doch auch das Maximum schwankt und kann über Jahrhunderte so abfallen, dass es zu einer globalen Abkühlung kommt. So löste das »Maunder-Minimum« von 1645 bis 1715 möglicherweise die sogenannte »Kleine Eiszeit« aus, die Missernten und Hungersnöte im Gepäck hatte.

Und auch die Erde macht nicht immer das, was stabilitätssüchtige Lebewesen wünschen. So variiert die Neigung der Erdachse (in einem Rhythmus von 41 000 Jahren), die Ausrichtung der Erdachse (die in einem Rhythmus von 23 000 Jahren eiert und damit die Jahreszeiten verschiebt) ebenso wie die Bahn der Erde um die Sonne (in zwei(!) Rhythmen von 100 000 und 400 000 Jahren).[100] Und da alles gleichzeitig passiert, kommt es zu Überlagerungseffekten, die die Klimawirkung aufheben oder verstärken.

Ein kleiner Hinweis am Rande: Auch wenn alle Parameter wie durch ein Wunder in Richtung Abkühlung weisen würden, würden die Effekte dennoch nicht den menschengemachten Klimawandel kompensieren.

Dennoch könnte man auch diesen aktuellen Klimawandel als rein natürlichen Prozess verstehen und hinnehmen. Für das Leben insgesamt auf diesem Globus wäre das langfristig egal: Alle Arten sterben irgendwann aus und werden durch andere ersetzt, und jede Katastrophe eröffnet für andere Lebensformen neue

Chancen, wie uns auch schwerste Einschnitte in die Artenvielfalt und ihr anschließendes Wiederaufblühen bei einem Blick in die Vergangenheit eindrucksvoll zeigen. Ein noch tieferer Blick in die Zukunft zeigt, dass die Erde eines fernen Tages in der sich aufblähenden Sonne erst austrocknen und dann verglühen wird. Schon vorher, in etwas mehr als einer Milliarde Jahre wird die Sonne etwa um zehn Prozent heller scheinen und damit die Kontinente zu Wüsten werden lassen, etwas später verdampfen dann auch die Meere.[101] Kurz: Nichts währet ewiglich, alles ist irgendwann vorbei.

Eine Binsenweisheit? Offensichtlich nicht, denn im Umweltschutz geht es immer um das Bewahren für die Zukunft, also quasi für die Ewigkeit. Zur Verdeutlichung unternehmen wir kurz einen Ausflug zu den nördlichen Breitmaulnashörnern. Noch kann man den Plural verwenden, denn es gibt zwei verbliebene Weibchen. Es laufen Rettungsprogramme mit eingefrorenem Sperma verstorbener Bullen dieser Art, um mit Eizellen beider Weibchen Embryos zu gewinnen und diese dann denn sehr eng verwandten südlichen Breitmaulnashörnern als Leihmüttern einzupflanzen.[102] Ob das klappt, steht in den Sternen, und vielleicht stirbt die Art trotz aller späten Bemühungen bald aus.

Jede Art stirbt irgendwann aus, doch die entscheidende Frage ist: wann? Den Nashorndamen wird das egal sein. Wenn sie sterben, ist das für sie ein individuelles Problem. Der Letzten ihrer Art wird kaum bewusst sein, dass sie die Letzte ist, und bemitleiden sollten wir weniger die Nashörner als vielmehr uns selbst. Unsere Welt wird dadurch ärmer und möglicherweise instabiler – jetzt, nicht in Zukunft. Umweltschutz ist immer auch Menschenschutz, und in dieser Hinsicht sollten wir die vorher aufgeworfene Frage, ob Menschen zur Natur gehören, mit einem entschiedenen »Ja!« beantworten. In einer per se von Katastrophen und Instabilität gebeutelten Welt sollten wir nicht noch zusätzlich Stützfaktoren des Ökosystems, auf das wir angewiesen sind, beseitigen.

Umgekehrt sollten wir aber auch nicht als schützenswert eingestufte Landschaften mit Gewalt in ihrem Zustand konservieren. Was würde passieren, wenn wir endlich die Finger von Naturschutzgebieten wie etwa Wacholderheiden ließen? Kehrte dann überall der frühere Buchenurwald mit seinen typischen Begleitbaumarten zurück? Auch das wäre ein Trugschluss – wir wissen es schlicht und ergreifend nicht. Dass momentan Wälder zurückkehren, ist sicher, weil sie es jetzt schon ständig tun und dann aufwendig beseitigt werden. Doch statt des Buchenwalds könnten sich auch andere Waldgesellschaften durchsetzen, etwa mit mehr Eichen, Linden oder Ahorn. Fest steht, dass unsere heimischen Ökosysteme aktuell außerhalb von Mooren und Gewässern sehr schnell von Bäumen besiedelt würden, weil diese wenigstens zeitweise, also für Jahrhunderte und mit viel Glück für Jahrtausende, etwas Ruhe in das dynamische Geschehen bringen. Niemand steht auf ständige und rasche Veränderung, auch nicht unsere Mitgeschöpfe.

Schauen wir noch einmal auf größere Zeiträume: Erstrebenswert ist ein Leben zwischen den globalen Katastrophen, und diese Zwischenzeiten sind glücklicherweise ziemlich lang. Doch selbst in den ruhigeren Phasen herrscht ein ständiges Kommen und Gehen. Nur wenige Arten können sich über Hunderte von Millionen Jahren mit geringen Veränderungen halten, wie etwa die Perlboote, Kopffüßler, die in hübsch gebänderten Schalen durch die Meere gleiten. Ihre Vorfahren bevölkerten schon vor 500 Millionen Jahren die Ozeane.

Baumfarne gibt es bereits seit rund 300 Millionen Jahren,[103] und Störe, große Süßwasserfische, blicken auf eine immerhin 200 Millionen Jahre währende Geschichte zurück.[104] Solche Tiere werden als lebende Fossilien bezeichnet und gebührend bestaunt, weil die Natur eine derart lange Verweildauer normalerweise nicht vorgesehen hat.

Wenn wir in Bezug auf globale Katastrophen von einer ruhigen Phase sprechen, bedeutet das nämlich keineswegs lokale Stabilität. Denken wir nur an Homo sapiens und seine kaum 300 000-jährige Geschichte. Schon ein Blick 4000 Jahre zurück auf die ägyptische Kultur lässt uns staunen und zeigt zugleich, dass selbst diese erdgeschichtlich gesehen winzige Zeitspanne keine Stabilität erkennen lässt – weder für pflanzliche und tierische Populationen noch für die menschliche Kultur.

Zusammen mit dem jagenden und ackerbauenden Menschen breitete sich etwa in Deutschland zum gleichen Zeitpunkt, als Pharaonen die Pyramiden errichten ließen, der Buchenurwald aus, der zuvor eiszeitlich bedingt hinter den Alpen in wärmeren Gefilden ausharrte und nun bei steigenden Temperaturen zurückkehrte.

Trotzdem stemmen sich alle Arten gegen Veränderungen und sind bemüht, ihre Wohlfühlbedingungen so lange wie möglich zu erhalten. So wäre es für Bäume fatal, wenn sich innerhalb weniger Jahrhunderte das Ökosystem derart veränderte, dass der eigene Nachwuchs keine Chance mehr hätte. Dabei stecken sie in einem echten Dilemma: Natürlich wollen Bäume möglichst alt werden. Die Bildung mächtiger Stämme kostet viel Zeit und ist notwendig, um sich über die übrige Vegetation zu erheben und einen Platz an der Sonne über dem Dach der Urwälder zu ergattern. Das erfordert die Speicherung von viel Energie, die über Jahrhunderte in die stabile hölzerne Konstruktion investiert wird. Doch während Bäume für die eigene Art und mit ihnen befreundete Spezies, also dem gesamten Waldökosystem, Stabilität wünschen, gehen sie mit unerwünschten oder mindestens für sie überflüssigen Arten keineswegs zimperlich um.

Ein gutes Beispiel dafür spielte sich vor meiner Haustür ab, allerdings schon 11 000 Jahre vor der Errichtung des Forsthauses. Während der letzten Eiszeit gab es hier keine Gletscher, stattdessen breitete sich eine Waldsteppe aus. Hier lebten sogenannte

Megaherbivore, also große Pflanzenfresser. Mammut, Wollnashorn, Riesenhirsch oder Bisons, sie alle grasten zwischen vereinzelt wachsenden Bäumen und führten 30 000 Jahre lang ein gutes Leben. Nein, das stimmt nicht ganz, denn auch zwischendurch wurde es phasenweise immer wieder wärmer, und diese warmen Unterbrechungen nutzten eher Arten, die auch heute noch existieren, wie etwa Rothirsche oder Elche. Doch dann verschwanden Mammut, Wollnashorn und Riesenhirsch auf Nimmerwiedersehen, und lange hatte die Wissenschaft den modernen Menschen in Verdacht, der zu viel Appetit auf Fleisch hatte und die großen Säugetiere übernutzte, bis schließlich das letzte Exemplar Pfeil und Lanzen zum Opfer gefallen war.

Hat sich unsere Art also immer schon danebenbenommen und die Umwelt zerstört? So vertreten es die Anhänger der sogenannten Megaherbivorentheorie, die das Aussterben von Mammut und Co. in Europa unseren gierigen Vorfahren zuschreiben. Ohne den jagenden Menschen, so die Vertreter dieser Denkrichtung, gäbe es bei uns gar keine geschlossenen Wälder, sondern vielmehr Savannen mit nur lockerem Baumbewuchs. Die grasenden Großsäuger hätten sich die Landschaft selbst offen gehalten, indem sie den größten Teil des Baumnachwuchses verzehrten.

Diese Sichtweise hat übrigens bis heute Auswirkungen auf den amtlichen Naturschutz. Mangels Riesenhirsch und Mammut simuliert man das Freihalten von Schutzgebieten mit Schafen, oder, fast schon komisch, mit kostümierten Haustieren. So könnte man es überspitzt nennen, wenn Heckrinder oder Koniks, eine alte Pferderasse, vergangene Zeiten heraufbeschwören sollen. Heckrinder sind eine rein optische Nachzüchtung des Auerochsen, einer ausgestorbenen Wildform unserer Hausrinder. Genetisch sind Heckrinder nicht näher am wilden Urahn als das Holstein-Rind, die aktuell häufigste Milchviehrasse. Und Koniks sollen dem Tarpan, dem ausgestorbenen Wildpferd Europas, ähneln. Zusammen mit den Heckrindern grasen sie in etlichen Naturschutzgebieten und machen dort nichts anderes als auf jedem Biohof auch: Sie sorgen für eine Wiesen- und Weidelandschaft, wo in grauer Urzeit Wald wuchs. Die Maßnahmen wirken wie eine späte Wiedergutmachung für die jagdlichen Untaten unserer gierigen Vorfahren und verankern nebenbei subtil in unserem Unterbewusstsein, dass der Mensch schon immer böse war und Tierarten ausgerottet hat.

Laut jüngster Forschung hat diese bittere Erzählung nun ausgedient, und der Hinweisgeber ist ein wenig unappetitlich. Es sind Fäkalpilze, die auf Kothaufen von Pflanzenfressern ihr Dasein fristen und ihre Sporen fleißig in die Umgebung entlassen. Doch der Reihe nach: Ein internationales Team unter der Leitung von Prof. Dr. Frank Sirocko von der Johannes-Gutenberg-Universität Mainz untersuchte Bohrkerne von Vulkankratern in der Eifel, die über 20 Jahre hinweg entnommen und archiviert wurden. In inaktiven Phasen, wie im Moment, sind die einstigen Feuerspeier mit Wasser gefüllte Seen. Hier sanken über Jahrtausende Schlamm, aber auch Pflanzenpollen und besagte Sporen der Fäkalienpilze auf den Grund. Solche Sedimente wirken ähnlich wie das arktische Eis oder Moore als Archive für das Klima, aber auch die Vegetation und die Tierwelt der Landschaft.

Diese Archive wurden mittels Bohrungen erschlossen. In den Bohrkernen konnte Schicht für Schicht für die letzten 60 000 Jahre abgelesen werden, welche Pflanzen zum jeweiligen Zeitpunkt rund um die Krater wuchsen. Zunächst waren es Fichtenwälder, die aber vor 48 000 Jahren verschwanden und einer polaren Steppe wichen. Hier fühlten sich besagte Großsäuger pudelwohl und trotzten Vulkanausbrüchen, Bränden, Klimaschwankungen und sogar dem Eintreffen jagender Menschen vor rund 43 000 Jahren. Der Höhepunkt der Population von Mammuts und anderen großen Pflanzenfressern war vor 15 000 Jahren und fiel mit der starken Präsenz jagender Menschen zusammen.

Ob Zufall oder nicht, der Mensch scheint die Ausbreitung der großen Säugetiere zumindest nicht gestört zu haben. Doch mit dem nacheiszeitlich wärmer werdenden Klima kamen die Bäume zurück. Vor 13 300 Jahren waren es die Birken, die das Ende der beeindruckenden Tiere in der Eifel besiegelten. Immer dichtere Wälder verdunkelten den Boden und ließen die begehrten Gräser verschwinden. Zusammen mit ihrer Nahrung verschwanden auch die eiszeitlichen Giganten und wurden durch Arten ersetzt, die sich mit den Wäldern besser arrangieren konnten.[105]

Dass Lichtmangel die stärkste Waffe von Bäumen ist, zeigen ganz beeindruckend Buchenurwälder. Im Schatten der großen Bäume wächst kaum Bodenvegetation, sodass gerade im Winter alles grau und braun wirkt. Für Rehe und Hirsche ist das katastrophal, weil in der kalten Jahreszeit ohnehin Nahrungsmangel herrscht. Wenn selbst keine grün-gelben oder gar vollständig verwelkten Grasreste mehr zu finden sind, verhungern viele Tiere. Mithilfe des sommerlichen Schattens durch das dichte Blätterdach halten sich die Bäume die ungebetenen Gäste vom Hals, und so kann der Nachwuchs heranwachsen, ohne angeknabbert zu werden.

Wie effektiv diese unscheinbare Abwehrmaßnahme ist, zeigt das Fehlen von eingelagerten Giftstoffen, von Dornen und Stacheln oder sonstigen drastischen Waffen. Diese sind bei vielen Baumarten von lichten Wäldern zu finden, die sich immer schon mit großen Pflanzenfressern auseinandersetzen mussten.

Umweltveränderungen durch Klimawandel sind also immer schon eine Herausforderung gewesen, und unsere Art hatte, im Gegensatz zu Bäumen, über Jahrhunderttausende eine ganz andere Strategie, um zu überleben: Unsere Vorfahren zogen einfach weiter. Wurde es zu kalt, zu warm, zu trocken oder zu nass, dann machte sich die ganze Sippe auf zu neuen Gefilden und suchte sich dort ein freies Plätzchen. Dazu passte die Art des Nahrungserwerbs perfekt: Jagen und Sammeln.

Das Eigenheim bestand aus Zelten oder Höhlen, die anderswo ebenso gut aufgestellt beziehungsweise gefunden werden konnten, kurz, unsere Ahnen waren Nomaden. Zumindest so lange, bis eines Tages jemand die Idee hatte, stationäre Landwirtschaft zu betreiben. Ab diesem Zeitpunkt mussten die Menschen sesshaft werden, um etwa auf die nächste Ernte zu warten. Während der Wartezeit lohnte es sich, mehr Zeit in aufwendigere Behausungen zu investieren, wodurch sich die frühen Bäuerinnen und Bauern gleichzeitig Fesseln anlegten und einen der wichtigsten Vorteile verspielten, nämlich ungebunden zu sein. Diese Nachteile erkaufte man sich mit einem gewaltigen Vorteil, und zwar der Explosion des Nahrungsangebots. Damals konnte man im Zweifelsfall immer noch Siedlungen aufgeben und weiterziehen, falls die Bedingungen in der alten Heimat zu unwirtlich wurden.

Die Arten haben immer schon Wege gefunden, um auszuweichen – mal langsam (Bäume), mal schnell (Tiere). Genau diesen Ausweg verbaut sich die Menschheit gerade, indem sie alles Land besetzt und in starren Staatsgrenzen fixiert. Das ist in etwa so wie beim Spiel Tetris, wo Lücken nicht mehr genutzt werden können, weil die Form der Steine nicht mehr passt. Vielleicht halten wir deshalb so sehr an der Idee eines Gleichgewichtszustands fest. Er ist planbar, und vor allem: Er erfordert kein Weiterziehen. Letzteres wird ja nicht nur durch Sesshaftigkeit und Staatsgrenzen behindert, sondern auch ganz einfach dadurch, dass mehr als acht Milliarden Menschen eine Art riesiges Hase-und-Igel-Spiel spielen: Egal, wohin man kommt, es ist schon jemand da.

Die unglaubliche Zahl an Individuen unserer Art ist nicht nur auf die hohe Geburtenrate zurückzuführen, die trotz Rückgang immer noch über der Sterberate liegt. Ursache ist auch die gesunkene Kindersterblichkeit, die sich im Laufe der letzten 150 Jahre rasant verringert hat. Ist das noch natürlich, oder haben wir uns hier endgültig von den tierischen Fesseln gelöst?

1.7 Das Wissen der Alten

Ist ein großes Problem der Umweltkrise nicht auch, dass sich unsere Lebensspanne ständig vergrößert? Denn wer nicht schon mit 40 stirbt, sondern erst mit 90, belastet die Ökosysteme entsprechend 50 Jahre länger.

Doch stellen wir uns zunächst die umgekehrte Frage: Warum können Menschen eigentlich nicht unendlich alt werden? Diese Frage klingt banal, schließlich ist irgendwann jedes Gewebe verschlissen, altern Haut und andere Organe wie etwa das Gehirn und versagen eines Tages ihren Dienst. Dennoch ist das Ganze eine Frage der Strategie, denn man könnte es auch anders angehen, wie etwa die Bäume. Sie können rein theoretisch nicht den Alterstod sterben, denn an einer entscheidenden Schnittstelle sitzt eine Art Jungbrunnen: Es ist das Kambium, das Teilungsgewebe zwischen Holz und Rinde. Die hauchdünne, glasklare Schicht scheidet nach innen Holzzellen und nach außen Rindenzellen ab. Das macht sie unermüdlich während jeder Vegetationsperiode, ohne Unterlass. Auf die Art wird jeder Baum Jahr für Jahr dicker, man könnte sogar sagen, dass ein Baum, der nicht dicker wird, stirbt.

Es ist nicht das Alter, das den Giganten zusetzt, sondern das Lebensrisiko, welches im Laufe der Jahrzehnte und Jahrhunderte für immer mehr Krankheiten oder Unfälle sorgt. Wunden, durch Tiere oder umstürzende Nachbarn verursacht, ermöglichen holzzerstörenden Pilzen den Zutritt. Wenn sich der Stamm von innen schneller zersetzt, als neue Jahresringe gebildet werden können, dann ist irgendwann die Wand so dünn, dass sie die Krone nicht mehr tragen kann, und der Baum stürzt in sich zusammen.

Es kann aber auch ein Sommergewitter sein, das mit heftigen Regengüssen, die schwer auf den Blättern lasten, Äste oder ganze Kronen abbrechen lässt. Viele Bäume ereilt der Tod sogar schon in der Jugend, wenn ein hungriges Reh den frisch gekeimten zarten Sämling als Frühlingssnack verspeist. Diese hohe Jugendsterblichkeit, die nur eins von Millionen Bäumchen überleben lässt, ist auch der Grund für die riesige Samenmenge, die Bäume produzieren.

Selbst Bakterien, eigentlich Sinnbild für schnelle Vermehrung und kurzes Leben, können unglaublich alt werden und dabei sogar Bäume in den Schatten stellen. Obwohl die Winzlinge für gewöhnlich nicht besonders lange leben, schaffen sie es in Form von Sporen, viele Millionen Jahre in Bernstein oder Salzkristallen zu verharren, bis sie wieder ans Licht geholt und erneut aktiv werden.[106]

Bei Tieren liegt der Natur allerdings an einer mehr oder weniger raschen Generationenfolge, und das verhält sich bei Menschen nicht anders. Von Natur aus, also in grauer Vorzeit, maß die durchschnittliche Lebensspanne kaum mehr als 30 Jahre – so zumindest konnte man es bis vor Kurzem häufig lesen.[107] Dagegen können wir heute dank moderner Medizin und guter Nahrungsmittelversorgung auf mindestens 80 Jahre hoffen.

Mir kam das geringe Alter von Steinzeitmenschen schon immer merkwürdig vor. Wie sollte man in dieser Zeitspanne vernünftig Kinder großziehen und in das Stammesleben einführen, Jagdtechniken lehren und andere Weisheiten an die nächste Generation weitergeben? Leider existieren aus dieser Zeit keine schriftlichen Aufzeichnungen, doch sobald diese einsetzten, lässt sich erkennen, dass Menschen doch sehr viel älter werden konnten.

Erhalten sind meist Berichte über berühmte Persönlichkeiten, wie etwa Pharao Ramses II., der rund 90 Jahre alt wurde – für Erzählungen über Menschen aus dem einfachen Volk waren Papyrus oder Steintafeln einfach zu teuer.

Kann man aus solchen Erzählungen die Lebenserwartung der damaligen Menschen ableiten? Wahrscheinlich nur bedingt: Die Ernährung von Staatsoberhäuptern war sicher deutlich besser als die der Landbevölkerung, doch die Medizin konnte wohl kaum einen wesentlichen Beitrag zur Lebensverlängerung leisten. Immerhin zeigen die Berichte, welche Fähigkeit unser Körper unter damaligen Bedingungen im Idealfall gehabt hätte.

Doch zurück zur Normalbevölkerung: Auch für sie dürfte das Leben deutlich länger gedauert haben als bisher angenommen. Dazu untersuchten Anthropologen der Universitäten von Kalifornien und New Mexico Jäger- und Sammlergesellschaften und verglichen die Ergebnisse mit demografischen Studien der Steinzeit. Ihr Befund lautet: Die postreproduktive Langlebigkeit ist ein typisch menschliches Merkmal, will heißen: Menschen leben grundsätzlich länger, als es zur Zeugung und zum Großziehen von Kindern nötig wäre. Die beiden Forscher kalkulieren selbst für die Steinzeit eine Lebensspanne von 68–78 Jahren[108] und liegen mit dieser Einschätzung sehr dicht an der heutigen globalen Lebenserwartung. Sie wird 2022 vom Statistischen Bundesamt mit 72 Jahren angegeben.[109]

Moment: Lebensspanne und durchschnittliche Lebenserwartung sind zwei verschiedene Paar Schuhe. Durch die extrem hohe Säuglingssterblichkeit in der Steinzeit dürfte die durchschnittliche Lebenserwartung bei Geburt tatsächlich eher bei 30 Jahren gelegen haben. Doch für Menschen, die diese erste kritische Phase überstanden hatten, dauerte das weitere Leben ähnlich lange wie heute. Was sich für uns verändert hat, ist im Wesentlichen die geringere Kindersterblichkeit, nicht (wie häufig und fälschlich angenommen) die bessere medizinische

Behandlung der Erwachsenen. Die ist zwar verantwortlich für die gute Versorgung alter Menschen, doch viele Krankheiten, die heute gut behandelt werden können, entstanden erst mit der modernen Zivilisation, vor allem durch falsche Ernährung, Rauchen und zu wenig Bewegung. Zu diesen Krankheiten zählen beispielsweise Herz-Kreislauf-Erkrankungen, Krebs und Krankheiten des Atmungssystems. Gewiss, das hat es auch früher schon gegeben, allerdings nur in Ausnahmefällen. Heute finden wir diese Krankheiten bei den Todesursachen stets auf den ersten Plätzen. So waren in Deutschland im Jahr 2021 laut Statistischem Bundesamt trotz der vielen Coronatoten allein die Herz-Kreislauf-Erkrankungen für ein Drittel aller Todesfälle verantwortlich, gefolgt von Krebs mit 22,4 Prozent.[110] Medizinischer Fortschritt und Gesundheitsschäden durch den modernen Lebensstil scheinen sich in Summe fast aufzuheben.

Wir leben also nicht unbedingt viel länger als unsere Urahnen, allerdings gibt es doch einen wesentlichen Unterschied: Es werden deutlich mehr Menschen alt. Eine verringerte Kindersterblichkeit bedeutet ja zunächst nicht, dass weniger Kinder geboren werden, sondern dass mehr überleben. Dass es immer mehr alte Menschen gibt, ist also eher dieser Tatsache geschuldet als dem Umstand einer verbesserten Gesundheit Erwachsener. Wenn sich die Lebensspanne seit der Steinzeit nicht entscheidend geändert hat, gleichzeitig aber durch die veränderten Lebensgewohnheiten ganz andere Krankheiten auftreten, die wiederum mit einer stark verbesserten medizinischen Betreuung einhergehen, dann bleibt als Resümee, dass wir deshalb so alt werden, weil wir von Natur aus so alt werden sollen.

Egal ob in der Steinzeit oder mit moderner Medizin, bei uns Menschen ist das Ende der Fahnenstange auch bei rein hypothetisch angenommener lebenslanger Unfallfreiheit und Gesundheit je nach Theorie bei maximal 120–130 Jahren erreicht. Einer der Gründe dafür ist ein genetisches Programm, welches festlegt, wann wir spätestens unsere Planstellen räumen müssen, ob wir wollen oder nicht. Denn gleich den Lebensmitteln aus dem Supermarkt haben wir ein eingebautes Verfallsdatum. Unser Leben nähert sich dem Ende, sobald die Fähigkeit zur Zellteilung verloren geht. Und diese Fähigkeit endet nicht etwa durch Verschleiß, sondern mittels eines geplanten Abschaltens. Dieses Abschalten hängt von den Schutzkappen ab, die an den Enden der Chromosomen sitzen. Diese sogenannten Telomere verkürzen sich bei jeder Zellteilung. Sind sie eines Tages komplett abgenutzt, sind die Gene ungeschützt. Sicherheitshalber teilen sich Zellen dann nicht mehr, was bedeutet, dass verschlissenes Gewebe nicht mehr repariert werden kann. Schwere Erkrankungen sind die Folge, und schließlich stirbt der Organismus.[111]

Die ständige Abnutzung und Verkürzung der Telomere scheint aber kein unabänderlicher Prozess zu sein. Versuche deuten darauf hin, dass der Lebensstil die Länge der Schutzkappen stark beeinflussen kann. Dabei zählen nicht nur Ernährung und Sport, sondern auch die psychische Gesundheit. So kann Stress ebenfalls zur stärkeren Abnutzung dieser wichtigen Schutzeinrichtungen beitragen. Inwieweit das alles tatsächlich dauerhaft die Lebensuhr beschleunigt ablaufen lässt, ist aber noch nicht endgültig geklärt.[112]

Doch selbst wenn es gelänge, die Telomere dauerhaft zu erhalten, würde das unsere Lebensspanne höchstens um 20–30 Jahre verlängern – das Altern wird schließlich auch durch eine Reihe weiterer Faktoren bestimmt.[113] Aber warum ist es überhaupt sinnvoll, irgendwann abzutreten? Theoretisch könnte man doch, wenn schon nicht ewig, so doch wenigstens für Jahrtausende leben, wie das einige Baumarten schaffen.

Für Bäume kann das tatsächlich vorteilhaft sein. Bis sie sich aus dem Unterholz erheben, einen mächtigen Stamm bilden und ihre Krone in 50 Metern Höhe ausbreiten können, vergehen Jahrzehnte bis Jahrhunderte. Sie investieren also sehr viel Zeit und Ressourcen in den Aufbau einer Struktur, die ihnen Vorteile gegenüber anderen Pflanzen verschafft. Ist dieser Prozess bewältigt, möchte ein Baum natürlich auch diese Vorteile nutzen, um zu blühen und sich zu vermehren. Dies alles ist der Tatsache geschuldet, dass sich Bäume nicht fortbewegen können und dass es nur ein winziger Prozentsatz überhaupt schafft, zu überleben und ins fortpflanzungsfähige Alter zu kommen.

Die meisten Tiere, so auch wir, brauchen aber nicht so lange, um Nachwuchs zu produzieren. Zudem können wir einfach das Ökosystem wechseln, wenn die Bedingungen nicht mehr stimmen. Diese Flexibilität macht ein jahrtausendelanges Leben, einen unendlich mühevollen Aufbau der eigenen Position an Ort und Stelle überflüssig, ja sogar gefährlich. Denn wer sehr alt wird, hat eine sehr lange Generationenfolge. Genetische Modifizierungen sind jedoch nur von Generation zu Generation möglich, da bei der Fortpflanzung die Erbinformationen gemischt und neu kombiniert werden. Dabei können sogar persönliche Erfahrungen weitergegeben werden, indem eine Art chemische Lesezeichen an die Gene geheftet werden. Nur durch solche Veränderungen kann sich eine Spezies körperlich an wandelnde Umweltbedingungen anpassen. Voraussetzung für eine Generationenfolge aber ist ein endliches Leben. Würden wir unendlich lange weiterexistieren, so wäre jeder geeignete Lebensraum schon seit Jahrhunderten von unseren Ahnen besetzt, die nicht im Traum daran dächten, uns durch ihren Selbstmord eine Chance zu geben. Also tut die Natur nur, was wir selbst nicht zuwege bringen: uns nach einer angemessenen Spanne wieder abtreten zu lassen.

Wenn nun dieser Zeitrahmen naturgegeben ist, warum umfasst er rund das Doppelte dessen, was zur Aufzucht des Nachwuchses erforderlich ist? Doppelt so lange bedeutet ja automatisch auch ein doppelt so langes Blockieren eines Platzes auf unserem Planeten, bedeutet weniger Chancen für Nachwuchs und damit eine gebremste Fortentwicklung unserer Art. Offenbar gibt es gute Argumente für eine solche Zeitinvestition. Und tatsächlich finden sich schon aus grauer Vorzeit Anzeichen dafür, welche Aufgabe alte Menschen haben. Die Azteken nannten sie »Geschichtserinnerer«, und das trifft es ziemlich genau.

Alte Menschen sind das Gedächtnis einer Gesellschaft, sie haben Situationen kennengelernt, die den Jüngeren noch fremd sind. In Krisenzeiten sind sie eher in der Lage, angemessen zu reagieren und Problemlösungen zu entwickeln, weil sie das alles schon einmal erlebt haben. Das kann im Zweifelsfall über Leben und Tod und damit den Fortbestand der eigenen Gene entscheiden.

Die Alten hatten in vielen Kulturen ihren festen Platz in der Gesellschaft. Zwar machte man sich manchmal auch über ihre Gebrechen lustig (wie etwa die Griechen in ihren Komödien), war sich jedoch immer bewusst, was man an ihnen hatte. So war etwa in Sparta die Mitgliedschaft im wichtigen Ältestenrat erst ab 60 Jahren möglich.[114]

Geschichtserinnernde Menschen sind auch heute hochgeschätzt, etwa überlebende Opfer des Holocausts, die jungen Menschen die Schrecken des Dritten Reichs viel besser vermitteln können als jedes Buch. Der malaiische Schriftsteller und Ethnologe Amadou Hampâté Bâ (1900–1991) sammelte unter anderem mündliche Überlieferungen. Er ist berühmt für seinen Ausspruch: »Jedes Mal, wenn ein alter Mann stirbt, ist es, als ob eine Bibliothek verbrenne«.[115]

Dennoch bleibt die heikle Frage bestehen, ob es denn wirklich so viele Alte sein müssen, denn für die Bewahrung und Überlieferung von Wissen und Emotionen sind zweifellos nicht Legionen alter Menschen erforderlich, wie sie die Industriestaaten bevölkern. Die aktuelle Entwicklung, dass immer mehr Alte aufgrund der notwendigen intensiven medizinischen Betreuung auf Kosten der Jungen leben, ist jedoch nur die eine Seite der Medaille. Wie gesagt: Die hohe Lebenserwartung ist größtenteils auf die bessere Versorgung der Säuglinge zurückzuführen, eine Tatsache, von der aktuell die junge Generation genauso profitiert. Problematisch ist lediglich das ungünstige zahlenmäßige Verhältnis von Jung zu Alt. Und dies liegt wiederum an der verbesserten medizinischen Situation der Jugend. Denn heutzutage kann der größte Teil der Elternpaare darauf vertrauen, alle seine Kinder zu Erwachsenen heranwachsen zu sehen. Um zwei Kinder dauerhaft zu erhalten, genügen statistisch gesehen 2,1 Babys.[116] Vor Zehntausenden Jahren mussten es deutlich mehr sein, weil die Hälfte der Kinder bereits vor der Pubertät starb.[117]

Die Kinderschar konnte in neuerer Zeit also deutlich reduziert werden, ohne die Bevölkerung schrumpfen zu lassen. Und damit stieg zwangsläufig der Anteil alter Menschen. Aber sind so viele Alte von der Natur gewollt? Die klare Antwort lautet: Nein! Ansonsten wäre der Altenanteil auch schon in der Steinzeit größer gewesen, was über eine Veränderung der Telomere der Zellen und damit ein höheres Höchstalter durchaus denkbar wäre. Im biologischen Sinne gibt es also zu viele Alte. Dennoch ist das keine unnatürliche Entwicklung, ganz im Gegenteil. Auch bei unseren Mitgeschöpfen lassen sich ähnliche Tendenzen beobachten, nämlich immer dann, wenn die Population zu stark gewachsen ist und sich ein Rückgang andeutet. Dann gehen die Geburtenraten durch verschiedene Stressfaktoren zurück, bekommen viele erwachsene Exemplare keinen oder nur noch wenig Nachwuchs, und schon schlägt die Statistik zu: Weil Rehe, Füchse, Raben oder Wildschweine viele Jahre alt werden können, verschiebt sich die Alterspyramide in ihrem Schwerpunkt nach oben – das Durchschnittsalter steigt in solchen Phasen rapide an.

Genau an dieser Schwelle stehen viele Staaten mit hohem Anteil alter Menschen, oft haben sie diese Schwelle auch schon überschritten, und die Bevölkerung schrumpft, wie in den meisten Industriestaaten zu beobachten ist. Das globale Bevölkerungswachstum findet ja vor allem in Regionen mit sehr vielen jungen

Menschen statt – was natürlich eine Binsenweisheit ist. Insofern zeigt uns der steigende Anteil alter Menschen vor allem eines: Wir steuern auf eine Populationsentwicklung zu, die besser zu den Ressourcen des Planeten passt. Und bevor nun der Einwand kommt, das sei keine natürliche Entwicklung, das steigende Lebensalter vielmehr der modernen Zivilisation (etwa der modernen Medizin) geschuldet: Geduld, darauf kommen wir im weiteren Verlauf ausführlich zu sprechen und werden sehen, dass dies kaum der Fall ist.

Verfolgt man die öffentliche Diskussion um die demografische Entwicklung, so zeichnet sich auch ein soziales Zuviel ab. Die Rente ist Stein des Anstoßes jüngerer Generationen. Kamen 1962 noch sechs Arbeitnehmende für einen Rentner oder eine Rentnerin auf, so wird das Verhältnis nach Berechnungen des Bundesinstituts für Bevölkerungsforschung im Jahr 2030 bei 1:1,5 liegen.[118] Immer weniger Jüngere sollen also immer mehr für die wachsende Schar der Älteren zahlen, um ihnen einen gemütlichen Lebensabend zu ermöglichen. Diese Schieflage birgt gesellschaftlichen Sprengstoff.

Immerhin sind Lösungsansätze in Sicht, die die Last der Versorgung von den Schultern junger Menschen nehmen. Da wäre zum einen die gestiegene Produktivität, die es ermöglicht, dass nicht mehr so viele Menschen so lange arbeiten müssen. Zwar sinkt der Produktivitätszuwachs aktuell,[119] aber vielleicht muss die Arbeitswelt neue Wege gehen, wie etwa mit der Viertagewoche, die trotz verringerter Arbeitszeit laut einer Studie der Universität Cambridge eine gleichbleibende oder sogar leicht steigende Produktivität ermöglichen könnte.[120]

Eine andere Möglichkeit wäre es, auch Beamte und Selbstständige in die Rentenkassen einzahlen zu lassen. Zudem kann durch Zuwanderung ein zu rasches prozentuales Absinken des Anteils jüngerer Menschen abgemildert werden. Und nicht zuletzt können zumindest manch ältere Menschen auch etwas länger arbeiten. Denn viele Alte bleiben dank des medizinischen Fortschritts immer länger leistungsfähig. Im Jahr 1889 führte der deutsche Reichskanzler Otto von Bismarck die gesetzliche Rentenversicherung ein, seinerzeit eher ein Zuschuss zu den Lebenshaltungskosten. Mit 70 Jahren konnte ein Arbeiter damals Ansprüche geltend machen.[121] Die Lebensumstände waren noch deutlich härter, sodass nur wenige überhaupt alt genug wurden, um eine Rente zu beziehen. Und auch dann lebten die meisten nur noch wenige Jahre. Bei schlechterer medizinischer Versorgung und einer 60-Stunden-Woche verwundert das nicht. Es handelte sich also überwiegend um Menschen, die nicht mehr arbeiten konnten.[122]

Heute erreichen etwa 90 Prozent der Bevölkerung das Rentenalter mit durchschnittlich 64,1 Jahren[123] und beziehen dann noch rund 20 Jahre Rente.[124] Vielfach sind es Arbeitnehmerinnen und Arbeitnehmer, die mit nur leichten gesundheitlichen Beeinträchtigungen ihr Arbeitsleben beenden.

Soziale Konflikte entstehen aber nicht durch das zahlenmäßige Ungleichgewicht junger zu alten Menschen, sondern durch ein Ungleichgewicht zwischen Arbeitnehmern und Rentnern. Man muss also die Definition von »alt« neu fassen. Heutige 70-Jährige stehen leistungsmäßig den 55-Jährigen früherer Jahrzehnte oft in nichts nach. Was spricht also dagegen, derartig aktive Menschen, sofern sie es denn wünschen, arbeiten zu lassen? Es müsste ja kein Ganztagsjob sein; viele Abstufungen sind denkbar. Mit einem solchen Vorgehen brächten wir den durch die verbesserten Lebensumstände aus dem Gleichgewicht geratenen Altersaufbau in der Arbeitswelt wieder in die Waage; in den Ruhestand würde erst wechseln, wer keinen nennenswerten Beitrag in der Arbeitswelt mehr zu leisten willens oder imstande wäre. Mit zunehmendem Alter nimmt zwar die Leistungsfähigkeit ab, die Erfahrung aber zu. Das Bild dieser Gruppe würde sich dann möglicherweise wieder wandeln: Vom kreuzfahrenden Rentner zum Geschichtserinnerer.

Was aber ist, wenn die Lichter im Oberstübchen ausgehen oder aber der Körper den Dienst versagt und das Bett nicht mehr verlassen werden kann? Naturvölker vergangener Zeiten vermieden die in einer solchen Situation erforderliche Pflege manchmal radikal: Sie setzten die gebrechlichen Greise kurzerhand vor die Tür, wo Raubtiere den letzten Lebensabschnitt beendeten, stürzten sie über Klippen oder überließen diesen letzten Akt den Alten selbst.[125] Aktuell bewegen wir uns auf das andere Extrem zu oder sind dort sogar schon angekommen: Man lässt niemanden mehr so einfach sterben, selbst dann nicht, wenn der Körper signalisiert, dass er nicht mehr leben will. Die moderne Apparatemedizin lässt sogar Patienten mit der Diagnose Hirntod weiterleben – allein in Deutschland 2000 Patientinnen und Patienten pro Jahr,[126] manchmal jahrelang, bloß weil oft niemand die Verantwortung für deren Tod übernehmen darf.

Ein Weiterleben mit ramponiertem Gehirn oder zusammenbrechendem Kreislauf war im größten Teil der Menschheitsgeschichte nicht möglich und damit offensichtlich nicht vorgesehen – und dies ist eine der einschneidendsten Änderungen unserer Zeit. Rund fünf Millionen Pflegebedürftige,[127] darunter 1,8 Millionen Demenzkranke,[128] fordern die Gesellschaft. Die globalen Kosten von Demenzerkrankungen lagen 2018 bei rund einer Billion US-Dollar und werden sich aufgrund der alternden Gesellschaft schon 2030 verdoppelt haben.[129] Viel höher ist die volkswirtschaftliche Belastung und damit die Gruppe der betroffenen Menschen, da die Patienten in der Regel von Familienangehörigen betreut werden, die neben der Aufzehrung eigener Ersparnisse auch in Bezug auf die Ausübung einer beruflichen Tätigkeit eingeschränkt werden. Und allen Prognosen zufolge wird die Zahl der Pflegebedürftigen in den nächsten Jahrzehnten noch deutlich steigen.

Das Pflegen von kranken und schwachen Mitgliedern der eigenen Sippe ist aber sogar im Tierreich verbreitet, etwa bei Wölfen.[130] Auch von Neandertalern ist dieses Sozialverhalten bekannt, etwa von einem Kind, das die Forscher Shanidar1 tauften. Es war durch einen Unfall furchtbar verletzt, seh-, geh- und hörbehindert und besaß nur noch einen Arm. Dennoch wurde es 40 Jahre alt, und das war nach Ansicht der Wissenschaftler nur durch ein lebenslanges Versorgen durch die Familie möglich.[131]

Heute liegt das eigentliche Problem der Pflege in den modernen medizinischen Möglichkeiten, und hier kommen sich häufig widerstreitende Emotionen ins Gehege: Man mag Angehörige aus Liebe nicht gehen lassen, und doch wünschen sich die meisten Menschen, dass sie im Falle einer unheilbaren tödlichen Erkrankung nicht länger gepflegt werden, als ihnen das Leben lebenswert erscheint. Aus diesem Dilemma gibt es kaum Auswege, wie etwa Patientenverfügungen, die aus verschiedensten Gründen aber oft nicht greifen.[132] Doch das Ende dieser Entwicklung wird spätestens dann erreicht sein, wenn sie nicht mehr bezahlbar ist. Das deutet sich bereits an, doch dazu später mehr.

Kapitel 2
Die Krone der Schöpfung?

Unsere Intelligenz hat die beispielhafte Ausbreitung unserer Spezies ermöglicht, ebenso die Erschließung aller nur denkbaren Ressourcen dieses Planeten. Doch reicht diese Intelligenz jetzt, da wir am Abgrund stehen, aus, um zu bremsen und einen anderen Kurs einzuschlagen? Oder befördert uns unser Verstand nur noch schneller in die Tiefe, indem er alle Hemmnisse beseitigt, die die Natur für solche Entwicklungen vorgesehen hat? Dann wären wir in einer Sackgasse ohne Wendemöglichkeit gelandet. Doch bei genauerer Betrachtung ist das nicht der Fall. Dazu schauen wir uns zunächst einmal die Anpassung unserer Art an, also die Weiterentwicklung aufgrund einer sich verändernden Umwelt.

2.1 Evolution und Intelligenz

Der Mensch als Art unterliegt nach wie vor den Regulierungsmechanismen von Tierpopulationen. Doch könnte es nicht sein, dass wir uns mehr und mehr diesen Mechanismen entziehen? Schließlich entwickelt unsere Zivilisation immer neue Hilfsmittel, um uns gegen solche Prozesse (die individuell meist den vorzeitigen Tod bedeuten) zu wappnen.

Was bedeutet Evolution eigentlich? Manchmal wird der Begriff missverstanden als eine ständige Weiterentwicklung von Arten im Sinne einer Verbesserung, etwa ständig steigender geistiger Fähigkeiten. Dabei ist sie zunächst lediglich die allmähliche Veränderung vererbbarer Merkmale von Generation zu Generation als Reaktion auf sich verändernde Umweltbedingungen.[133] Dazu muss sich nicht unbedingt die einzelne Art selbst verändern, sondern vielleicht »nur« andere Arten, die mit ihr vergesellschaftet sind, wie etwa Bakterien (oder Haarbalgmilben), die in uns oder auf uns leben.

Doch auch in unseren Körpern zeugen zahlreiche Baustellen von archaischen Entwicklungsprozessen, die nach wie vor in vollem Gange sind. So haben wir kleine Muskeln in der Haut, die die Haare aufrichten können – und uns so eine Gänsehaut verschaffen.[134] Das ist sinnvoll für Tiere, die noch ein richtiges Fell haben, weil es dann mehr Luft speichert und besser wärmt. Bei unseren Ziegen am Forsthaus können wir den eigentlichen Nutzen beobachten, nämlich dann, wenn es um Rangkämpfe geht: Ein gesträubtes Fell lässt das Tier größer und damit bedrohlicher erscheinen.

Auch das Steißbein am Ende der Wirbelsäule zeugt davon, dass unsere Vorfahren mit einem Schwanz unterwegs gewesen sind, den wir heute nicht mehr brauchen. Weisheitszähne und Blinddarm sind weitere Belege für eine Reise, die noch lange nicht zu Ende ist. Dass Menschen in 50 000 Jahren noch genauso aussehen wie heute, ist relativ unwahrscheinlich. Die Entwicklung geht also munter weiter, auch wenn wir glauben, nicht mehr Teil der Evolution zu sein. Die Vorgänge laufen nur so langsam ab, dass wir keine Veränderung feststellen können.

Als Vergleich hilft hier das Antlitz unseres Planeten. Das Aussehen der Landmasse, die Form der Kontinente scheint unverrückbar festgeschrieben zu sein, obwohl wir alle in der Schule etwas über die Wanderung der Erdplatten, aus denen die Kruste unseres Globus besteht, gehört haben. Diese Platten, die ganze Kontinente umfassen, driften auf zähflüssigem Gestein entweder aufeinander zu (was zur Auffaltung von Gebirgen führt) oder voneinander weg (wodurch Risse entstehen, aus denen Lava hervorquillt). Nordamerika und Europa, auf unterschiedlichen

Platten gelegen, entfernen sich so pro Jahr um wenige Zentimeter, das entspricht in etwa dem Wachstum Ihrer Fingernägel.[135] Ein Prozess, den außer ein paar Wissenschaftlerinnen und Wissenschaftlern niemand bemerkt. In zehn Millionen Jahren allerdings, für erdgeschichtliche Maßstäbe nur ein kurzer Augenblick, hat sich das bereits auf 200 Kilometer summiert. Lediglich wenn es einmal hakt und die festgeklemmten Platten sich wieder losreißen, machen sich die Erschütterungen in Form von Erdbeben bemerkbar.

In Bezug auf uns Menschen stellt sich heute eine weitere Frage: Gibt es unterschiedliche Geschwindigkeiten oder Richtungen der Evolution in verschiedenen Regionen? Denn während die einen die volle Härte der Ausleseprozesse in Form von Hunger und Krankheiten zu spüren bekommen, haben andere, vor allem die Industriestaaten, durch allerlei Hilfsmittel eine deutliche Milderung erreicht. Wir haben ja schon geklärt, dass auch bei uns noch evolutionäre Prozesse wirken, nur einen Gang langsamer in Bezug auf Erreger oder verfügbare Nahrung. Was für den Einzelnen einen Vorteil darstellen mag, könnte für die Gesamtbevölkerung einer Region langfristig nachteilig sein. Sie würde über viele Jahrtausende gesehen (so denn unsere Zivilisation so lange überlebt) von der Bevölkerung unterentwickelter Gegenden genetisch quasi überholt, die sich dem fortwährenden Angriff der Erreger weiterhin anpassen müsste und entsprechend auch verändern würde. Solche genetischen Anpassungen haben sogar Spuren in unseren Blutgruppen hinterlassen, und trotzdem ist es selbst in grauer Vorzeit immer wieder zu einer Durchmischung verschiedener menschlicher Populationen gekommen.

Die letzten Menschen, mit denen wir alle verwandt sind, lebten vor rund 150 000 Jahren. »Ur-Eva« und »Ur-Adam« finden sich bis heute in unser aller Erbgut. Das heißt aber auch umgekehrt: Alle anderen Verwandtschaftslinien vor dieser Zeit (und

Homo sapiens gibt es seit immerhin 300 000 Jahren[136]) sind also ausgestorben, sodass wir alle zumindest in Bezug auf diesen fernen Punkt der Vergangenheit miteinander verwandt sind.[137]

Global drifteten die Menschen seitdem auseinander, doch kontinental hat es in historischen Zeiten weiter intensive Kontakte gegeben. Denken Sie an die schon geschilderten Stammesfehden vor 7 000 Jahren, bei denen möglicherweise Frauen aus fernen Gegenden verschleppt wurden, oder auch später an die kriegerischen Römer, die sicher in vielen von uns genetisch noch präsent sind. Bereits deutlich früher frischten die Bayern ihren Genpool etwas friedlicher auf. So hat es in diesem Landstrich eine überraschend stark verbreitete Mobilität gegeben, vor allem bei Frauen. Archäologische Untersuchungen ergaben bei einem Gräberfeld der frühen Bronzezeit im Lechtal, dass die Mehrzahl der Frauen damals keine Ortsansässigen waren. Sie kamen von weit her, möglicherweise, um neue Techniken in das Tal zu bringen. Forschende sehen sie als frühe treibende Kraft für Kommunikation und Wissenschaft.[138]

Ein genetisches Auseinanderdriften der Erdbevölkerung war also schon zu diesem Zeitpunkt zumindest stark gebremst und findet heute angesichts einer globalen Mobilität endgültig nicht mehr statt. Denn dazu bedürfte es einer Isolation voneinander über lange Zeiträume von Zehntausenden von Jahren, was im Zeitalter flugreisender Pauschaltouristinnen und -touristen und Auswanderer unmöglich geworden ist. Doch zumindest in isolierten Ökosystemen hat es das in der entwicklungsgeschichtlich jüngeren Vergangenheit durchaus gegeben.

Im Jahr 2003 wurden auf der Insel Flores (Indonesien) Knochen winziger Menschen gefunden. Nur rund einen Meter Körpergröße, ein halb so schweres Gehirn wie unseres – schnell tauchte unter Wissenschaftlern die liebevolle Bezeichnung »Hobbit« auf. Abgeschnitten vom Rest der frühen Menschheit hatte sich auf der Tropeninsel offensichtlich eine weitere Art gebildet. Die Schrumpfung ist für Inseln typisch: geringeres Nahrungsangebot, wenig bis keine Raubtiere sowie kein Platz zum Ausweichen lassen auch andere Arten verzwergen. Der kleine Mensch, korrekt Homo floresiensis, starb vor 60 000 Jahren aus.[139] Einheimische berichteten dem widersprechend, dass die letzten »Ebu Gogo« erst kurz vor dem Eintreffen der holländischen Eroberer verschwunden seien.[140]

Der Hobbit von Flores zeigt, dass das Ökosystem mit seinen Möglichkeiten oder Beschränkungen sehr wirkungsvoll Druck auf unsere Körper und Fähigkeiten ausübt. Und wie beim Hobbit mit seinem auf Pampelmusengröße geschrumpften Gehirn könnte es auch mit uns in eine ganz andere Richtung gehen, als wir glauben.

Dazu würde ich gerne unsere Vettern aus dem Neandertal bemühen. Diese Steinzeitler waren mit kräftigen Muskeln und einem Gehirn ausgestattet, das oft mehr Masse besaß als unseres.[141] Die Kultur der Neandertaler war vergleichsweise weit fortgeschritten: Arbeitsteilung in den Siedlungen, kunstvolle Steinmesser in Holzfassung, Körperbemalung, Totenkult und eine Sprache, deren Klang längst verhallt ist.

Wissenschaftler gehen davon aus, dass Homo sapiens und Neandertaler einige Tausend Jahre nebeneinander in Europa lebten. Dabei hat sich möglicherweise der später hinzugekommene moderne Mensch manches von seinen grobschlächtigeren, aber mit einem im Durchschnitt größeren Gehirn ausgestatteten Nachbarn abgeschaut.[142] Moment. Größeres Gehirn? Könnte es nicht sein, dass diese Menschenart dem damaligen Homo sapiens geistig überlegen war?

Diese Frage wird wissenschaftlich diskutiert, allerdings nicht ganz fair. Denn der Homo sapiens, der vor rund 40 000 Jahren auf den Neandertaler traf, unterschied sich geistig vom heutigen in – nichts! Würde man also die Frage bejahen, so hieße das nichts anderes, als dass die geistige »Krone der Schöpfung« bereits an eine andere Art vergeben wurde. Und dass die Evolution diese Krone an Menschen mit kleinerem Hirn, aber möglicherweise aggressiverem Auftreten weitergereicht hat. Einiges spricht gegen diese Annahme, aber eine unbefangene Diskussion ist bis heute nicht möglich.

Man spricht dem Neandertaler immer gerade so viel geistige Fähigkeiten zu, wie sich aus den Funden als Minimalforderung ergibt, so etwa zur Frage einer Sprachentwicklung. Dazu besaß der Neandertaler ein Knöchelchen unterhalb der Zunge, das Zungenbein, eine Voraussetzung für das Sprechvermögen. Auch ein bestimmtes Gen, FOXP2, gilt als unverzichtbar für eine verbale Verständigung und war bei ihm vorhanden.[143] Trotzdem reicht das der Wissenschaft nicht als Beweis für sprechende Neandertaler, sondern lediglich als körperliche Voraussetzung. So gesehen könnte man das Vorhandensein von Augenhöhlen in den ausgegrabenen Schädeln lediglich als Beleg für das Vorhandensein von Augen werten. Ob die Neandertaler tatsächlich zu sehen vermochten, kann ebenfalls niemand mit letzter Gewissheit sagen. In Bezug auf ihr Gehirn wird auch hier eher nach unten, also in Richtung geringerer Intelligenz argumentiert. Obwohl teilweise größer als bei uns wird nicht Schlauheit, sondern Anpassung an Kälte oder das etwas höhere Körpergewicht ins Feld geführt. Doch auch heute gibt es Menschen, die in Gewicht und Muskelausstattung ähnlich liegen. Deren Gehirn hat jedoch kein Neandertaler-Format – sind sie deswegen dümmer? Sicher nicht.

Betrachten wir doch einmal diese merkwürdige und hochgeschätzte Intelligenz genauer. Was bedeutet das Wort eigentlich? Über die Definition wird schon seit über einhundert Jahren gestritten. Das »Lexikon der Psychologie« (*Spektrum der Wissenschaft*) konstatiert dazu den aktuellen Konsens: »Expertenbefragungen belegen die größte Übereinstimmung bei höheren mentalen Prozessen, wie Problemlösen, Entscheidungsfindung, abstraktem Denken und Repräsentation.«[144] Immer mehr Biologinnen und Biologen sprechen diese Fähigkeit allerdings sogar Pflanzen zu, wie etwa Prof. František Baluška von der Universität Bonn. Ihm zufolge können die grünen Geschöpfe nicht nur sehen, hören und fühlen, sondern haben ein Gedächtnis und können Entscheidungen aufgrund von Kosten-Nutzen-Analysen treffen.[145]

Ich finde die Diskussion um Intelligenz entlarvend: Obwohl es keine einheitliche Definition gibt und offenbar verschiedene Wege geistiger Leistungen existieren, wird vielfach immer noch so getan, als ob die Natur Fähigkeiten dieser Qualität einzig für uns ersonnen hätte.

Überhaupt ist das Herumreiten auf der Gehirngröße nicht der richtige Weg, kognitive Leistungen zu beurteilen. Dazu durfte ich vor einiger Zeit für meinen Podcast ein interessantes Gespräch mit Prof. Karen Alim von der TU München führen. Die Wissenschaftlerin forscht an Schleimpilzen, faszinierenden Einzellern. Würde man diese Lebensform mit den gleichen Maßstäben wie den Neandertaler beurteilen, dann müsste sie zu den dümmsten Wesen des Planeten zählen. Einzeller können weder Gehirn noch Nervensystem haben – das ist komplexeren, aus unzähligen spezialisierten Zellen aufgebauten Arten wie der unseren vorbehalten. Doch überraschenderweise bilden diese »primitiven« Arten nervenähnliche Gebilde, mit denen sie sich offenbar Dinge merken und sogar komplexe Aufgaben lösen können. So finden die sich in Zeitlupengeschwindigkeit bewegenden Einzeller den kürzesten Weg aus einem Labyrinth zu ihrer Leibspeise, ein paar Haferflocken.[146]

Doch kommen wir noch einmal auf unser eigenes Oberstübchen zurück, dessen Poleposition wir krampfhaft gegen sämtliche Mitgeschöpfe verteidigen: Sind wir wirklich die intelligenteste Art von Menschen, die jemals auf dem Planeten gelebt haben?

Zumindest in puncto Gehirngröße waren uns die Neandertaler ja leicht überlegen, doch da sie ausgestorben sind, dürfen wir uns zumindest heute die Krone aufs Haupt setzen.

Ist unser Gehirn evolutionär vielleicht noch im Wachstum begriffen? Momentan reicht es ja leider noch nicht ganz: Wir haben zwar ausreichend Verstand, um die Umwelt auszubeuten, aber doch zu wenig, um rechtzeitig auf die Bremse zu treten. Ist dies grundsätzlich eine evolutionäre Grenze bei der Entwicklung von Intelligenz, an der solche Experimente der Natur scheitern müssen? Denn die evolutionäre Entwicklung von Intelligenz braucht Zeit.

Ab einem gewissen Grad der Schlauheit wurde unserer Art die Umweltausbeutung in einem zerstörerischen Ausmaß möglich, wie wir es heute sehen. Wenn die Zerstörung in einer solchen Geschwindigkeit abläuft, dass nicht genug Zeit bleibt für die Weiterentwicklung des Gehirns hin zu einer Intelligenz, mit der wir diese Zerstörung stoppen und sogar wieder umkehren können, dann wäre das die Obergrenze der geistigen Entwicklungsmöglichkeiten. Um unsere Probleme mithilfe der Intelligenz in den Griff zu bekommen, müssten wir uns aber darüber hinaus entwickelt haben. Falls das nicht möglich ist, hieße das deswegen nicht unbedingt, dass es aus der scheinbar unerbittlich voranschreitenden Umweltzerstörung kein Entrinnen gibt, sondern dass wir uns anderer Hilfsmittel als des Verstandes bedienen müssen. Doch dazu später mehr.

Der Mensch hat seine unmittelbare Umwelt verändert und damit nicht die Evolution abgeschafft, sondern lediglich die Faktoren modifiziert, die nun auf ihn einwirken. So ist die Landwirtschaft, die die Grundlage für das stabile Überleben unserer Art schuf, gleichzeitig die Ursache für das Auftreten neuer Krankheiten und damit von Faktoren, die unserer Population immer wieder kräftige Dämpfer versetzten.

Es ist die Tierhaltung, die für das Auftreten von Zoonosen sorgte, also Krankheiten, die vom Tier auf den Menschen überspringen können. Das enge Zusammenleben begünstigt die Übertragung, und eng war früher wörtlich zu nehmen: In der Regel stand das Vieh nachts im Haus der Bauernfamilien, die sich häufig nicht mehrere Gebäude leisten konnten. Selbst heute noch sieht man solche Bauernhöfe in den Dorfkernen der Landgemeinden, inzwischen fein restaurierte Fachwerkhäuser, die nahtlos in Scheunen oder Ställe übergehen.

Und es war ja nicht nur Vieh, das in den Ställen hauste. Katzen, Ratten und Mäuse, dazu vielerlei Insekten wie Wanzen, Flöhe, Läuse und natürlich auch wilde Tiere, die immer wieder die Nähe menschlicher Siedlungen suchten oder zum Fleischerwerb gejagt wurden – die vielen Kontakte hinterließen ihre Spuren in Form von Krankheiten, die auf unsere Art übersprangen. Thomas Mettenleiter, ehemaliger Präsident des Friedrich-Loeffler-Instituts für Tiergesundheit in Greifswald, schätzt, dass zwei Drittel aller Infektionskrankheiten ursprünglich aus dem Tierreich stammen, bei neueren Infektionskrankheiten sogar drei Viertel.[147]

Das üppige Nahrungsangebot samt seiner damit einhergehenden Zivilisationskrankheiten kurbelt auch heute diesen Druckfaktor der Evolution wieder an. Viren und Bakterien bekommen durch die Zerstörung der letzten Wildnisgebiete auf einmal ganz andere Möglichkeiten der Ausbreitung. Dabei geht es weiterhin fast immer um Tiere, wilde und domestizierte. Durch die Coronapandemie braucht man hier nicht mehr viel zu erklären: Menschen dringen bis in den letzten Winkel der Wildnis vor und damit auch zu Tieren, die noch unbekannte Viren in sich tragen – da sind sie schon wieder, die Zoonosen, diesmal allerdings nicht aus der Landwirtschaft.

Werden wilde Tiere gefangen, gar gegessen, dann ermöglicht dieser Kontakt das Überspringen der Erreger auf unsere Art. Auf diese Weise hat sich die Menschheit nach aktuellem Stand nicht nur SARS-CoV-2 eingefangen (egal ob im Labor verändert oder nicht), sondern auch eine Reihe weiterer bedrohlicher Viren, Bakterien und anderer Erreger wie Affenpocken, die Creutzfeldt-Jakob-Krankheit, den Fuchsbandwurm, Frühsommer-Meningoenzephalitis (FSME, Hirnhautentzündung), Hantavirus, Leishmaniose, Milzbrand, Tollwut oder West-Nil-Fieber.[148] Nur der Vollständigkeit halber sollte nicht unerwähnt bleiben, dass es auch umgekehrt Übertragungen von Krankheiten vom Mensch auf Tiere gibt.

Einige Krankheiten aus dem Tierreich sind für uns in den letzten Jahrzehnten zu einer besonderen Bedrohung geworden, wie etwa HIV, umgangssprachlich auch als Aids bezeichnet (dies ist allerdings nur eine besondere Verlaufsform von HIV). Das Virus ist nach Angaben des Robert Koch-Instituts mit hoher Wahrscheinlichkeit eine Zoonose und wird in nah verwandter Form in vielen Affenarten Afrikas gefunden.[149] Dazu gesellten sich in den letzten Jahren Zika oder die Vogelgrippe. Gerade Letztere schickt sich an, die Coronapandemie noch in den Schatten zu stellen.

Schon einmal kam das Unheil aus dem Reich der Vögel. Um 1918 kombinierten zwei Virusstämme, ein menschliches Grippevirus und eines von Vögeln, ihre Gene derart neu, dass eine tödliche Bedrohung entstand: die Spanische Grippe.[150] Dem heimtückischen Virus fielen damals bis zu 100 Millionen Menschen zum Opfer,[151] bei einer Weltbevölkerung von weniger als zwei Milliarden und deutlich geringerer Mobilität als heute. Dennoch blieben selbst abgelegene Inuit-Dörfer oder Inselgemeinden auf Samoa nicht verschont.

Immer wieder flackert das Gespenst einer gefährlich mutierenden Vogelgrippe auf, und diese Angst ist durchaus berechtigt. Das liegt zum einen daran, dass Vögel zu den mobilsten Arten überhaupt gehören. Den Rekord im Nonstop-Flug hält eine besenderte Pfuhlschnepfe, die über 13 500 Kilometer von Alaska bis auf die Insel Tasmanien/Australien geflogen ist.[152] Im Frühling und Herbst ziehen Milliarden Vögel aller Arten von Nord nach Süd, Ost nach West und umgekehrt. Dabei rasten (und koten) sie auch in und über menschlichen Siedlungen, wo ihre zahmen Artgenossen zur Fleisch- und Eierproduktion gehalten werden. Hier kommt es zu Infektionen und engen Kontakten zum Menschen. Und solche Infektionen häufen sich. Das Virus H5N1 gilt als das perfekte Vogelgrippevirus und wurde bereits in über 100 Arten nachgewiesen. Es springt zudem auf mehr und mehr Säugetierarten über, sodass sich die Weltgesundheitsorganisation inzwischen auf den Übersprung auf den Menschen vorbereitet. Seit Oktober 2022 hat es schon mehr als 40 Varianten gegeben – es könnte also nur eine Frage der Zeit sein, bis der Schlüssel ins menschliche Schloss passt.[153]

Ein ganz aktuelles Beispiel, bei dem das Schloss geöffnet wurde, ist SARS-CoV-2, ein Virus, das die Welt seit 2020 in Atem hält. Es hat einen Seuchenzug rund um den Globus angetreten und dabei den größten Teil der Menschen befallen. Wenn wir uns die Pandemie unter evolutionären Aspekten anschauen, dann wirken die Viren nur im Sinne einer Veränderung unserer Art, wenn nicht alle Menschen gleichermaßen anfällig sind.

Und genau so scheint es zu sein: Ganz offenbar sind Menschen mit der Blutgruppe 0 nicht so anfällig für eine Infektion wie Menschen mit den Blutgruppen A, B oder AB.[154] Im Zweifelsfall überleben also überproportional viele Trägerinnen und Träger dieser Blutgruppe, die sich dadurch in Zukunft etwas stärker ausbreiten könnte. Möglicherweise ist sie so überhaupt erst entstanden, nämlich durch Krankheiten wie die Malaria. Menschen mit der Blutgruppe 0 überleben auch diese Infektionskrankheit auffällig häufiger und haben somit einen evolutionären Vorteil.[155]

Falls Sie meinen, wir hätten Zoonosen schon zur Genüge besprochen, dann weise ich gerne auf eine Studie der Columbia

University hin, die bereits 2013 zu einer erstaunlichen Einschätzung kam. Die Forschenden um Prof. Ian Lipkin berechneten, dass mindestens 320 000 unentdeckte Virusarten allein in Säugetieren schlummern.[156] Wir werden also künftig noch einige Überraschungen erleben.

Auch abseits des Reichs der Viren werkeln winzige Wesen an der Veränderung unserer Gene, wie etwa die Malariaerreger. Es gibt fünf verschiedene Arten dieser parasitischen Einzeller, die durch Stiche von Mücken in den Blutkreislauf gelangen, sich in der Leber einnisten und dort einen Verwandlungsprozess durchlaufen. Schließlich dringen sie in die roten Blutkörperchen ein. Hier vermehren sie sich und bringen die Körperchen zum Platzen und dadurch die befallene Person in Lebensgefahr – schließlich sind die Blutkörperchen für den Sauerstofftransport zuständig.

Pro Jahr werden global etwa 200 Millionen Menschen durch Stechmücken infiziert; ohne Behandlung kann die Malaria je nach Erregerart tödlich verlaufen und fordert jährlich über 600 000 Menschenleben.[157] Grundsätzlich ist die Krankheit kein reines Problem der Tropen. Das klingt logisch, weil durch Urlaubsreisen allein in Deutschland rund 600 Infektionen gemeldet werden.[158] Doch rein klimatisch betrachtet sind auch unsere nördlichen Breiten durchaus malariatauglich, wie historische Berichte aus Zeiten ohne Treibhauseffekt belegen. So war das Rheintal vor der Begradigung des Flusses und der Trockenlegung der Ufersümpfe ein Hotspot des Parasiten, der erst um 1920 offiziell als ausgerottet galt.[159] Mit dem sich erwärmenden Klima könnten die Karten allerdings neu gemischt werden.

Die Malaria bewirkt noch weitere evolutionäre Veränderungen im Blut. Dort, wo sie gehäuft auftritt, ist eine seltene Blutkrankheit verbreitet, die Sichelzellenanämie. Bei dieser Erkrankung verändern sich die roten Blutkörperchen derart, dass sie statt eines schön runden Plättchens eine sichelförmige Gestalt annehmen. Stärker betroffene Menschen leiden unter einer schlechteren Sauerstoffversorgung der Organe und sterben oft schon im Kindesalter. Die Mehrzahl der Träger dieses Gens bildet die Krankheit jedoch nur schwach aus, sodass sich neben den sichelförmigen auch genügend normal geformte Blutkörperchen befinden. Diesen Menschen ist ein nahezu normales Leben beschieden.[160]

Der entscheidende Punkt ist das Auftreten der Malaria. Der schubweise Verlauf der Krankheit mit Fieberwellen, ausgelöst durch massenhaft platzende Zellen, endet häufig mit dem Zusammenbruch des Organismus. Das durfte ich selbst einmal erfahren, als meine Frau und ich Ende der 1980er-Jahre meine Schwester in Sambia besuchten, wo sie an der Botschaft in der Hauptstadt Lusaka arbeitete. Nach einigen Tagen vor Ort ging es hinaus in den South Luangwa Nationalpark, um die ursprüngliche Natur kennenzulernen.

Die grasgedeckten Hütten des Camps verbreiteten eine abenteuerliche Atmosphäre, hatten aber leider keine Moskitonetze über den Betten. Im Gegensatz zu meiner Frau zog ich die Mücken geradezu an, und so war morgens mein Laken voller roter Tupfer – von all den Mücken, die ich nachts im Schlaf versehentlich zerquetscht hatte. Trotz der Einnahme von Prophylaxemedikamenten bekam ich drei Tage später Malaria. Ich habe die Krankheit nur überlebt, weil mir ein Buscharzt in seiner rostigen Wellblechhütte drei Ampullen einer gelben Flüssigkeit (Resochin) in den Arm jagte.

Trägerinnen und Träger des Sichelzellengens hingegen besitzen eine natürliche Resistenz gegen die Malaria; wahrscheinlich wird die Entwicklung entzündlicher Prozesse gedämpft, die eine Malariaerkrankung so gefährlich machen. Dadurch weisen die an Sichelzellenanämie Erkrankten, die eigentlich leistungsmäßig eingeschränkt sind, einen deutlichen Vorteil gegenüber nicht Betroffenen auf. Und dieser Vorteil bewirkt, dass in Gebieten mit starkem Auftreten der Malaria entsprechend häufig diese genetische Veränderung auftritt.[161]

Zurück zur Blutgruppe 0. Wenn diese sich gegenüber einer tödlichen Krankheit als Vorteil erweist, dann müsste sie sich im Laufe der Zeit eigentlich durchgesetzt haben oder spätestens mit SARS-CoV-2 stärker verbreiten. Doch so einfach ist es nicht, denn wo Licht ist, ist auch Schatten – etwa die Cholera. Trägerinnen und Träger der Gruppe 0 sind hier leider im Nachteil. Jährlich sterben daran stark schwankend zwischen 100 000 und über eine Million Menschen,[162] sodass allein im »Wettstreit« dieser beiden Krankheiten um die Blutgruppen klar wird, dass es keinen generellen Vorteil gibt – es hängt vielmehr davon ab, welche Krankheiten im Siedlungsgebiet vorherrschen.

Doch was ist mit allen anderen Faktoren, die unsere Population in der Vergangenheit immer wieder kräftig dezimierten? Hat nicht die moderne Medizin mit all ihren Medikamenten, Hilfsmitteln und Operationsmöglichkeiten kräftig dagegengehalten und die Evolution endgültig außer Kraft gesetzt, zumindest bei den Menschen, die sich solche fortschrittlichen Behandlungen leisten können?

Nicht nur etliche Infektionskrankheiten, sondern auch vielerlei andere körperliche Gebrechen, die früher Tod oder zumindest schwere Einschränkungen mit verringerter Lebenserwartung zur Folge hatten, sind heute so gut wie besiegt. Wie viele von uns würden noch leben ohne Blinddarmoperationen, Insulinspritzen, Betablocker oder einfach nur Brillen? Mit den Beschwerden, die viele von uns plagen, wären wir vor 50 000 Jahren eine leichte Beute für Raubtiere geworden. Mit anderen Worten, die Evolution hätte uns – hart, aber wahr – aussortiert. Ich hebe schon einmal die Hand, weil ich auch zu dieser Gruppe gehöre: Eine Blinddarmentzündung mit 18 Jahren, eine Brille wegen Kurzsichtigkeit, herausgeschnippelte Muttermale wegen einer möglichen Hautkrebsentwicklung – ich wäre ohne ärztliche Unterstützung wohl auch schon aus dem Rennen.

Wenn wir nun mit medizinischen Hilfsmitteln trotz körperlicher Mängel weiterleben, wächst die Bevölkerung zumindest zunächst weiter an. Eine gegenläufige Entwicklung ist das Weiterreichen von genetischen Defekten, die nun nicht mehr einschränkend wirken, an die nächsten Generationen – wird die menschliche Art dadurch nicht immer anfälliger und bei plötzlichem Aussetzen der medizinischen Versorgung untergehen? Um diese Aspekte genauer zu untersuchen, müssen zunächst zwei Dinge unterschieden werden: Erstens, ob die Evolution tatsächlich ausgehebelt wurde, und zweitens, ob die Verwendung von Hilfsmitteln nicht auch zur Evolution, zur Weiterentwicklung gehört. Teil eins der Fragestellung ist klar zu beantworten: Selbstverständlich tobt sich die Evolution nach wie vor mit voller Wucht auch am Menschen aus. Viren lassen sich bis heute nur teilweise durch Medikamente oder Impfungen in Schach halten, und die Heilung zahlreicher bakteriell bedingter Erkrankungen ist für viele Menschen leider immer noch eine Frage des Geldes.

Aber auch ohne Attacken aus dem Mikrokosmos gibt es noch genug Druck seitens der Natur. Krebs, Herzinfarkte und Schlaganfälle sind nur einige der Faktoren, die trotz unserer Errungenschaften nicht komplett beherrschbar sind. Streng genommen macht die moderne Zivilisation die moderne Medizin erst erforderlich. Denn die folgerichtig »Zivilisationskrankheiten« genannten Gebrechen gab es vor Jahrtausenden kaum. Zahnspangen, Zahnfüllungen oder gleich ganze Gebisse, Bandscheibenoperationen, Betablocker, Bypässe und Brillen werden erst durch unsere ungesunde Lebensweise erforderlich. So gesehen lenken unsere Erfindungen, die die Achterbahnfahrt der Evolution angeblich angehalten haben, diese nur in eine andere Richtung.

Statt unter Hunger und Seuchen leiden die Menschen in den westlichen Industriegesellschaften nun eben unter erhöhtem Cholesterinspiegel, massivem Übergewicht und ähnlichen Wohlstandsgebrechen, die wie jede Krankheit einen evolutionären Druckfaktor darstellen. Und der Druck ist gewaltig! So sind Herz-Kreislauf-Erkrankungen mittlerweile Todesursache Nummer eins, und jeder dritte Erwachsene leidet inzwischen unter Bluthochdruck, der nicht nur dem Herz schadet, sondern vielfach auch Ursache für Schlaganfälle ist.[163]

Auch Sehschwächen zählen zu den typischen modernen Gebrechen. Der häufige Aufenthalt am Schreibtisch, geprägt von schwachem Licht und kurzer Lesedistanz, gepaart mit dem immer häufigeren Gebrauch des Handys auf kürzeste Sehdistanz, ist ganz maßgeblich für die stetige Zunahme der Kurzsichtigkeit verantwortlich. Das legen universitäre Studien nahe, die ostasiatische Kinder in den Fokus genommen haben. Durch die rasante Entwicklung hin zu einer modernen Gesellschaft ist der Wandel in Taiwan besonders gut zu dokumentieren. Dort sind mittlerweile 80 bis 90 Prozent der Schulabgängerinnen und -abgänger auf eine Brille angewiesen; zehn bis 20 Prozent kämpfen mit sehbehindernden Krankheiten. Was die Forscher zunächst an genetische Veränderungen denken ließ, ist letztendlich auf den erhöhten Bildungsdruck und den damit einhergehenden Verlust an Aktivitäten an der frischen Luft zurückzuführen.[164]

Wenn wir noch einmal zu den häufigsten Todesursachen zurückkehren, dann steht nach den Herz-Kreislauf-Erkrankungen Krebs an zweiter Stelle.[165] Ein Teil dieser Fälle ist sicher auf ein altes Schreckgespenst zurückzuführen, das wieder am zivilisatorischen Horizont auftaucht: Rauch. Wir hatten schon darüber gesprochen, dass der archaische Lagerfeuerrauch, durch polyzyklische aromatische Kohlenwasserstoffe (PAK) und Feinstaub extrem giftig, Spuren in unseren Genen hinterlassen hat. Zumindest in den westlichen Industriegesellschaften haben wir dieses Lagerfeuer weitestgehend aus unserem Alltag verbannt – die verqualmten Zelte und Katen unserer Ahnen sind längst Vergangenheit.

Wirklich? Zumindest in Form Rauch verbreitender Tabakwaren stimmt dies keineswegs. Raucherinnen und Raucher konnten in der Steinzeit und können auch heute ihrem Laster nur frönen, weil wir aufgrund unserer genetischen Ausstattung Qualm im Alltag zumindest eine Reihe von Jahren ertragen können.[166] Dabei schützt uns unser Erbgut zwar besser als die Neandertaler vor Krebs und anderen Krankheiten, allerdings führt eine ständige Rauchdisposition trotzdem zu einer kürzeren Lebenserwartung. So gehen in Deutschland rund 17 Prozent der Todesfälle auf den schädlichen Qualm zurück[167] – Tendenz immerhin stark rückläufig.

Nun geht das aktive Rauchen nicht zuletzt auch aufgrund von Verboten zurück, das passive nimmt hingegen wieder stark zu, sehr stark sogar. Es sind diesmal nicht Glimmstängel (oder ihr modernes Pendant in Form von E-Zigaretten), sondern deutlich größere Raucher, die überall Einzug gehalten haben. Holzöfen, die mittlerweile in allen Wohngebieten fröhlich graue oder weiße Wölkchen über den Häusern aufsteigen lassen, bringen die Luftqualität steinzeitlicher Höhlen in ganze Wohngebiete. Das Umweltbundesamt gibt die Zahl dieser Heizgeräte für das Jahr 2018 mit über elf Millionen an,[168] und seitdem dürfte die Zahl noch einmal drastisch gestiegen sein.

Die Angst vor einem Gasmangel und die steigenden Preise für fossile Rohstoffe in Verbindung mit dem Ukrainekrieg haben viele Menschen zu dem Brennstoff aus den Wäldern greifen lassen. Das Problem, das unsere Ahnen mit dem Holzrauch hatten und das längst der Vergangenheit anzugehören schien, ist plötzlich mit Wucht zurückgekehrt. Die fröhlich flackernden Flammen verwandeln Holz nicht nur in CO_2 und Wasserdampf, sondern auch in Feinstaub und polyzyklische aromatische Kohlenwasserstoffe – da sind sie wieder. Die gefährlichen Verbindungen treten auch als Feinstaub auf, der in der Vergangenheit eher mit dem Straßenverkehr in Verbindung gebracht wurde. Doch bereits im Jahr 2003 überholten kleine Holzfeuerungen (amtssprachlich für Öfen) im Feinstaubausstoß den sämtlicher Pkw- und Lkw-Abgase.[169]

Der Menschheit war also nur eine kurze Atempause vom Rauch der Lagerfeuer vergönnt – der Druck, sich evolutionär an die schmutzige Luft anzupassen, ist nun mit voller Wucht zurückgekehrt. Nach Angaben der European Environment Agency (EEA) starben im Jahr 2019 307 000 Menschen in Europa durch mit Feinstaub verunreinigte Atemluft.[170]

Offenbar haben wir zumindest in den Industriestaaten eine Zeit lang den Wettlauf zwischen wachsender Bevölkerung mit ihrer stark steigenden Mobilität und Krankheitserregern gewonnen. Dass dies nur ein Etappensieg war, hat uns das Coronavirus schmerzlich bewusst gemacht.

Evolutionäre Veränderungen vollziehen sich nicht immer sehr langsam und über Jahrtausende hinweg. Noch vor wenigen Jahrzehnten herrschte die wissenschaftliche Meinung vor, dass Veränderungen nur durch Mutationen möglich seien und nicht etwa durch Erfahrungen, die angeblich nur mündlich oder durch Anleiten an die nächste Generation weitergegeben werden könnten. Doch durch die Erfahrungen im Zweiten Weltkrieg wandelte sich diese Ansicht. So hungerten im Winter 1944/45 viele Niederländer wegen der durch deutsche Repressionen verursachten Lebensmittelknappheit. Schwangere Frauen gaben diese Erfahrung offenbar an ihre ungeborenen Kinder weiter, deren Stoffwechsel auf Nährstoffmangel programmiert wurde, und zwar durch epigenetische Effekte. Dabei werden chemische Lesezeichen an die Gene geheftet und diese dann anders ausgelesen. Durch den in der Nachkriegszeit einsetzenden Nahrungsüberfluss führte genau diese Programmierung bei der betreffenden Bevölkerungsgruppe später zu verstärkten Gesundheitsproblemen. Sie wies eine stärkere Neigung zu Übergewicht und anderen Zivilisationskrankheiten auf als der Durchschnitt.[171]

Und es gibt noch weitere Möglichkeiten der Anpassung, die ganz ohne die Beteiligung unserer Gene stattfinden, denn wir Menschen sind eine Art Planet, auf und mit dem viele andere Arten leben. Pilze, Milben und Bakterien möchten ebenfalls überleben und unterliegen dadurch zusammen mit uns einem Veränderungsdruck. Wenn sie mithelfen können, uns fit zu halten, dann tun sie das, schon aus Eigennutz. Alleine die Zahl der Bakterien, die auf einem Durchschnittsmenschen leben, beträgt rund 30 Billionen – so viel, wie wir über eigene Körperzellen verfügen.[172] Tausende von Arten leben in spezialisierten Lebensräumen, etwa auf Ihrer Zunge, den Handinnenflächen oder den Armbeugen. Auch hier wird kräftig mutiert, neue Arten werden integriert, alte beseitigt und damit die Einwohnerschar des Planeten Mensch verändert, sodass die Evolution quasi täglich auf und in Ihnen präsent ist.

Heutzutage blüht uns allerdings noch eine ganz andere Art von Evolution: Die Veränderung unserer Gene und damit unserer Art durch Gentechnik. Noch gilt es als absolutes Tabu, neben Pflanzen und Tieren auch an unserer DNA herumzuschnipseln und damit neue Menschen zu kreieren. Doch das Tabu wurde bereits 2018 gebrochen: Der chinesische Wissenschaftler He Jiankui hatte Embryos manipuliert, um sie immun gegen das HI-Virus zu machen, weil der potenzielle Vater an Aids erkrankt war. Noch bevor He Jiankui die Weltöffentlichkeit informierte, waren die Zwillinge geboren – die ersten gentechnisch manipulierten Menschen. Ein Sturm der Entrüstung brach los, der Wissenschaftler kam ins Gefängnis, doch an Embryos wird trotzdem international weiter gebastelt.

Wie wenig die Wissenschaft versteht, was beim Austausch von Genschnipseln passiert, erlebten Forschende am Francis Crick Institute in London. Zu ihrer Überraschung reparierten die Embryos die veränderten Abschnitte, ließen aber auch ganze Teile entfallen. Das Team um die Wissenschaftlerin Kathy Niakan mahnte deshalb zur Vorsicht in Bezug auf medizinische Anwendungen.[173]

In Bezug auf evolutionäre Prozesse, also die Anpassung unserer Art an eine sich verändernde Umwelt, stellt sich heute eine besonders dringende Frage: Reicht das Maß unserer geistigen Fähigkeiten auch aus, um unsere Population, unsere überbordende Nutzung der Umwelt wieder auf ein gesundes Niveau zurückzuschrumpfen? Oder wird uns der eigene Erfolg womöglich bereits überrollt haben, bevor wir schlau genug sind, um uns auch wieder bremsen zu können? Das Problem liegt in der Abfolge der Entwicklung. Unser Verstand hat es uns ermöglicht, zu erfolgreich zu werden und die ganze Erde als Ressource zu nutzen. Während jede andere Tierart nur ganz bestimmte Nahrungsquellen anzapfen kann und auch nur im winzigsten Maßstab Ökosysteme umgestaltet, greifen wir überall zu. Sowohl bei der Atmosphäre (als Müllhalde für Abgase) als auch bei den Ozeanen (als Müllkippe, Fleischquelle, Rohstoffquelle) und dem schon größtenteils umgestalteten Land bedienen wir uns ausgiebig.

Eine Rückentwicklung unserer geistigen Fähigkeiten aufgrund des evolutionären Drucks wäre kaum denkbar. Nur einmal angenommen, wir wären zu intelligent und müssten uns, wie jede andere Tierart, evolutionär wieder besser anpassen, das heißt dümmer werden und damit anspruchsloser (und leider auch wieder anfälliger für Krankheiten und Hunger) – es würde nicht funktionieren. Denn solange es Menschen gibt, die so intelligent sind, die eigenen Bedürfnisse rücksichtslos zu befriedigen, werden diese die Oberhand behalten und länger überleben als (rein theoretisch) zurückentwickelte andere Populationen.

Nein, wenn überhaupt, kann es nur den Weg nach vorne geben, also in Richtung der Entwicklung von mehr Intelligenz. Aber selbst dieser Weg krankt an einer weiteren Hürde: fehlender Zeit. Evolutionäre Prozesse zur Steigerung oder Reduzierung geistiger Fähigkeiten brauchen mindestens Jahrtausende, und wir müssen unsere Probleme innerhalb von Jahrzehnten lösen. Es gibt keine andere Möglichkeit: Wir müssen mit den vorhandenen geistigen Möglichkeiten Lösungen suchen.

Unser bisheriges Verhalten in Bezug auf unsere ökologische Nische, auf den Raubbau an der Natur und die Zerstörung unserer Lebensgrundlagen ist geprägt von Instinkten, die uns in der Steinzeit das Überleben ermöglichten. Nimm, was du bekommen kannst, je mehr, desto besser – was damals notwendig war, hat uns in Kombination mit zivilisatorischen Möglichkeiten in eine Sackgasse geführt. Um dieses gierige Verhalten, einst positiv, heute zerstörerisch, einzubremsen, müssten wir uns über das Diktat unserer Instinkte hinwegsetzen können.

2.2 Wie frei ist der freie Wille?

Wir nähern uns einer zentralen Frage für die Zukunft der Menschheit: Gibt es einen freien Willen? Sind wir wirklich in der Lage, völlig unabhängig von unseren Instinkten bei Bedarf die Kontrolle über unsere Handlungen zu erlangen und Entscheidungen zu treffen, so wie sie nach Art der Lage objektiv notwendig wären? Instinktive Reaktionen haben uns ja in der Vergangenheit vor dem ständig drohenden Aussterben bewahrt; sich über sie hinwegzusetzen, war demnach gefährlich.

Wirtschaft und Politik zumindest tun so, als wären wir rein vernunftbegabte Wesen, die immer sachlich und auch gegen eigene Gefühle entscheiden könnten. Unsere Spielregeln, also zum Beispiel Gesetze, setzen freie Willensentscheidungen voraus.

Schauen wir uns dazu den Bereich der Straftaten an und hier den Aspekt der Schuldfähigkeit. Schuldig kann nur werden, wer a) gegen geltendes Recht verstößt und b) einsichtsfähig ist.[174] Dazu muss man strafmündig, also alt genug sein und darf nicht unter krankhaften psychischen Störungen oder stärkeren Bewusstseinsstörungen, etwa bedingt durch Drogenkonsum oder Alkoholgenuss, leiden.

Eine Einsichtsfähigkeit kann es aber nur dann geben, wenn man bei seiner Entscheidung eine echte Wahl hat – also einen freien Willen. Ist dieser Aspekt nicht gegeben, würde es keinen Unterschied machen, ob eine Tat unter Alkoholeinfluss oder nüchtern begangen wurde. Falls die Instinkte das Heft in der Hand haben, ist eine wirkliche Einsicht, also eine sachliche Betrachtung der Umstände für das eigene Handeln, nicht möglich.

Bevor wir untersuchen, ob es überhaupt einen freien Willen gibt, sollten wir uns verschiedene Definitionen zu unseren diesbezüglichen Gehirnleistungen anschauen. Diese Begriffe sind nämlich gar nicht so eindeutig, wie ihr Gebrauch im Alltag vermuten lässt – wir erinnern uns an die Probleme bei der Definition des Begriffs »Intelligenz«.

Beginnen wir mit den Instinkten. Sie wurden früher als angeborene Verhaltenssteuerung definiert, ganz im Gegensatz zu erlerntem Verhalten. Doch Instinkte können durch Lernen verstärkt werden, etwa indem Eltern ihren Kindern beibringen, vor bestimmten Tieren Angst zu haben (Ich sage nur »Spinnen!«). Demnach wäre dies ein Widerspruch, weshalb der Begriff immer seltener verwendet wird.[175]

Und nun? Vielleicht helfen uns die Gefühle weiter. Auch hier ist die Definitionslage leider ähnlich, nämlich verworren. Wenn Sie gefragt werden, was Gefühle sind, können Sie vielleicht ein paar nennen, wie zum Beispiel Liebe, Trauer, Wut, Glück. Doch was ist das eigentlich genau, und wie wirkt es? Vereinfachend könnte man sagen, dass Gefühle die Sprache des Unterbewusstseins sind, in der dieses mit unserem Bewusstsein kommuniziert. Diese Gefühle bewegen uns zu Handlungen, die nicht vom Verstand bestimmt werden. Das kann durchaus sinnvoll sein; denken Sie etwa an Gefahrensituationen. Wenn ein Löwe auf Sie zu kommt, dann setzt sofort Angst ein, die alle Reserven des Körpers mobilisiert und in höchste Betriebsbereitschaft bringt. So können Sie augenblicklich davonrennen, ohne groß zu überlegen. Immer wenn es schnell gehen muss, sind Gefühle in Bezug auf eine Entscheidungsfindung dem Verstand haushoch überlegen – und kommen oft zu dem richtigen Ergebnis. Manchmal liegt das Unterbewusstsein allerdings auch daneben, wie viele Menschen etwa in Liebesdingen schon erfahren haben.

Man könnte also bis hierher trotz aller wissenschaftlichen Unschärfen kurz zusammenfassen: Instinktive Handlungen sind der Motor unseres Unterbewusstseins, welches uns über Gefühle sein Tun vermittelt. Es vermittelt allerdings nicht nur – das wäre zu einfach. Dinge, die ohnehin automatisch ablaufen sollen, brauchen unsere wertvollen geistigen Ressourcen nicht unnötig zu belasten. Genau diese Strategie fährt das Unterbewusstsein in vielen Fällen auch und teilt uns einfach gar nicht mit, was es macht. Das können komplizierte körperliche Tätigkeiten sein, die wir trotzdem kaum bewusst wahrnehmen. Überlegen Sie beispielsweise, was Sie beim Autofahren in einem Pkw mit Schaltgetriebe alles tun? Kuppeln, schalten, Gas geben, das läuft alles ganz nebenbei (und unbewusst), sodass Sie sich zusätzlich noch prima unterhalten und gleichzeitig den Verkehr im Auge behalten können.

Es ist pure Notwendigkeit, dass uns unser Unterbewusstsein eine Reihe von Entscheidungen abnimmt, da wir uns ansonsten im Gewirr Tausender Aktionen völlig verheddern würden. Auch rasch auszuführende Handlungen laufen am Oberkommando unseres Denkorgans vorbei. Springt nachts ein Reh vor unserem Auto auf die Straße, so treten wir innerhalb von zwei

Zehntelsekunden auf die Bremse, viel zu schnell, um bewusst eine Entscheidung herbeizuführen. Lediglich Entscheidungen, die in Ruhe abgewogen werden können, bleiben unserem Verstand vorbehalten.

Doch bei den Meldungen an unser Bewusstsein mogelt das Unterbewusstsein offenbar auch manchmal und tut nur so, als sollten bestimmte Entscheidungen nicht von ihm, sondern dem Verstand getroffen werden. Um etwas Licht in dieses Dunkel zu bringen, sollten wir uns an dieser Stelle ein wenig mit der Hirnforschung beschäftigen. Das Max-Planck-Institut in Leipzig hat in einer Studie aus dem Jahr 2008 Erstaunliches veröffentlicht. Mithilfe von Magnetresonanztomografen, die Gehirnaktivitäten am Computer darstellen können, wurden Testpersonen beobachtet. Sie sollten sich entscheiden, ob sie einen Knopf mit der linken oder mit der rechten Hand drücken wollten. Dabei sollten sie den Zeitpunkt der Entscheidung festhalten. Überraschenderweise war über Gehirnaktivitäten bis zu zehn Sekunden vor dem genannten Entscheidungszeitpunkt ablesbar, zu welchem Ergebnis die Testkandidaten kommen würden. Die Handlung wurde also bereits eingeleitet, während die Probanden noch überlegten.[176] Es war demnach nicht das Bewusstsein, sondern das Unterbewusstsein, welches den Handlungsimpuls auslöste. Das Bewusstsein lieferte wenige Sekunden später quasi nur noch die Erklärung.

Da die Erforschung derartiger Prozesse erst ganz am Anfang steht, kann man noch nicht sagen, wie viel Prozent und welche Art von Entscheidungen in dieser Weise funktionieren und ob wir uns auch gegen die vom Unterbewusstsein festgelegten Abläufe wehren können. Immerhin erstaunlich genug, dass das Bewusstsein der Realität vielfach hinterherhinkt. Es verbiegt anschließend gewissermaßen den Zeitstrahl und behauptet für unser leicht kränkbares Ego, jederzeit uneingeschränkt Herr der Lage zu sein.

Was ist das überhaupt, dieses Bewusstsein? Es muss von zentraler Bedeutung für unser Selbstverständnis als Menschen sein, was man allein schon daran ablesen kann, dass wir es den meisten Tierarten (und erst recht allen Pflanzen) absprechen. Abgesehen davon, dass letztere Behauptung mehr und mehr widerlegt wird, verlassen wir mit dem Unterbewusstsein den Automatikmodus. Freie Entscheidungen sind also, falls es sie denn gibt, zwingend an ein Bewusstsein gebunden. Wie das Beispiel aus Leipzig zeigt, bedeutet allein das Vorhandensein eines Bewusstseins aber noch lange nicht, dass es freie Entscheidungen überhaupt gibt.

Ein einfaches Beispiel aus der Praxis sind nächtliche Toilettengänge. Wenn die Blase sich in der Nacht so stark füllt, dass eine Entleerung am falschen Ort droht, dann weckt uns – wer sonst – das Unterbewusstsein auf, selbst aus dem tiefsten Schlaf. Auch wenn wir nicht ganz vollständig wach sind, muss das Bewusstsein die Arbeit übernehmen, weil wir uns zumindest im Klaren darüber sein müssen, ob wir im eigenen Schlafzimmer herumtappen oder in einem fremden Hotelzimmer, in dem wir uns nicht auf Autopilot zur Toilette bewegen können. Das Bewusstsein ist also eingeschaltet, eine freie Entscheidung wird dennoch nicht getroffen, denn je nach Blasendruck kann von Freiwilligkeit keine Rede sein.

Bei der Definition von Bewusstsein eiert die Wissenschaft leider wieder einmal sehr herum. Am ehesten kann man sich darunter eine Wachheit vorstellen, einen Zustand, in dem man denken kann und sich selbst mit all seinen Gefühlen erlebt.[177] Den stärksten Unterschied von Bewusstsein und Bewusstlosigkeit erlebt man übrigens bei einer Vollnarkose; Bewusstsein ist also sehr gut zu spüren, aber nur sehr schwer zu beschreiben. Das liegt auch daran, dass es Übergangsstadien gibt, die eine Definition noch schwerer machen.

Wie verhält es sich etwa mit dem Schlaf? Ist man nachts bewusstlos? Zumindest für den Tiefschlaf kann man das annehmen, denn erstens lässt man sich daraus nur sehr schwer aufwecken, und zweitens erinnert man sich nicht an ihn, denn geträumt wird in der REM-Phase. Dann bewegen sich die Augen rastlos hin und her (*rapid eye movement*), und das Kopfkino läuft auf Hochtouren. Die Träume sind fast real, und die Bilder fließen dicht unter der Oberfläche des Bewusstseins. Wie dicht, zeigen die folgenden drei Punkte: Erstens lässt man sich in dieser Phase leicht aufwecken, und zweitens kann man sich zumindest kurz nach dem Aufwachen häufig an das Geträumte erinnern, fast, als ob man es tatsächlich erlebt hätte. Der dritte Aspekt mutet fast ein wenig skurril an, denn bei manchen Träumen schläft man zwar, das Bewusstsein jedoch nicht. Es sind die sogenannten Klarträume, auch luzide Träume genannt, bei denen wir uns darüber im Klaren sind, dass wir nur träumen. Diese Träume kann man sogar steuern, also Einfluss auf den Ablauf der geträumten Geschichte nehmen.

Bewusstsein ist also nicht nur schwer zu definieren, sondern auch nicht klar vom Unterbewusstsein zu trennen. Dennoch lässt sich das Vorhandensein eines Bewusstseins logisch herleiten. Gäbe es nur das Unterbewusstsein, welches all unsere Handlungen steuern würde, so bräuchten wir keine Gefühle. Mit der Erzeugung von Gefühlen wie Angst oder Liebe trifft das Unterbewusstsein zwar eine Vorentscheidung, in welche Richtung es gehen soll, möchte aber in diesen Fällen offenbar das Bewusstsein an der endgültigen Reaktion beteiligen.

Um die Beurteilung der Lage noch schwerer zu machen, sei noch erwähnt, dass es auch Wissenschaftlerinnen und Wissenschaftler gibt, die lediglich die Existenz des Bewusstseins bejahen und die Existenz eines Unterbewusstseins abstreiten. Die These von Neurowissenschaftler Nick Chater etwa lautet, dass das Gehirn gewissermaßen flach sei, gar keine Tiefe und damit auch kein Unterbewusstsein besitze, weil ihm dazu schlicht die Rechenkapazität fehle. Daher äußert sich Chater auch zweifelnd in Bezug auf den Erfolg von Psychotherapien, wenn es um die Suche nach dem »wahren Ich« geht, weil es dieses seiner Meinung nach gar nicht gibt.[178] Gleichzeitig spricht er von Prozessen, auf die das Gehirn uns in bestimmten Situationen aufmerksam mache – für mich ein Widerspruch, denn wenn uns alles bewusst wäre, dann bräuchten wir keine Hinweise, zum Beispiel in Form von Gefühlen.

Und wenn es tatsächlich kein Unterbewusstsein gäbe? Es änderte nichts an der Tatsache, dass viele Handlungen nicht durch Nachdenken zustande kommen, sondern automatisiert ablaufen und durch Einflüsse gesteuert werden, die uns häufig nicht klar sind. Gäbe es nur das Bewusstsein und die angeborenen Instinkte, müsste für uns die Entstehung jeder Handlung ständig transparent, weil bewusst mitverfolgbar sein. Selbst rein instinktive Aktionen wären zwar nicht durch Denkprozesse beeinflussbar, aber dennoch beobachtbar – das klingt für mich sehr anstrengend und steht meines Erachtens im Widerspruch etwa zum automatisierten Autofahren, bei dem wir nicht mehr über jedes Kuppeln und Schalten im Detail nachdenken.

Daneben stellt sich natürlich auch die Frage, ob es dann überhaupt Tiere (oder Pflanzen?) gäbe, die kein Bewusstsein haben. Wann und wo sollte plötzlich ein evolutionärer Sprung zum Menschen entstanden sein, bei dem automatisch-instinktive Handlungen in bewusstes Überlegen übergegangen sind, ohne dass ein Unterbewusstsein wenigstens übergangsweise parallel mit an Bord war? Ich finde, dass die Theorie des Unterbewusstseins (kann durch Gefühle bewusst werden) und des Unbewussten (dieser Teil wird nie bewusst) unser Verhalten sehr viel besser erklärt. Wenn man Gefühle mit der Vermittlung instinktiver Handlungen an das Bewusstsein erklären wollte, käme das in der Praxis auf das Gleiche hinaus. Und eines ist sicher unstrittig:

Gefühle sind nur deshalb notwendig, weil in bestimmten Situationen eben nicht alles rational entschieden und gelöst werden kann, die Denkprozesse des Bewusstseins also überstimmt werden sollen.

Wer fühlt, muss demnach bewusst sein, und nur im bewussten, also wachen Zustand kann man klar denken – so weit sind sich wohl alle einig. Damit erscheint der nächste Mitspieler auf der Bühne: der Verstand. Er hat immer noch nichts mit dem freien Willen zu tun, sondern erst einmal wortwörtlich mit dem Verstehen. Erst wenn ich eine Situation verstehe, kann ich darüber nachdenken und eine Entscheidung treffen. Verstand ist demnach etwas, was auch viele Tiere besitzen sollten. Auf dem Weg nach oben zum freien Willen haben wir aber noch eine letzte Sprosse zu erklimmen: die Vernunft. Sie bewertet die Gefühle und die Sachlage, die der Verstand erfasst hat, und versucht, zu der besten Lösung zu kommen.

Allerdings ist auch die Vernunft immer noch stark vom Unterbewusstsein beeinflusst, und das liegt an der geringen Aufnahmekapazität unseres Bewusstseins. Pro Sekunde, so Psychologin Diana von Kopp, prasseln elf Millionen Bit an Informationen auf uns ein, von denen das Bewusstsein nur rund 40 Bit registrieren kann.[179] Das sind, wenn die Autorin recht hat, nur 0,00045 Prozent an Umweltreizen, die wir aktiv bemerken. Als Basis für intelligentes Nachdenken ist das ein wenig dürftig – zumal wir uns ja häufig auch noch auf die falschen Dinge konzentrieren.

Und das ist noch nicht die ganze Wahrheit. Denn das, was Sie bewusst sehen, ist nicht das, was wirklich ist. Schon unser Sehapparat ist durch die Konstruktion einer einfachen Linse im Auge nicht für die Realität geeignet. Sähen wir alles unkorrigiert, so stünde die Welt auf dem Kopf, und unsere Hände, die sich etwa nach einer Kaffeetasse ausstreckten, griffen ins Leere.

Erst die Verarbeitung im Gehirn ermöglicht es uns klarzukommen: Jedes empfangene Bild wird dort zurückübersetzt.

Aber wenn unser Denkorgan schon hier (notwendigerweise) so grob eingreift, wie mag es dann mit all den kleinen visuellen Informationen umgehen? Diese Datenmanipulation können Sie aufdecken, und zwar bei optischen Täuschungen. Der weltberühmte niederländische Künstler M. C. Escher etwa zeichnete unter anderem Treppen, die scheinbar endlos im Kreis zu besteigen sind und, obwohl sie nach oben führen, nicht an Höhe gewinnen. Eschers Grafiken entlarven, wie die Wirklichkeit im Gehirn zu einer subjektiven Welt verändert wird. Das bisschen an Umweltinformationen, welches unser Bewusstsein erreicht, ist also, vorsichtig formuliert, schon stark interpretiert worden. Werden uns tatsächlich weniger als ein Tausendstel Prozent aller Informationen bewusst, und das auch nur verfälscht?

Davon können Sie sich gerne in einem kleinen Filmexperiment überzeugen. – Wenn Sie Lust darauf haben, sollten Sie die folgenden Zeilen überspringen und sich die verschiedenen Filme direkt auf der Homepage der Wissenschaftler Christopher Chabris und Daniel Simons anschauen.[180] Für alle anderen kommt hier die Beschreibung: Die Zuschauerinnen und Zuschauer sehen einen Film, in dem eine Gruppe Menschen Basketball spielt. Die Aufgabe lautet, sich auf jeweils ein Team in schwarzen oder weißen T-Shirts zu konzentrieren und die Ballwechsel zu zählen. Bei anschließenden Fragen, ob (je nach Film) ein durch die Gruppe ziehender Gorilla oder wahlweise eine Frau mit buntem Regenschirm bemerkt wurde, verneinte knapp die Hälfte der Versuchspersonen.[181]

Aber was ist, wenn unter den Daten, die uns durchs Netz gehen, wirklich Wichtiges ist? Für das Überleben unserer Art wäre es viel zu riskant, nur auf die aktive Auswahl an interessanten Informationen zu vertrauen. Der große Rest der Datenflut geht daher keineswegs verloren, sondern wird zumindest teilweise vom

Unterbewusstsein ausgewertet. Und solange sich keine Alarmmeldungen darunter befinden, werden wir von diesen Auswertungsvorgängen nichts bemerken. Dass davon tatsächlich sehr vieles auch abgespeichert wird, zeigen unsere Erinnerungen.

Wie viele Erinnerungen tatsächlich in uns schlummern, wird immer dann offenbar, wenn wir einen Hinweis zu einem scheinbar längst vergessenen Ereignis erhalten. Wird das passende Stichwort genannt, fallen uns plötzlich wieder etliche Details zu einer Person, einem Ort oder einem Erlebnis ein, an die wir uns ohne das Stichwort nicht mehr erinnert hätten. Wie viel wir zu speichern vermögen, zeigen Menschen mit einer Inselbegabung. Sie lernen in Windeseile Telefonbücher auswendig, können durch das einmalige Überfliegen von Metropolen komplette Stadtpläne aus dem Gedächtnis zeichnen oder rechnen schneller als jeder Taschenrechner.

Prinzipiell könnten Sie das alles auch. In Ihrem Gehirn sitzt jedoch ein Filter, der Unnötiges (und darunter fallen auswendig gelernte Telefonbücher) sofort aus dem Bewusstsein löscht. Wäre jede jemals aufgenommene Information ständig präsent, so ginge der Blick auf die für den Alltag wesentlichen Dinge verloren. Und genau dieses Problem haben viele der scheinbar so begabten Gehirnkünstler: Sie finden sich im täglichen Leben schlechter zurecht.

Dass wir einen erklecklichen Teil der aufgenommenen Informationen sofort in den Datenkeller verbannen, ist auch dem Energieverbrauch geschuldet. Das Gehirn macht zwar nur zwei Prozent des Körpergewichts aus, verbraucht aber 20 Prozent der gesamten Energie.[182] 100 Milliarden Nervenzellen mit einem Vielfachen davon an Verbindungen wollen schließlich versorgt werden, um feuern zu können.[183]

Dennoch sind auch bei gesunden Menschen die unbewussten Erlebnisse nicht endgültig ad acta gelegt. Sie sind prägend dafür, wie spätere Entscheidungen getroffen werden. Denken Sie einmal darüber nach, was Sie in Ihren ersten drei Lebensjahren erlebt haben. Vergessen? Dabei sind diese doch so entscheidend, etwa für die Ausformung der Intelligenz. Selbst wenn Sie sich kaum an etwas erinnern können, ist dieser Zeitraum im Unterbewusstsein präsent. Schöne wie auch traumatische Erlebnisse wirken lebenslang fort. So durften in früheren Jahrzehnten Säuglinge und Kleinkinder in Krankenhäusern nicht besucht werden. Die Verlassenheitsängste führten bei etlichen von ihnen im Erwachsenenalter entweder zu dem Bedürfnis nach besonders viel Nähe oder aber im Gegenteil zu besonders oberflächlichen Beziehungen.

Wenden wir uns der Königsdisziplin unserer Art zu: dem freien Willen. Den Mitgeschöpfen konstatieren wir gerne und ohne Weiteres Instinkte, also »rein ererbtes und zweckmäßiges Handeln, das nicht erlernt zu werden braucht«, so die Universität Hamburg auf ihrer Homepage. Dasselbe Institut formuliert zum Menschen weiter, dass »er die Instinkte beherrschen, überbauen und durch Einsicht und Willen überformen kann«.[184] Da ist er auch schon im Spiel, der Wille. Ob er wirklich frei ist, schauen wir uns an einem klassischen Beispiel aus dem Alltag an.

Manchmal sind die Instinkte nämlich regelrecht diktatorisch. Nicht nur, dass das Unterbewusstsein hier und da unbemerkt die Führung übernimmt, nein, in vielen Situationen ist es ihm völlig egal, was Sie sich denken, da Sie über die Gefühlsbotschaften förmlich gezwungen werden, Ihrem Unterbewusstsein nachzugeben. Dass dieses hier und da das Bewusstsein über Gefühle einschaltet, einen Teil der Zukunftsgestaltung der Vernunft überlässt, heißt nämlich nicht, dass es nicht verdeckt weiter mitmischt. Vieles (oder alles?), was wir bewusst tun, wird von einer Mischung aus bewusster Überlegung und unbewusstem Unterton entschieden. Wie hoch der bewusste Anteil ist, lässt sich mit Sicherheit in keinem einzigen Fall sagen.

Eine typische Situation ist die Nahrungsaufnahme. War von Beginn der Menschheitsgeschichte bis vor wenigen Jahrzehnten das Hauptproblem, genügend und regelmäßig Mahlzeiten zu erhalten, so kehrte sich die Situation zumindest für die meisten Menschen seither völlig um. Wir nehmen nicht zu wenig, sondern meist zu viel Nahrung zu uns. Die Gründe sind bekannt: Unser Körper ist quasi noch auf die Steinzeit eingestellt und giert nach Fettigem und Süßem. Was früher selten war, quillt heute im Übermaß aus den Füllhörnern der Supermärkte. Chips, Limonade und Süßigkeiten sind, bezogen auf ihren Kaloriengehalt, mittlerweile sogar die billigsten Lebensmittel geworden. Vermutlich kennen Sie die Situation: Eigentlich wollen Sie nichts mehr essen, aber da liegt noch ein Schokoriegel. Sie halten es tatsächlich aus, mehrere Stunden lang nicht zuzugreifen, bis das Ding schließlich doch in Ihrem Magen landet. Was übrig bleibt, ist meist nur ein schlechtes Gewissen. Ein klassischer Kampf zwischen Ihrer Vernunft und dem Unterbewusstsein.

An diesem alltäglichen Fall kann jeder von uns an sich selbst studieren, wie weit unsere Instinkte uns im Griff haben. Werfen wir dabei die Argumente der ungleichen Gegner einmal in die Waagschale. Das Unterbewusstsein kann anführen, dass schon immer (bis auf einen winzigen Zeitraum) der Grundsatz gegolten hat, so viel wie möglich in sich hineinzustopfen. Nahrung stand in der Vergangenheit selten ständig zur Verfügung, sodass der Körper zwangsläufig Vorräte anlegen musste, um auch wochenlange Engpässe zu überstehen. Dabei konnte man sich nicht von lästigen Überlegungen des Gehirneigners hineinreden lassen, da sonst in der Zwischenzeit womöglich jemand anderes das letzte Stück Braten vom Feuer geschnappt hätte. Und wenn es Auswahl gab, so galt immer, dass die fettesten und süßesten Dinge Vorrang haben, da der Magen schließlich eine begrenzte Kapazität hatte und so kalorienreich wie möglich befüllt werden musste. Mit dieser Strategie ist unsere Art viele Zehntausend Jahre lang gut gefahren.

Und was legt ein wacher Verstand heute in die andere Schale? Zu viel Fett und Zucker (der ja im Körper ebenfalls zu Fettpolstern umgewandelt wird) sind ungesund und verringern die Lebenserwartung. Anders als in der Steinzeit ist eine Vorratshaltung des eigenen Körpers um jeden Preis nicht mehr nötig. Zudem ist das aktuelle Schönheitsideal schlank, sodass Übergewicht nicht nur zu physischen, sondern auch zu psychischen Problemen führen kann. Es ist also vernünftig, die Nahrungszufuhr auf das Maß zu beschränken, welches dem Verbrauch durch eigene Aktivitäten entspricht.

Dummerweise verfügt das Unterbewusstsein über die Gefühlssprache, die, ich erwähnte es schon, den Worten unseres Zentralorgans in der Wirkung deutlich überlegen ist. In diesem Falle heißt das Gefühl »Hunger«. Hunger ist als Signal nicht so stark, dass sich unser Verstand nicht wenigstens zeitweise darüber hinwegsetzen könnte. Man kann sich bewusst ablenken (und damit auch das Unterbewusstsein), indem man sich etwa in Arbeit stürzt und auch den Fokus des Unbewussten auf andere Reize lenkt. Einem bohrenden Grummeln im Magen, einer den Körper schleichend durchdringenden Schlappheit können aber nur besonders willensstarke Charaktere dauerhaft standhalten – ich zumindest schaffe es häufig nicht.

Gleich einer Gehirnwäsche ist die Dauerbotschaft so wirksam, dass wir sehenden Auges genau das machen, was wir eigentlich gar nicht wollen: essen. Nun gelingt es dem einen mal mehr, dem anderen weniger, wenigstens zeitweise die Oberhand über die Instinkte zu erlangen und so spärlich zu essen, dass die Pfunde tatsächlich purzeln. Ein Sieg über das Unterbewusstsein ist das aber noch lange nicht, denn perfiderweise wertet der Körper den Nahrungsmangel als gravierendes Alarmzeichen und bedient sich zunächst einmal kräftig bei den Energieverbrauchern, nämlich den Muskeln. Ist die Diät beendet, legt der Organismus selbst bei mäßiger Nahrungsaufnahme weitere Fettpolster an, da der Gesamtverbrauch dank des Muskelschwunds unter demjenigen vor der Diät liegt. Die einzig wirksame Möglichkeit, seinen Willen durchzusetzen, ist daher eine Diät in Kombination mit Sport. Denn wenn der Körper gleichzeitig das Signal erhält, die Muskelmasse werde dringend gebraucht, so gibt er sich geschlagen und baut endlich Fett ab. Das klappt allerdings nur, wenn die Diät nicht zu radikal ist, die Kalorienzufuhr nur geringfügig reduziert wird. Dazu müssen nun aber statt einer (Hunger) gleich zwei Hemmschwellen (Hunger plus Faulheit) überwunden werden, und zwar dauerhaft.[185]

Dass das den wenigsten Menschen gelingt, zeigen auch die amtlichen Zahlen: Mittlerweile sind die Hälfte der Frauen und zwei Drittel der Männer in Deutschland übergewichtig, Trend weiter steigend.

Selbst bei der Ermittlung dieser Zahlen spielt das Unterbewusstsein offenbar mit, denn die neusten Werte zeigen eine fallende Tendenz. Sie wurden allerdings nicht unabhängig erhoben, sondern beruhen auf Selbstangaben. Das Robert Koch-Institut vermutet bei den gemeldeten Zahlen eine Unterschätzung des Gewichts und eine Überschätzung der Körpergröße – aus beiden Werten wird der Body-Mass-Index ermittelt (BMI).[186] Das Unterbewusstsein versucht also offenbar, das Selbstbewusstsein zu stärken, indem es uns entgegen den Fakten näher an der gesellschaftlichen Norm positioniert. Diese Norm heißt aktuell schlank und muskulös.

Allerdings war das nicht immer so und ist es auch heute nicht überall. Im Rokoko etwa galten üppige Körperformen als schön, und auch in meiner Familie gab es eine durchaus positive Einstellung zur Fülle. Mein Vater hatte als Kind im Krieg gehungert und sich für die Nachkriegszeit fest vorgenommen, dick zu werden – was auch geklappt hat.

An der Übermacht des Unterbewusstseins in Sachen Essen ändern auch Aktionen wie deutlichere Informationen auf Lebensmittelpackungen kaum etwas, denn diese sorgen höchstens für vermeintliche Entlastung der Verbraucherinnen und Verbraucher. Der Rebound-Effekt, als Begriff eher im Bereich Energieverbrauch benutzt, schlägt auch hier zu. Wenn man pro Nahrungsmitteleinheit weniger Kalorien zu sich nimmt, darf man sich davon mehr gönnen und macht in Summe den Einspareffekt wieder zunichte.

Zusätzlich werden beim täglichen Nahrungsmittelkonsum weitere Hemmschwellen abgebaut. »Convenience-Food« heißt der Fachbegriff der Marketingstrategen in den Zentralen der Lebensmittelkonzerne, die ihre Marktanteile fest im Blick haben. Je einfacher in der Zubereitung und zugleich je attraktiver die angebotene Kost ist, desto eher greifen Kundinnen und Kunden zu. Komplette Gerichte, teilweise sogar mit Vor- und Nachspeise, werden eingeschweißt und mikrowellenfertig offeriert. Umständliches Zubereiten entfällt; sobald auch nur der leiseste Appetit aufkommt, wird einfach eine Packung geöffnet, und kurze Zeit später landet die Fertigmahlzeit im Magen. Und da die Methoden, unser Unterbewusstsein zu ködern, immer ausgefeilter werden, ist mit einem weiteren Anstieg des Anteils der Bevölkerung mit Übergewicht zu rechnen.

Sicher, das ist alles hinreichend bekannt. Das Thema »Essen« führt uns nur besonders gut, weil täglich nachvollziehbar, vor Augen, wie begrenzt der Spielraum des freien Willens tatsächlich ist.

Sind nun aber Personen, die ihre Pfunde im Griff haben und regelmäßig ins Fitnessstudio gehen, der lebende Beweis für die Existenz eines starken freien Geistes? Oder ist vielmehr der Drang, einen attraktiven »normgerechten« Körper zu behalten, ebenfalls Instinkten geschuldet? Möglicherweise erleben wir auf dem Sektor »Diät« nur den Wettkampf zweier mächtiger Strömungen unseres Unterbewusstseins um wichtige Überlebensstrategien. Welche stärker ausgeprägt ist, verrät Ihnen Ihr Spiegelbild.

Apropos attraktiver Körper: Ich hätte natürlich genauso gut das Beispiel »Sex« wählen können. Abgesehen davon, dass jeder von uns gut nachvollziehen kann, wie angenehm die Beschäftigung mit unseren primären Geschlechtsorganen ist, kann man die überwältigende Stärke sexueller Instinkte mit schöner Regelmäßigkeit in den Nachrichten verfolgen. Es ist kaum zu begreifen, dass die mächtigsten Männer der Erde immer wieder Kopf und Kragen riskieren, um ihre Triebe zu befriedigen. Ob Bill Clintons Tête-à-Tête mit seiner Praktikantin oder Silvio Berlusconis Sexorgien mit Prostituierten, kaum kommen die Hormone in Wallung, spielen Amt und Ansehen keine Rolle mehr.

Auch in anderen Bereichen verhält es sich ähnlich, nur sind die Gefahren, die daraus für die Erdbevölkerung resultieren, deutlich größer. Macht auszuüben, ist offenbar so attraktiv, dass es leider regelmäßig zum Ausbruch von Kriegen kommt.

Der Verstand bedient die Instinkte aber nicht nur beim Essen oder Sex, sondern auch in vermeintlich intellektuellen Bereichen. Unsere angeborene Gier nach Informationen führt dazu, dass diese ähnlich massenhaft und vorverarbeitet angeboten werden wie Nahrung. Nachrichten, Geschichten (Romane) oder Spielfilme ersetzen die steinzeitlichen Gespräche am Lagerfeuer, enthalten allerdings wesentlich mehr Botschaften.

Noch einmal zurück zum freien Willen: Gibt es nicht doch Beispiele, wo dieser lupenrein nachweisbar ist? Ein typisches Beispiel wäre vielleicht der Sport, nein, nicht jeder x-beliebige. Denn auch hier werden ja Hormone wie Dopamin oder Endorphine ausgeschüttet, die Glücksgefühle hervorrufen und uns nach mehr verlangen lassen. Nein, ich meine Sport, den man machen soll, um etwa körperliche Leiden zu lindern, wie nach einem Bandscheibenvorfall. Bei mir zumindest stellen sich bei entsprechenden Übungsstunden im Fitnessstudio keine Glücksgefühle ein – ich trainiere allerdings auch nicht bis zur Erschöpfung, sondern arbeite eine Kombination von Muskelaufbau- und

Dehnungsübungen ab, die teilweise sehr unangenehm sind. Das Ganze mache ich, weil ich weiß, dass es langfristig Verbesserungen für meine Wirbelsäule bringt. Wirklich? Ich ertappe mich dabei, dass ich regelmäßiger trainiere, je mehr Rückenschmerzen ich habe. Schmerz ist also die treibende Kraft, und wenn es mir besser geht und ich trotzdem trainiere, dann aus Sorge, es könne mir sonst wieder schlechter gehen.

Wenn man sich Sorgen macht, ist der Verstand schon wieder ins Hintertreffen geraten. Der Duden definiert Sorge wie folgt: »(Durch eine unangenehme, schwierige, gefahrvolle Situation hervorgerufene) quälende Gedanken; bedrückendes Gefühl der Unruhe und Angst«.[187] Und wenn ich ehrlich bin, lassen meine Bemühungen deutlich nach, sobald es mir wieder besser geht.

Unser Status quo lässt sich also wie folgt zusammenfassen: Das Unterbewusstsein bewältigt unglaublich viele Informationen, bewertet diese und fällt zahlreiche Entscheidungen, ohne unser Bewusstsein zu beteiligen. Die Bewertungen durch das Unterbewusstsein sind allerdings sehr unscharf, und in wenigen Fällen braucht es mehr Präzision. Diese Fälle lässt das Unterbewusstsein über Gefühle wie U-Boote auftauchen, dadurch werden sie uns bewusst. Nun darf der Verstand erfassen, die Vernunft bewerten und eine bewusste Entscheidung gefällt werden. Sie ist wesentlich genauer, als sie das Unterbewusstsein formulieren könnte, und dennoch stark durch dieses beeinflusst. Wirklich frei kann man eine solche Entscheidung nicht nennen, weil allein schon die Frage, über welche Dinge wir abwägen dürfen, im Unterbewusstsein getroffen wird.

Der bewusste Entscheidungsfindungsprozess dient meist (wenn nicht gar immer) der Befriedigung unbewusster Wünsche, der Bedienung unserer Instinkte. Angenommen, wir wären überwiegend oder gar vollständig Sklaven dieser Instinkte. Welchen Sinn hätte dann die Einbildung eines freien Willens? Wir müssten getäuscht werden, um nicht depressiv und frustriert zu werden. Denn unser Denkorgan ist so leistungsfähig geworden, dass wir eine ausgeprägte Selbstwahrnehmung haben und uns über unser Handeln vielfach im Klaren sind. Wäre uns stets bewusst, dass alles, was wir tun, instinktgesteuert ist, so würden wir sehenden Auges miterleben, welchen Unsinn wir manchmal tun. Für unser Gehirn, für unseren Körper wäre das möglicherweise viel zu aufregend. Das ist so ähnlich, als rasten Sie als Beifahrer mit einem betrunkenen Fahrer über die Autobahn, unfähig, den Ablauf der Fahrt zu beeinflussen. Ihr Puls würde Rekordstände erreichen, Ihr Körper wäre in permanentem Alarmzustand, der Energieverbrauch schnellte hoch, ohne dass diese massive Reaktion irgendeinen Sinn ergeben würde. Wäre es nicht wesentlich entspannter, selbst der betrunkene Autofahrer zu sein? Der glaubt nämlich im Gegensatz zum Co-Pilot, alles unter Kontrolle zu haben, obwohl er keinen Deut besser dran ist. Das Gefahrenpotenzial ist nicht höher als für den nüchternen Beifahrer, und der Energieverbrauch des Körpers geht deutlich zurück. Erspart uns die Illusion eines freien Willens also das Miterleben eines lebenslänglich obsiegenden Unterbewusstseins?

Diese Frage kann niemand beantworten, aber nehmen wir einmal an, den freien Willen gäbe es nicht. Indizien dazu sind genug vorhanden, wie die momentane Entwicklung von Umweltzerstörung, Kriegen und Hungersnöten zeigt, Prozesse, die eigentlich zu verhindern sein müssten. Sollten wir dann nicht unsere Strategien ändern? Denn wenn der Anteil des Unterbewusstseins an den Prozessen zur Entscheidungsfindung wirklich so groß ist, wie es scheint, dann bedeutet das ja nicht, dass es dabei keine Spielräume gibt. Das Unterbewusstsein gehört schließlich zu uns und unseren Denkprozessen, es wertet aus und trifft Entscheidungen, auch wenn wir dies nicht bewusst wahrnehmen. Sollten wir dann nicht endlich anfangen, diesen heimlichen Mitregenten aktiv einzusetzen?

Das klingt zunächst unmöglich, denn wie könnten wir uns den Befehlen aus dem Untergrund widersetzen, wenn von dort die Regieanweisungen kommen, die unser bewusstes Handeln bestimmen? Ein direktes Widersetzen ist sicher nicht möglich, wohl aber ein Umdrehen oder sogar Überschreiben der Anordnungen, die unsere Vernunft als gefährlich erkannt hat.

Doch noch einmal: Wie sollte das funktionieren, wenn der freie Wille eine Illusion wäre? Ganz einfach: Durch den Einsatz von Gefühlen, die auch das Unterbewusstsein in eine andere Richtung führen. Solche Gefühle können im Bewusstsein angestoßen werden, indem wir uns mit unserer Vernunft Szenarien ausmalen, die entweder besonders beglückend oder besonders furchteinflößend sind. Der Anstoß kommt aus dem (schwachen) Bewusstsein, der Antrieb zur Verhaltensänderung aus dem Unterbewusstsein. So könnten wir das Unterbewusstsein umgekehrt ebenfalls aktiv beeinflussen.

Ist dieser Akt nicht doch ein Beweis für einen freien Willen? Das mag sein, viel genauer können wir uns an diese Grenze nicht herantasten. Der Philosoph David Hommen hat zum Stand der Diskussion einen lesenswerten Artikel geschrieben, den ich Ihnen in den Endnoten aufführe. Einer der letzten Sätze im Artikel lautet: »Die Idee der Willensfreiheit ist und bleibt schwer zu fassen.«[188]

Sicher ist, dass die Strategie des umgekehrten Beeinflussens funktioniert. Vielleicht kennen Sie die Übungen zur Dankbarkeit, die beispielsweise bei Depressionen eingesetzt werden, aber auch grundsätzlich einen Versuch lohnen. Dabei wird täglich über Dinge nachgedacht, für die man dankbar ist – und es lassen sich bei jedem Menschen welche finden. Hilfreich ist es, diese Gedanken am Abend in einem Heft zu notieren. Allmählich lenkt man damit das Unterbewusstsein Richtung positives Denken – ich habe es selbst ausprobiert, und es funktioniert wirklich gut.

Damit haben Sie schon eine der Möglichkeiten kennengelernt, mit der wir, unserer tierischen Natur bewusst, die großen

Probleme der Menschheit ganz anders angehen könnten als bisher, doch damit beschäftigen wir uns später noch ganz ausführlich. Bleiben wir zunächst bei unserem tierischen Erbe.

2.3 Der Elefant im Raum – das Bevölkerungswachstum

In den 300 000 Jahren des Bestehens unserer Art lag die Hauptaufgabe darin, unser Aussterben zu verhindern, indem wir so viel Nahrung und Information wie möglich sammelten. Darin wurden wir so erfolgreich, dass wir heute genau deswegen auszusterben drohen. Normalerweise begrenzen Nahrungsmangel, Krankheiten und Beutegreifer ein zu starkes Anschwellen der Population. Kommt es doch dazu, dann reagieren die Individuen mit einer verstärkten Wanderung und einer Herabsetzung der Reproduktionsleistung.

All diese Grenzen haben wir mit unserem Verstand gesprengt, obwohl einzelne der Regulierungskräfte nach wie vor wirken, wie wir bereits gesehen haben. In Summe wächst die Bevölkerung dennoch munter weiter. Wenn wir uns beispielsweise an die 1 500 europäischen Steinzeitjägerinnen und -sammler erinnern, denen nun eine Einwohnerzahl allein in der EU von knapp 500 Millionen gegenübersteht, wird das Problem schnell deutlich. Gewiss hätten in grauer Vorzeit ein paar mehr Menschen durch die Wälder streifen können, ohne das Ökosystem zu zerstören, doch es wären wohl wenig mehr als einige Zehntausend gewesen, die die Obergrenze dargestellt hätten.

Das lässt sich ganz gut am Beispiel Australiens belegen. Ein internationales Forscherteam um den Paläoökologen Sander van der Kaars untersuchte dazu die Küstengewässer vor dem roten Kontinent auf Kotrückstände ausgestorbener Tierarten. Das Ergebnis: Innerhalb weniger Tausend Jahre nach dem Erscheinen der ersten Australier waren 85 Prozent der Megafauna – also Tiere mit einem Körpergewicht von mehr als 44 Kilogramm – verschwunden. Anders als ihre Steinzeitkolleginnen und -kollegen in der Eifel verursachten die Steinzeitjägerinnen und -jäger vor rund 47 000 Jahren eine Aussterbewelle unter den großen Säugetieren. Diese vermehrten sich sehr langsam, sodass schon eine geringe Bejagung fatale Auswirkungen hatte. So berechneten die Wissenschaftlerinnen und Wissenschaftler, dass bereits der Abschuss eines einzigen erwachsenen Tieres pro Jäger alle zehn Jahre reichte, um die Art nach wenigen Jahrhunderten zum Erlöschen zu bringen.[189]

Die Frage nach der Tragfähigkeit des globalen Ökosystems muss heute natürlich anders gestellt werden als vor Jahrzehntausenden, denn wir können durch die moderne Landwirtschaft ja viel mehr Menschen mit einer wesentlich geringeren Fläche ernähren. Brauchte ein Steinzeitmensch noch Hunderte Quadratkilometer, so reichen heute pro Kopf bereits 0,0018 Quadratkilometer, also 1 800 Quadratmeter Acker.[190] Die Produktivität ist rasant gestiegen, und mit ihr – logisch – auch unsere Population. Allerdings werden die Flächen so hart genutzt, dass durch Erosion, Versalzung und andere Veränderungen stetig Böden verloren gehen.

Wo aktuell die Grenze der nachhaltigen Nutzung liegen könnte, versucht die Umweltorganisation Global Footprint Network mit dem *Earth Overshoot Day* zu definieren. Das ist der Tag im Jahr, an dem die Menschheit alle Ressourcen verbraucht hat, die die Erde jährlich erneuern und zur Verfügung stellen kann. Lag er 1970 noch am 31. Dezember, war also noch alles im grünen Bereich, so hat sich das für 2022 schon auf den 28. Juli vorgeschoben – an allen Tagen danach betreiben wir Raubbau am Planeten. Für Deutschland wurde dieser Wert 2023 übrigens bereits am 4. Mai erreicht.[191]

Natürlich könnte man einwenden, dass diese Berechnungen

eigentlich noch viel zu optimistisch sind, denn bestimmte Rohstoffe kann die Erde gar nicht so schnell oder überhaupt nicht nachbilden, wie etwa fossile Energieträger, mineralische Rohstoffe oder Fläche. Beim Flächenverbrauch wird unser Wunschdenken besonders deutlich: Für viele Baumaßnahmen, wie Autobahnen oder Siedlungen, müssen Ausgleichsflächen zur Verfügung gestellt werden, um den Schaden an der Natur (Flächenversiegelung, Lebensraumverlust) andernorts wiedergutzumachen. Das geht natürlich nicht, denn dazu müsste die Erde wachsen. Deshalb behilft man sich damit, bereits benutzte Flächen aufzuwerten, indem etwa ein Acker zu Wald gemacht und damit ökologisch wertvoller wird. Das ändert allerdings nichts an der Tatsache, dass immer mehr Platz für menschliche Bauwerke benötigt wird; das führt allein in Deutschland pro Tag zu Verlusten von knapp 60 Hektar.

Das Ziel der Bundesregierung ist es, den Flächenverbrauch bis 2030 auf unter 30 Hektar pro Tag zu senken, ihn möglichst auf 20 Hektar pro Tag zu begrenzen.[192] Doch auch das ist noch immer zu viel, solange niemand den Zaubertrick beherrscht, die Erde wachsen zu lassen. Es wird offenbar (nicht nur in Deutschland) als Naturgesetz angesehen, dass immer weiter gebaut werden muss. Das belegen nicht zuletzt die Bauprogramme, die etwa für Deutschland den Neubau von 400 000 Wohnungen jährlich vorsehen.[193] Gewiss, es wird auch immer ein Anteil alter Gebäude abgerissen, aber in Summe soll, so der politische Wille, der Gebäudebestand wachsen.

Doch während die Bundesregierung nach mehr neuem Wohnraum ruft, sollte vor allem der Abriss alter Gebäude grundsätzlich verboten und der Neubau stark eingeschränkt werden. Sanierung und Umbau heißen die Zauberworte, ergänzt vielleicht noch um das Nachverdichten, etwa die Aufstockung vorhandener Gebäude um weitere Etagen. Mindestens ebenso wichtig: Unsere Ansprüche müssen etwas bescheidener werden. Der ausufernde Neubau ist ja nicht nur wegen des Zuzugs von Menschen erforderlich, sondern vor allem dem immer größeren Wohnflächenbedarf pro Person geschuldet. Allein zwischen 1991 und 2021 wuchs die Wohnfläche pro Kopf von 34,9 auf 47,7 Quadratmeter an.[194]

Ähnliches ist rund um den Globus zu beobachten, und der Städtebau hat einen weiteren, gravierenden Nachteil: Er verschlingt die landwirtschaftlich ertragreichsten Böden, und das hat etwas mit der Siedlungsgeschichte zu tun. Die ersten Dörfer bildeten sich in nicht allzu weiter Entfernung zu den wichtigsten Ressourcen für die Landwirtschaft, nämlich fruchtbare Böden und Wasser. Beides ist in Flusstälern zu finden, an deren Ufern sich die wertvolle Krume, aus den umliegenden Bergen herangeschwemmt, sammelt. Wachsen nun die Siedlungen Stück für Stück, so werden sie nicht etwa um die kostbare Scholle herumgebaut, sondern genau darauf – schließlich wollte zumindest früher niemand den schützenden Dunstkreis der anderen Menschen verlassen.

Doch Acker geht global noch in ganz anderen Dimensionen verloren, und zwar durch Übernutzung. Felder zeichnen sich dadurch aus, dass der Boden zumindest zeitweise ohne Vegetation und damit schutzlos dem Wetter ausgeliefert ist. Wasser und Wind können dann leicht die Krume davonschwemmen, wie ich hier in der Eifel vor Ort beobachten konnte. Natürlich nicht live und in Farbe, sondern als historische Spuren. Dort, wo der Wald ausweislich alter Karten nie komplett abgeholzt wurde, konnte sich das Erdreich selbst in Steilhängen in bis zu zwei Meter dicken Schichten erhalten. Wurden jedoch Ackerbau und Weidewirtschaft über Jahrhunderte betrieben, so gingen diese Schichten bis auf wenige Dutzend Zentimeter verloren. Obwohl viele der Hangflächen heute wieder bewaldet sind, liegen immer noch die blanken Steine obenauf – eindeutige Spuren einer Übernutzung. Hätte es damals schon einen *Earth Overshoot Day* gegeben, dürfte er ähnlich dem heutigen ebenfalls im Sommer gelegen haben.

Die Übernutzung hatte damals allerdings direkte Konsequenzen, weil sie Hungersnöte verursachte – weniger ertragreiche Böden liefern eben auch weniger Lebensmittel. Zusammen mit der Landschaft verarmte die Bevölkerung, und die Wende stellte sich erst mit fossilen Rohstoffen und dem Kunstdünger ein. Streng genommen ermöglichen die beiden Aspekte es bis heute, Böden über ihre natürliche Leistungsfähigkeit hinaus auszupressen. Dabei nimmt die wertvolle Krume weiter ab.

Aktuell gehen pro Jahr global 24 Milliarden Tonnen Boden verloren – pro Kopf der Erdbevölkerung sind das drei Tonnen.[195] Eine Ertragssteigerung ist aber trotzdem möglich, nämlich durch Bewässerung. Das geht aber häufig nicht lange gut, denn viele bewässerte Flächen versalzen früher oder später, weil das Gießwasser wieder aus dem Boden verdunstet. Von Natur aus würde ausreichender Niederschlag Mineralsalze immer tiefer und anschließend ins Grundwasser befördern, doch sparsame künstliche Wasserverwendung kehrt die Transportrichtung um und zieht die Feuchtigkeit nebst Salzen wie in einem Docht nach oben.

In Summe verliert die Menschheit jährlich rund zehn Millionen Hektar an Ackerfläche, das entspricht einem knappen Drittel der Fläche Deutschlands.[196]

Noch reicht die Fläche trotz aller Verluste aus, allein schon deshalb, weil global pro Jahr 13 Millionen Hektar Wald gerodet werden, um neue Felder und Weiden anzulegen.[197] Hinzu kommen Gentechnik und andere Möglichkeiten, die Produktion pro Hektar anzukurbeln, sodass ein Nahrungsmangel für den statistischen Durchschnittsmenschen noch nicht zu befürchten ist. Individuell betrachtet sieht die Sache allerdings ganz anders aus, denn die Lebensmittel sind nicht gleichmäßig verteilt. Laut Statistischem Bundesamt haben in Europa 53 Prozent aller Erwachsenen Übergewicht,[198] in den USA sind es mehr als 73 Prozent.[199] Dem gegenüber stehen mehr als 800 Millionen Menschen, die nicht genug zu essen haben.[200]

Bei einem Vergleich mit tierischen Populationen könnte der zynische Gedanke aufkommen, das sei eben die typische Regulation über die Nahrungsverfügbarkeit – bei Tieren ist dies ja einer der Hauptfaktoren. Wahrscheinlich weil es so zynisch klingt, überhaupt über Lösungen für dieses Problem zu diskutieren, taucht das Bevölkerungswachstum in den meisten politischen Diskussionen überhaupt nicht auf.

Wir haben bereits einige der Faktoren kennengelernt, die zu der Bevölkerungsentwicklung mit all ihren Auswirkungen geführt haben. Diese Faktoren greifen bei uns Menschen im Gegensatz zu anderen Tierarten nicht mehr richtig, weil wir erfinderisch den meisten Attacken zur Eindämmung unserer Population ausweichen. Deshalb schwillt die Zahl der Menschen auch weiter an. Gerade im Bereich des weltweiten Hungers zeigt sich, dass grundlegende Probleme nicht angegangen werden, sondern stattdessen die Ausbeutung der Natur zur Lebensmittelerzeugung weiter forciert wird. Es muss klar sein, dass sich eines Tages die Kurve des technischen Fortschritts in der Landwirtschaft mit der Schrumpfung der verfügbaren Flächen schneidet und spätestens dann die Zahl der Hungernden explodieren wird. Zu Lösungsvorschlägen komme ich später, doch schauen wir zunächst auf die reflexhaften internationalen Bemühungen um mehr Nahrungsmittel.

Immer wieder hat es in der Geschichte große Hungersnöte gegeben. Die größte davon erleben wir alle aktuell: Mehr als 800 Millionen Menschen haben nicht genug zu essen,[201] und das angesichts der Tatsache, dass es vielen Bewohnern in den Industriestaaten so gut geht wie noch keiner Generation seit der Steinzeit. Nahrungsmittel sind im Überfluss vorhanden, so scheint es. Tatsächlich könnte man mit einer ausgefeilten Produktions- und Verteilungsstrategie alle Bewohner der Erde problemlos mit der nötigen Nahrung versorgen. Aber warum passiert dann viel zu wenig angesichts der ständig wiederkehrenden Bilder verhungernder Kinder in Afrika oder Asien? Es ist schwierig, nach einer Antwort zu suchen, ohne zynisch zu wirken oder gar unmoralisch. Zumal ja streng genommen einiges unternommen wird, wenn man sich die Geschäftsberichte der verschiedenen Hilfsorganisationen anschaut. Dennoch sinkt die Zahl der Hungernden kaum.

Die Antwort liefern zwei Aspekte unserer Art, die wir in den vorangegangenen Kapiteln schon kennengelernt haben: zum einen unsere beschränkte Möglichkeit, freie Entscheidungen zu treffen, und zum anderen der jeder Art anhaftende Reflex, eine verbesserte Nahrungsmittelbasis in erhöhte Reproduktionsraten umzusetzen.

Wenden wir uns zunächst unserer eingeschränkten Entscheidungsfähigkeit zu. Im Kapitel »Wie frei ist der freie Wille?« ist die deutliche Beschränkung unserer Wahlmöglichkeiten zwischen einem starken Unterbewusstsein und einem freien Willen besprochen worden. Eine typische Situation, unsere mentalen Grenzen auszuloten, ist das Hungerproblem. Würden wir direkt gefragt, ob wir einem uns bekannten, verhungernden Menschen etwas von unseren im nächsten Supermarkt eingekauften Lebensmitteln abgeben könnten, lautete die Antwort in den meisten Fällen sicher »Ja!« In diesem Fall werden die sozialen Instinkte unmittelbar angesprochen und aktiviert, sodass man sich einer solchen Bitte kaum verschließen könnte.

Dieses Beispiel ist natürlich völlig realitätsfern. Die Praxis sieht vielmehr so aus, dass wir aus Zeitungen oder dem Fernsehen erfahren, dass wieder einmal Hunderttausende im Sudan vom Hungertod bedroht sind. Ein kurzer Gedanke des Bedauerns schießt uns durch den Kopf, und vielleicht ist er bei dem einen oder anderen so intensiv, dass es zumindest für eine kleine Geldspende an »Brot für die Welt« oder eine vergleichbare Hilfsorganisation reicht. Womöglich schmeckt uns auch das gerade aufgetischte Steak nicht mehr. Aber das war es dann auch schon.

Geldspenden ähneln den Ablasszahlungen vergangener Jahrhunderte. Damals konnte gegen klingende Münze eine Bescheinigung von der katholischen Kirche erworben werden, die dem Spender den Nachlass der Strafe für alle begangenen Sünden in seiner Todesstunde versprach. Bis ins 20. Jahrhundert hinein war diese Praxis üblich. Der Sünder konnte fortan ohne Gewissensbisse in seinem Tun fortfahren, war er doch quasi amtlich gegen das Fegefeuer geschützt.

Eine ähnliche Wirkung haben heutige Geldspenden an Hilfsorganisationen. Das Gewissen der reichen Spender ist beruhigt, und es kann munter weitergeschlemmt werden. Gelöst werden die Hungerprobleme damit nicht. Nur noch einmal zur Erinnerung: Trotz der reichlich fließenden Almosen befinden sich aktuell Teile der Menschheit in der größten Hungersnot aller Zeiten!

Es ist ja auch nicht Geld, das den Menschen fehlt, sondern Nahrung. Was nützt ein ständig plätschernder Geldstrom von Nord nach Süd, wenn gleichzeitig in unglaublichen Mengen Nahrungsmittel den umgekehrten Weg gehen? Die Steaks auf unseren Tellern, die Eier, die Milch, der Käse und die Wurst werden zu großen Teilen indirekt importiert, und zwar über den Einkauf von Futtermitteln aus südlichen Ländern. Umgekehrt schickt beispielsweise die EU einen Strom subventionierter landwirtschaftlicher Billigwaren in afrikanische Staaten, die dort die heimische Landwirtschaft beeinträchtigen, weil diese zu Dumpingpreisen nicht produzieren kann. Wie schief die Bilanz ist, zeigen die Zahlen aus 2018: In jenem Jahr exportierte die EU Lebensmittel im Wert von 8,6 Milliarden Euro in die Subsahara-Staaten, während von dort Nahrung im Wert von 13,3 Milliarden Euro importiert wurde.[202]

Seit vielen Jahren verschwinden sogar Lebensmittel in unseren Tanks und Heizungen in Form von eingeführtem Palmöl, das als Biodiesel Autos und Kraftwerke antreibt. Diesel aus Raps und Gas aus Mais erhöhen die Nachfrage nach landwirtschaftlichen

Produkten zusätzlich (bzw. verknappen das Angebot für den Lebensmittelmarkt) und treiben dadurch die Preise. Wie schnell eine Verknappung den Hunger verschärfen kann, musste die Welt angesichts des russischen Überfalls auf die Ukraine erfahren.

Infolge der Blockade ukrainischer Häfen verringerten sich die Exporte der Agrarnation entsprechend. Durch Kriegshandlungen verlor das Land zudem 26 Prozent der landwirtschaftlichen Nutzfläche. Daraufhin verteuerten sich weltweit die Getreidepreise, und in Deutschland reagierte die Bevölkerung regelrecht hysterisch. Das Mehl in den Supermärkten wurde knapp und bei der Ausgabe an Kundinnen und Kunden sogar rationiert, weil vielfach Hamsterkäufe getätigt wurden. Dabei war die Mehlproduktion von der Reduktion ukrainischer Ausfuhren kaum betroffen.

Betroffen waren ganz andere: Vor dem Krieg hingen weltweit 400 Millionen Menschen von ukrainischen Getreidelieferungen ab. Durch den eingeschränkten Export erhöhte sich global die Zahl der akut vom Hunger betroffenen Menschen um 60 Millionen.[203]

Die Verbrennung von Lebensmitteln in Kraftwerken und Autos verursacht eine weitere, dauerhafte Verknappung, nur dass diese im Alltag nicht mehr sichtbar ist. Hier steht Hunger auf der einen und die angeblich klimafreundlichen Kraftstoffe auf der anderen Seite. Dabei ist längst klar, dass Treibstoffe aus Mais und Raps keineswegs das Klima retten, weil sie in Summe kaum besser abschneiden als fossile Energieträger.[204] So werden allein für Deutschland im In- und Ausland auf 1,23 Millionen Hektar Pflanzen für Biokraftstoffe angebaut. Damit lassen sich Emissionen fossiler Energieträger in Höhe von 9,2 Millionen Tonnen CO_2 einsparen – das klingt erst einmal gut. Würde man diese Flächen allerdings renaturieren und etwa Wald entstehen lassen, so würde die Vegetation jährlich 16,4 Millionen Tonnen CO_2 der Atmosphäre entziehen und in Form von Kohlenstoff langfristig speichern.[205] Da Biotreibstoffe aber als klimafreundlich gewertet werden, helfen sie, die politischen Ziele zumindest auf dem Papier zu erreichen, und allein dieser Scheinerfolg war in der Vergangenheit offenbar wichtiger als die Linderung der Lage von Hunderten Millionen Menschen. Immerhin deutet sich jetzt ein Richtungswechsel an.

Aber wir wollten uns ja der Frage stellen, inwieweit wir tatsächlich in der Lage sind, die ungleiche Verteilung der Nahrungsmittel zu ändern, denn rein zu Ernährungszwecken sind de facto genügend Lebensmittel für alle vorhanden. Dazu müssen wir noch einmal unsere Instinkte bemühen. Die gleichmäßige Versorgung aller wird durch die instinktive Neigung des Menschen zur Sammlung von Vorräten zur Erhöhung der Sicherheit, aber auch zur Verbesserung seines sozialen Status torpediert – die Mehl-Hamsterkäufe haben es bewiesen.

Die Ausschaltung dieser Instinkte wäre die Voraussetzung für eine besondere Gesellschaftsform – den Kommunismus. Ließe er sich tatsächlich über längere Zeiträume praktizieren, so könnte er sicher als eine Möglichkeit zur Beseitigung des Hungerproblems gelten. Die Geschichte lehrt uns jedoch, dass diese Form des Zusammenlebens nicht funktioniert – einfach weil sich die entsprechenden Instinkte nicht langfristig unterdrücken lassen. Gleiches gilt für eine weitere Spielart, den Sozialismus. So hat noch jeder Staat, der sich kommunistisch oder sozialistisch nennt, eine elitäre Führungsriege hervorgebracht, die sich neben einer Neigung zur autoritären Machtvollkommenheit durch einen luxuriösen Lebenswandel auszeichnet.

Wenn es schon keinen Staat gibt, der für eine gleichmäßige Verteilung sorgt, so gibt es vielleicht gesellschaftliche Gruppen, die dies vermögen. Denn auch so manche Religion verlangt von ihren Gläubigen eine »kommunistische« Lebensweise, etwa das Christentum. Die geforderte Nächstenliebe, die das Vorbild Jesus Christus vorlebte, müsste eigentlich zwangsläufig für eine

Verteilung des Vermögens und damit auch der Nahrungsmittel zumindest im Einflussbereich der Kirchen sorgen. Die Unterdrückung des Instinkts, durch Anhäufung von Vorräten und Großrevieren immer mehr Macht zu erlangen, gelingt dem gläubigen Fußvolk aber offensichtlich nicht so recht.

Falls das Prinzip der bedingungslosen Nächstenliebe tatsächlich jemals umsetzbar sein sollte, so dürfte man die hierfür geeignetsten Personen wenigstens an der Spitze der Kirchen erwarten. Der Papst gilt als Stellvertreter Christi auf Erden, demnach also als Mensch, an den höchste Ansprüche bezüglich seines Glaubens gestellt werden. Als Oberhaupt der katholischen Kirche ist er auch finanziell mächtig. Die Glaubensgemeinschaft besitzt allein in Deutschland ein Vermögen in Höhe von geschätzten 200 Milliarden Euro.[206] Bei täglich verhungernden Menschen weltweit müssten sie doch umgehend den Teil ihres Vermögens liquidieren, der nicht für die pure Existenz der Kirche erforderlich ist, um von den Erlösen Nahrungsmittel zu kaufen. Nichts gegen Hubschrauber, goldene Pokale oder prunkvolle Kathedralen – letztlich sind jedoch diese Insignien kirchlicher Macht gleichzeitig Zeichen des Scheiterns der selbst gesetzten Ziele.

Um die Möglichkeiten der Hungerbekämpfung zu verdeutlichen, hilft folgende grobe Überschlagsrechnung: Das jährliche Kirchensteueraufkommen in Deutschland beträgt rund 13 Milliarden Euro.[207] Unterstellen wir einen (derzeit heftig schwankenden) Preis für Körnermais von 225 Euro je Tonne,[208] so könnte man von dem Geld 58 Millionen Tonnen kaufen. Ein Kilo der gelben Körner enthält 3 300 Kalorien Brennwert; 2 000 Kalorien täglich dürfen als Grenzwert für eine ausreichende Ernährung gelten,[209] was 0,6 Kilogramm Mais täglich oder 219 Kilo jährlich entspricht. Die allein in Deutschland erhobene Kirchensteuer würde es demnach ermöglichen, 265 Millionen Menschen zu ernähren und die Zahl der Hungernden zumindest kurzfristig drastisch zu reduzieren.

Sicher kann man einwenden, dass das eingetriebene Geld zur Aufrechterhaltung des kirchlichen Lebens dringend gebraucht werde. Einverstanden, es war ja nur ein Gedankenspiel. Wenn aber schon der Anteil der Bevölkerung, der sich ausweislich seiner Zahlungen ganz besonders dem christlichen Gedanken des Teilens und der Nächstenliebe verpflichtet fühlt, wenig ändert, geschweige denn die Spitzen der Religionsgemeinschaften, dann darf man davon ausgehen, dass es einfach nicht funktioniert. Eine gleichmäßige Verteilung von Nahrung scheitert schlicht und ergreifend an unserem Egoismus und unseren Ernährungsvorlieben – ein Großteil der Bevölkerung liebt nun einmal Fleisch. Für die Produktion tierischer Produkte werden weltweit 83 Prozent der landwirtschaftlichen Fläche benötigt, auf ihr werden aber nur 18 Prozent der Kalorien erzeugt.[210]

Und was raten die Wissenschaftler? Viele von ihnen sehen nach wie vor das Heil in einer Steigerung der Nahrungsmittelproduktion. Aber wie sähe denn ein für die Zukunft prognostizierter Bedarf aus? Die Bevölkerung wächst ja weiter, ohne dass das Problem der gerechten Verteilung gelöst wäre. Ganz im Gegenteil wächst der Anteil derer, die vermehrt flächenintensive tierische Nahrung essen, ständig weiter an. So lag der globale Pro-Kopf-Verzehr 2019 bereits bei 43,2 Kilogramm[211] und damit fast auf deutschem Niveau. Wir erinnern uns zudem, dass ein gesteigertes Nahrungsangebot in der Vergangenheit der Menschheit immer, ohne Wenn und Aber, in Bevölkerungswachstum umgesetzt wurde. Umgekehrt wirkte sich auch eine plötzliche Nahrungsmittelverknappung entsprechend aus, wie Irland im 19. Jahrhundert leidvoll erfahren musste. Dort wurde durch die Einführung der Kartoffel aus der Neuen Welt die Ernährungssituation zunächst deutlich verbessert. Doch dann breitete sich ab 1842 die Krautfäule, eine Pilzkrankheit, rasant aus und vernichtete große Teile der Ernte. In der Folge verhungerten etwa eine Million Menschen, weitere zwei bis drei Millionen wanderten aus.[212]

Heute ist zumindest der Zusammenhang von Bevölkerungswachstum und Nahrungsmittelüberschuss nicht mehr ganz so eindeutig, weil die Zahl der Menschen aufgrund sozialer Veränderungen trotz reichlicher Lebensmittelproduktion weniger rasch wächst, die Bevölkerung dafür aber eben ihre Ernährungsgewohnheiten so ändert, dass für die Ärmsten dennoch nicht genug übrig bleibt. Zynisch könnte man nun lamentieren, dass die ungleiche Verteilung schon dämpfend auf das Bevölkerungswachstum wirke, was vielleicht sogar der Fall ist. Doch die Lösung dieses Problems sollte nun wirklich nicht auf dem Rücken der Ärmsten ausgetragen werden, zumal es durchaus Strategien gibt, wie man Demokratie, Menschenrechte und eine starke Dämpfung der Geburtenrate in Einklang bringen kann – dazu später mehr.

Durch die Änderung der Ernährungsgewohnheiten wird der Bedarf an Nahrung momentan immer noch ungebremst größer, und die alte Regel aus dem Tierreich wird auch für uns immer ihre Gültigkeit behalten: Erst wenn das durchschnittliche Nahrungsangebot pro Kopf größer ist als der Bedarf, kann die Population wachsen. Dennoch wird der Zusammenhang regelmäßig umgekehrt dargestellt: Erst käme das Bevölkerungswachstum, in seinem Schlepptau eine Armee von Hungernden, für die dann Züchter und Forschung über neue Sorten und Anbaumethoden Nahrung beschaffen müssten. Solange dies nicht richtig gesehen wird, wird auch in Zukunft die Parole lauten: Wir brauchen mehr Nahrungsmittel! Stattdessen muss der Ansatz lauten: Das Bevölkerungswachstum muss möglichst rasch gebremst werden, und die Ernährungsgewohnheiten sind an die nachhaltige Leistungsfähigkeit der Böden anzupassen. Bevor wir zu verschiedenen Ideen für die Umsetzung kommen, lassen Sie uns einen Blick auf den drohenden Untergang der Zivilisation werfen.

2.4 Die Apokalypse als Regulierungsmechanismus?

Was passiert, wenn all unsere geistigen Kapazitäten doch nicht ausreichen, um rechtzeitig die Reißleine zu ziehen und unser Ökosystem so zu unterstützen, dass es unsere Zivilisation noch länger trägt?

Wenn wir unsere Strategie nicht ändern, wird die Natur das Experiment Menschheit irgendwann beenden. Das heißt nicht, dass unsere Art ausstirbt, aber die Bevölkerung wird rapide schrumpfen. Krankheiten und Hunger sind die Mittel der Wahl, die noch jede Überpopulation an Tieren dezimiert haben. Wenn etwa, durchaus denkbar, ein Virus wie Covid-19 so tödlich wie das Ebolavirus wird, wenn die landwirtschaftlichen Flächen veröden und die Nahrungsmittelproduktion massiv einbricht, dann schrumpft die Weltbevölkerung innerhalb kurzer Zeit auf ein Niveau, das dauerhaft ohne Umweltschäden zu verursachen möglich ist.

Alternativ sind allerdings auch zivilisatorische Gefahren denkbar, wie globale Kriege oder der Zusammenbruch des Wirtschaftssystems (ohne globale Arbeitsteilung sind über acht Milliarden Menschen nicht zu versorgen). Schauen wir uns Letzteres einmal genauer an.

Die Bedrohung liegt weniger im Reißen globaler Lieferketten – zumindest nicht für die wohlhabenderen Länder. So hat das österreichische Institut für Wirtschaftsforschung ausgerechnet, dass eine gleichzeitige Abkopplung etwa der deutschen Wirtschaft von den USA und China zwar heftige Verwerfungen zur Folge hätte, aber beherrschbar sein sollte.[213] Die eigentliche Gefahr lauert in abrupten Zusammenbrüchen, wie sie etwa eine Bankenkrise hervorrufen kann. Vertraut man nicht mehr gemeinsam darauf, dass Geld einen Wert hat, dann kann auch eine Arbeitsteilung nicht mehr funktionieren.

Mit Grausen erinnert sich nicht nur die Finanzwelt, sondern

auch die Politik an die Krise der Jahre 2007/2008. Nach dem Zusammenbruch der US-amerikanischen Bank Lehman Brothers kam es zu einem Börsencrash mit massiver Verunsicherung des Finanzsystems. Die Lage spitzte sich zu, und im Oktober 2008 war in Deutschland ein Sturm auf die Banken zu befürchten, das massenweise Abheben von Bargeld, um die Einlagen zu retten, bevor die Institute pleitegehen. Bundeskanzlerin Merkel versuchte in einem historischen TV-Auftritt die Gemüter zu beruhigen, indem sie verkündete, dass die Einlagen sicher seien, wohl wissend, dass der Staat gar nicht die finanziellen Möglichkeiten gehabt hätte, dies tatsächlich abzusichern. Und die Geldflüsse bestätigen im Nachhinein, dass ein Zusammenbruch des Finanzsystems gar nicht so unwahrscheinlich gewesen ist.[214]

Wie tief unsere Gesellschaft in einer solchen Situation fallen kann, wissen wir natürlich nicht, aber ohne Geld läuft fast nichts mehr – wie wollen Sie einkaufen gehen, wenn das elektronische Konto nicht mehr funktioniert und die Bargeldvorräte aufgebraucht sind? Umgekehrt würde auch kaum jemand Dienstleistungen anbieten, ohne bezahlt zu werden. Wann und auf welchem Niveau sich die Gesellschaft wieder fangen würde, ist ungewiss.

Doch es geht noch abrupter, nämlich bei einem großflächigen Stromausfall. Dann ist Geld, weder bar noch elektronisch, bis auf die restlichen Scheine im Portemonnaie kein Thema mehr. Das zuvor beschriebene Crash-Szenario erfährt nun aber noch eine ganz andere Dramatik, denn zunächst fallen Beleuchtung und Heizung aus, die Kommunikationsmöglichkeiten reduzieren sich drastisch, und die Mobilität ist bis auf die eigenen Füße ebenfalls stark eingeschränkt, zumindest dann, wenn Tank oder Batterie leer gefahren sind. Der österreichische Autor Marc Elsberg beschreibt in seinem Krimi *Blackout* drastisch, wie sich das Leben verändert, wie Plünderungen und Raubüberfälle schon nach kurzer Zeit den Alltag bestimmen.

Während das Bundesamt für Bevölkerungsschutz und Katastrophenhilfe Broschüren zum Download bereitstellt, in denen zum Beispiel die Anschaffung von Generatoren empfohlen wird,[215] sieht der Gesamtverband der Deutschen Versicherungswirtschaft das Land schlecht vorbereitet und spricht sogar vom drohenden Kollaps der Gesellschaft im Falle eines Blackouts.[216]

Die Hauptgefahr geht dabei von Hackerangriffen aus, auf die unsere Gesellschaft offenbar immer noch nicht ausreichend vorbereitet ist. So fielen im Zuge des Ukrainekrieges am 24. Februar 2022 Tausende Windkraftanlagen in Deutschland aus, und dies nicht etwa, weil sie gezielt gehackt worden wären. Ziel war vielmehr die Bodenstation eines Satellitenbetreibers, der auch Internetdienste in der Ukraine anbietet und nach dessen Ausfall in anderen Ländern Anlagen ebenfalls nicht mehr steuerbar waren.[217]

Möglicherweise ersticken wir aber auch irgendwann am selbst erzeugten Abfall. Tiere versuchen peinlichst, nicht mit den eigenen Fäkalien in Berührung zu kommen, damit sie nicht die Eier der Parasiten aufnehmen, die sie mit dem Kot ausgeschieden haben. Das kann ich immer wieder bei unseren Pferden, beide als Rentnerinnen ganzjährig auf der Weide, beobachten: Sie grasen schön um die Haufen aus dem Vorjahr herum, obwohl diese sicher kaum oder gar nicht mehr riechen. Auf den Pferdeäpfeln und darum herum wächst das saftigste Gras, dennoch verschmähen sie es, und das ist schlau, weil sie so Parasitenbefall vermeiden. Mein Vater erzählte mir, dass seine Familie in der Nachkriegszeit im kleinen Garten meiner Großtante Gemüse angebaut und in ihrer Not mit den eigenen Fäkalien gedüngt hätten. Die Folgen ließen nicht lange auf sich warten und quälten die Familie mit ständigem Wurmbefall.

Gewiss, wir haben Kläranlagen, schließen selbst das kleinste Nest an die Entsorgungsleitungen an (sogar unser einsames Forsthaus!), und dennoch sind ganze Großlandschaften durch Fäkalien regelrecht verseucht. Es ist die Gülle von Rindern, vor allem aber von Schweinen, die unseren Hinterlassenschaften sehr ähnlich sind und Wiesen und Felder in einem Kotregen versinken lassen. Hierbei sind es weniger die Parasiten als vielmehr das Nitrat, welches bis ins Grundwasser hinabsickert und unser wertvollstes Lebensmittel dauerhaft so verschlechtert, dass es gebietsweise schon gesundheitsschädlich wird.

Ab 50 Milligramm Nitrat pro Liter Wasser wird es für Säuglinge lebensgefährlich. Das ist ein Wert, der laut Umweltbundesamt schon bei 27 Prozent der Grundwassermessstellen überschritten wird, in deren Nähe landwirtschaftliche Nutzung stattfindet. Nur zum Vergleich: Unser kleiner Gartenbrunnen am Forsthaus, ausschließlich zur Bewässerung der Beete vorgesehen, hat einen Nitratwert von unter einem Milligramm pro Liter. Die Differenz zum Grundwasser in Deutschland, das an 17 Prozent der Messstellen den Grenzwert von 50 Milligramm pro Liter überschreitet, ist, man kann es nicht anders sagen, versickertem Kot zu verdanken – prost![218]

Als wäre das allein nicht schon genug, verschmutzen wir die Umwelt mit einer Art Gülle 2.0 – dem Mikroplastik. Dazu ist schon viel berichtet worden, und den meisten Menschen ist klar, dass wir alles, wirklich alles rund um uns herum mit diesen kleinsten Plastikschnipseln vermüllen: Von der Luft über Wasser und die Böden ist alles dabei – auch der eigene Körper.

Schauen wir uns zunächst exemplarisch einige Quellen an: Häufig zitiert ist Müll, etwa Einwegflaschen, sowie der Abrieb von Autoreifen. Doch in unserer direkten Nähe existieren noch sehr viel mehr Kunststoffteilchen. So bröselt Kleidung aus Kunstfaser, gut als Staub auf der Fensterbank zu sehen, ebenso wie Schuhe, die sich nicht anders als Autoreifen verhalten. Hinzu kommt Farbe, die erneuert werden muss, wenn die alte unansehnlich (also teilweise abgerieben) ist, Besen mit Plastikborsten, Regentonnen, die im UV-Licht der Sonne an der Oberfläche mehlig werden, oder Dosen, in denen wir unsere Lebensmittel im Kühlschrank verstauen. In Summe atmen und essen wir pro Tag und Kopf bis zu fünf Gramm Mikroplastik. Was genau es im Körper anrichtet, wird noch erforscht, aber es scheint Mikroentzündungen zu verursachen.

Daneben gab es jüngst eine erschreckende Entdeckung: Erstmals wurde beobachtet, dass die Teilchen die Blut-Hirn-Schranke und damit eine wichtige biologische Barriere gegen Schadstoffe überwinden können, und zwar ziemlich rasch: Bereits zwei Stunden nach der Aufnahme waren sie im Hirn von Mäusen zu finden.[219] Wird Mikroplastik unsere geistigen Fähigkeiten beeinträchtigen, indem es sich im Gehirn ablagert? Das wäre wirklich ein unrühmliches Ende der Krone der Schöpfung, wenn wir innerlich am eigenen Müll »ersticken« würden.

Börsencrash, Blackout oder Mikroplastik sind nur drei Beispiele aus einem großen Portfolio, mit dem das Experiment unserer Zivilisation beendet werden könnte. Die anderen üblichen Verdächtigen sind noch häufiger in den Schlagzeilen: drohende Atomkriege, der Klimawandel und die Vernichtung der Artenvielfalt. Doch sind dies nicht trotz allem auch natürliche Regulierungsmechanismen? Denken wir noch einmal an die Cyanobakterien zurück, die die große Sauerstoffkatastrophe auslösten und damit letztendlich unsere Existenz erst möglich machten.

Streng genommen sind wir ebenfalls eine Art große Cyanobakterien. Unser Wirken kurbelt die Evolution genauso an, wie es einst die kleinen Wichte taten, allerdings in einer Art und Weise, die wir in Bezug auf die Natur nicht besonders schätzen. Bei jedem Spaziergang durch die Feldflur und selbst in der Stadt werden wir Zeuge von Anpassungsprozessen anderer Arten. Sogar auf dem Teller zu Hause liegt die Antwort auf die Frage, ob sich viele Tiere und Pflanzen bereits verändert haben. Brot, Butter, Wurst und Käse stammen von perfekt angepassten Organismen, die sich unter dem Druck unserer Anwesenheit mit uns arrangiert haben. Steppengras wurde zu Getreide, Wildrinder zu Milchkühen und Wölfe zu Schoßhunden.

Natürlich sind es die züchterischen Bemühungen, die die Wildformen in gezähmte Varianten verwandelten. Aber aus Sicht der in unsere Obhut genommenen Spezies haben sich diese so gut angepasst, dass sie im Gefolge des Menschen einen Großteil der Landoberfläche der Erde erobern konnten. Streng genommen leben wir in einer Symbiose mit all den Nutzpflanzen und Haustieren, die uns umgeben, wobei sich alle perfekt aufeinander eingestellt haben.

Eine Symbiose bezeichnet das Zusammenleben verschiedener Arten in gegenseitiger Abhängigkeit, welches für beide vorteilhaft ist. Eine typische derartige Gemeinschaft stellen Pilze dar, die an Baumwurzeln wachsen. Sie erleichtern den Bäumen die Aufnahme von Wasser und Mineralien, leiten Informationen und Nährstoffe zu Nachbarbäumen und erhalten dafür im Gegenzug Zuckerlösung. Beide Organsimen haben sich so gut aneinander angepasst, dass der eine nur noch schlecht ohne den anderen leben könnte. Krebse, die Fischen die Zähne putzen und von den Nahrungsresten leben, Vögel, die Früchte verzehren und dafür per Luftpost die Samen verbreiten – es gibt schier endlos viele Beispiele für dieses Phänomen.

Unsere Vorfahren fingen Wildrinder und behielten von Generation zu Generation nur die Tiere, die besonders zahm waren und auch noch viel Milch gaben. Auch fürs Auge wurde etwas getan: Besonders begehrt waren ungewöhnliche Fellfarben, sodass es mit der Zeit immer mehr bunt gescheckte Tiere gab. Die genetische Anpassung der Kuh an den Menschen ist also ganz offensichtlich. Warum unsere Vorfahren dies taten, ist klar, aber was hat die Kuh davon? Nun, sie bekommt zum einen eine erstklassige Versorgung mit Futter und zum anderen Schutz vor weiteren Raubtieren. Der Mensch verschaffte ihr mehr und mehr Lebensraum, sodass sie bis heute die Zahl der verbliebenen

Wildrinder um ein Vielfaches übertrifft. Der Zweck des Arterhaltes ist somit erreicht.

Aber auch der Mensch hat sich genetisch an die Kuh angepasst, zumindest gilt das für die meisten Europäer und Teile der afrikanischen Bevölkerung. Milchgenuss verursachte der erwachsenen Bevölkerung vor 3 000 Jahren noch erhebliches Magengrimmen. Schuld war das Fehlen von Laktase, einem Enzym, welches bei der Verdauung des weißen Trunkes hilft. Während Säuglinge zum Genuss von Muttermilch noch genügend Laktase bildeten, verschwand diese Fähigkeit bei den meisten Menschen bis zum Erwachsenenalter. Vor 3 000 Jahren aber gewann Milch offenbar im Zuge von Hungersnöten als Ersatzlebensmittel eine solche Bedeutung, dass sich zumindest ein Teil der Menschen langsam an den Genuss anpasste.[220]

Folglich setzte sich diese Eigenschaft beziehungsweise der Träger dieses neuen Gens gegenüber anderen Gruppen durch; der einzige Grund, warum heute Milchkaffee und Käse überhaupt salonfähig sind.

Das Besondere an unserer eigenen Art ist, dass wir eine unglaubliche Vielzahl solcher Symbiosen hervorgerufen haben, so viele, dass unsere Umwelt mittlerweile von unseren pflanzlichen und tierischen Partnern geprägt wird. Dennoch könnten Kritiker einwenden, das sei keine echte Evolution, kein Vergleich mit früheren Artensterben und dem darauf folgenden Aufblühen des Lebens. Denn bei den domestizierten Arten, bei Schweinen, Kartoffeln und Mais, handelt es sich streng genommen nur um Rassen, Spielarten der Wildformen, nicht um neue Arten. Schließlich lassen sich unsere Schützlinge meist problemlos mit ihren wilden Urahnen kreuzen, so beispielsweise Hund und Wolf.

Und noch etwas anderes kommt hinzu: Wir verändern wissentlich meist nur größere, sichtbare Organismen. Was ist mit all den Hunderttausenden Bakterien-, Pilz- oder Insektenarten, die miteinander interagieren und deren Lebensräume wir so verändern, dass zumindest etliche Arten verschwinden? Allein der »Lebensraum« Säugetier ist bis zur Unkenntlichkeit verbogen worden. So beträgt die Biomasse aller wild lebenden Säugetiere nur noch vier Prozent, während allein wir Menschen schon auf 34 Prozent kommen, den großen Rest beanspruchen unsere Haustiere.[221]

Wie wichtig der Erhalt der Artenvielfalt sein kann, zeigt ein Bakterium, das sich genetisch dahingehend verändert hat, dass es die Bäume rettet, auf denen es gedeiht. Die Bäume sind Eschen, denen ein eingeschleppter Pilz so zusetzt, dass sie vertrocknen und sterben. Ein kleiner Prozentsatz der Bäume überlebt die Attacke jedoch, und lange wurde gerätselt, was der Grund dafür sein könnte. 2022 entdeckten Forschende schließlich, dass eine einzelne Bakterienart offenbar durch einen Anpassungsprozess ihren Stoffwechsel geändert und dadurch den Pilz unterdrückt hat.[222]

Wenn eine einzige Art eine Baumart vor einem wahrscheinlich vom Menschen eingeschleppten Pilz (durch Eschenblattstiele, die zufällig in Waren aus Ostasien mitreisten)[223] retten kann, also unsere Fehler korrigiert, wie viele Fehler mögen dann wohl unentdeckt täglich von Billionen kleinen Wesen ausgebügelt werden und uns so eine stabile Welt vorgaukeln? Wann kommt der Punkt, an dem die entscheidenden Akteure ausfallen und unser grobes Wirken direkt auf uns zurückfällt?

Nach all den apokalyptischen Aussichten wird es aber nun langsam Zeit, über Lösungen nachzudenken.

Kapitel 3
Den Spieß umdrehen

Ein kalter Wintertag im Februar: Die noch schwache Sonne beleuchtet das Forsthaus, das inmitten der alten Kiefern im Wald steht. Ich bin hinausgegangen, um unser Hauseichhörnchen zu füttern. Es holt sich jeden Tag seine Portion Walnüsse aus dem Kasten, den ich extra in Sichtweite meines Bürofensters an einer Eiche angebracht habe. Mein Blick streift das Hausdach, aus dessen Schornstein sich eine weiße Rauchfahne in den blauen Himmel kringelt. Den Kachelofen feuern wir nur noch ganz selten an, weil Holz sich schon lange als schmutziger Brennstoff entpuppt hat, der den Klimawandel noch weiter antreibt. Mittlerweile heizen wir elektrisch und mithilfe unserer Solaranlage, aber an diesem Tag gönnen wir uns den seltenen Genuss. Die knackenden Scheite, das flackernde Feuer, die wärmenden Infrarotstrahlen lassen eine ganz andere Gemütlichkeit aufkommen als moderne Heizungssysteme. Und deshalb betrachte ich im Moment den aufsteigenden Rauch und empfinde ihn als berührend altmodisch und irgendwie passend zu dem alten Häuschen im Wald. Jäh wird mir klar, dass das eine Art Abschied ist, nicht jetzt gleich, aber doch schon bald.

Wir Menschen müssen die Verbrennungsprozesse beenden, Verbrennungsprozesse, die uns erst zu dem gemacht haben, was wir sind. Feuer ist uns ja nicht nur im übertragenen Sinne, sondern sogar wörtlich gemeint in die DNA geschrieben. Zeitgleich müssen wir unsere angeborenen Strategien gegen das Aussterben so ummünzen, dass das Bevölkerungswachstum gestoppt wird. Und – die schwierigste Aufgabe von allen – das Ganze muss so gestaltet werden, dass Menschenrechte und Demokratie nicht darunter leiden, sondern idealerweise sogar gestärkt aus dieser Krise hervorgehen.

Bevor wir uns aber an Lösungsversuche begeben, sollten wir uns eingestehen, dass wir uns a) immer noch wie Tiere verhalten und b) unser außergewöhnlicher Verstand dennoch zu wenig leistet, um all die neuen Probleme zu bewältigen. Obwohl: Eigentlich leistet er gar nicht zu wenig, sondern wird nur falsch eingesetzt. In der 300 000-jährigen Geschichte der Menschheit diente der Verstand überwiegend den Instinkten und half, sie zu befriedigen. Nun ist es an der Zeit, den Spieß umzudrehen: Wir müssen die Instinkte in den Dienst des Verstands stellen, müssen sie als Antrieb nutzen, um die notwendige Wende mit guten Gefühlen einzuleiten und die Herausforderung schließlich zu bewältigen.

3.1 Das Erwachen aus allzu süßen Träumen

Ob es den freien Willen nun gibt oder nicht, wird sich wohl nie endgültig klären lassen. Und selbst wenn es ihn geben sollte, ist es unbestreitbar, dass er nur zu einem gewissen Anteil unser Denken und unsere Entscheidungen beeinflussen kann. Dennoch suchen wir in einer Art und Weise nach Lösungen, als ob der freie Wille die mit Abstand wichtigste Kenngröße für unser Handeln wäre.

Wenn die menschliche Spezies endlich große Erfolge im Kampf gegen die Klima- und Umweltkrise erzielen will, dann müssen wir die reine Vernunftebene verlassen. Solange wir nämlich überwiegend sachlich an die Probleme herangehen, bleibt das Unterbewusstsein unbehelligt und kann sich in Tausende Ausflüchte retten. Die bisherigen Strategien funktionierten gerade wegen der viel zu geringen Beteiligung unserer Instinkte schlecht bis gar nicht.

Ein eindrückliches Beispiel vermeintlicher Erfolge ist der Schutz der Umwelt in den westlichen Industrieländern. Es zeigt, wie sehr wir in der Vergangenheit beim Blick auf das große Ganze versagt haben. Dazu machen wir eine Reise zurück in die 1960er-Jahre, als ich in Bonn geboren wurde. Damals fauchten zumindest noch teilweise Dampflokomotiven über die Gleise, entwickelte sich der Rhein mehr und mehr zu einer Kloake, in dessen Giftbrühe wir Kinder noch nicht einmal die Füße tauchen durften. Eine geregelte Müllabfuhr gab es zwar in der Stadt selbst, doch draußen auf dem Land sah das noch für mindestens zehn Jahre ganz anders aus. Dort kippte die Dorfbevölkerung sämtliche Abfälle – von Glas über Metall bis hin zu ganzen Autos – einfach den nächsten Hang hinunter.

Was in vorindustrieller Zeit mit defekten Gegenständen aus organischen Materialien noch völlig unproblematisch war, entpuppte sich nun als riesiges Umweltproblem. Hinzu kam die Verschlechterung der Luftqualität, die noch bis in die 1980er-Jahre solche Ausmaße annahm, dass nicht nur die Menschen litten, sondern auch der Wald, der großflächig abzusterben begann. Einer der traurigen Höhepunkte war der Chemieunfall der Schweizer Firma Sandoz 1986. Durch einen Brand gelangten extrem giftige Substanzen wie etwa Phosphorsäureester-Insektizide in den Rhein, färbten diesen rot und führten zu einem Massensterben von Wasserorganismen wie Fischen bis hinunter nach Holland.[224]

Von da an ging es bergauf, wenn auch nicht ganz so schnell, wie der damalige Bundesumweltminister Klaus Töpfer die Öffentlichkeit glauben machen wollte. Nach einer verlorenen Wette stürzte er sich 1988 von einem Boot in die schon etwas saubereren Fluten, um ihnen nach wenigen Minuten mit geröteten Augen wieder zu entsteigen.[225]

Dennoch: Die Flüsse wurden sauberer, die Abgase entschwefelt, Katalysatoren und bleifreies Benzin eingeführt, die geregelte

Müllabfuhr einschließlich Sperrmüll beschlossen, DDT verboten, Dosen- und Plastikflaschenpfand verordnet – nur ein paar Beispiele dafür, durch welche Maßnahmen sich die Umwelt spürbar erholte.

Trotzdem wuchsen Produktion, Konsum und Wohlstand. Ärgerlich bloß, dass die sogenannte Dritte Welt die Notwendigkeit von Umweltschutz nicht verstanden zu haben schien, ganz im Gegenteil: Alles, was in Deutschland nun endgültig in die Geschichtsbücher verbannt wurde, gedieh umso prächtiger in fernen Ländern. Daran hat sich bis heute nichts geändert. Logisch: Viele unserer Güter lassen sich nur durch Missachtung heimischer Sozial- und Umweltstandards herstellen. Und weil das hier verboten ist, lagert die Industrie die schmutzige Produktion eben in Staaten aus, deren Bevölkerung verständlicherweise andere Sorgen hat als die Zerstörung des Planeten. Dort sind beispielsweise Textilien nicht nur wegen der Dumpinglöhne unterhalb jeglicher europäischer Sozialstandards, sondern auch durch das Fehlen oder Nichtbeachten von Umweltschutzvorgaben sehr preiswert zu produzieren. So ermittelte Greenpeace, dass in China bereits zwei Drittel der Flüsse und Seen verschmutzt sind. Kein Wunder, leiten dort doch von 435 registrierten Abflussstationen zwei Drittel ihre Abwässer nur teilweise, jede vierte sogar völlig ungeklärt ins Meer.[226]

Selbst unser hier produzierter Abfall wird nach diesem Prinzip aus dem Sichtfeld entfernt. So landeten allein 2020 33 Millionen Tonnen Müll aus der EU, etwa Plastikabfälle, die mit entsprechenden Recyclinghinweisen versehen sind, statt in der Wiederverwertung auf Schiffen, die die schmutzige Fracht unter anderem nach Südostasien brachten. Dort wird der Müll aber kaum recycelt, sondern vielfach illegal verbrannt oder einfach ins Meer gekippt. Immerhin möchte die EU dem nun einen Riegel vorschieben und den Strom drosseln, ihn allerdings auch nicht ganz abstellen – sonst würden wir doch zu plötzlich mit den Folgen unseres eigenen Handelns konfrontiert.[227]

Warum machen wir das überhaupt mit? Ganz einfach: Wir sehen die Folgen unseres Konsums nicht direkt vor Ort, sondern werden darüber nur in Presse und TV informiert. Das adressiert zwar nicht nur den Verstand, sondern sorgt mit unfassbaren Bildern auch für kurzzeitige Betroffenheit und damit eine Beteiligung der Instinkte, doch diese Horrorbilder von Wellen an indonesischen Stränden, die nur noch aus Plastik zu bestehen scheinen, werden schnell wieder durch den täglichen Blick auf unsere Landschaft, unserer vermeintlich heilen Welt überlagert: Dort liegt kaum Müll herum, dümpeln in den Wellen der Nordsee nur wenige Plastikteile.

Rührige Start-ups stellen Rucksäcke oder Armbänder aus alten Fischernetzen oder aus Kunststoff her, der auf See eingesammelt wurde, und adeln die Trägerinnen und Träger damit zu Heldinnen und Helden, obwohl die so verwertete Menge noch nicht einmal eine durchschnittliche Tagesmenge an Müll repräsentiert.

Wenn wir wissen, dass bis zu 99 Prozent aller Entscheidungen unbewusst und nicht durch Vernunft getroffen werden,[228] dann muss der Kampf gegen Klimawandel und Umweltzerstörung auch wesentlich emotionaler geführt werden, will heißen: Dann sollten wir auch endlich die restlichen 99 Prozent mit einbeziehen, also das Unterbewusstsein ansprechen und dieses nicht einfach machen lassen.

Doch wie soll das gehen? Wir können schließlich nicht mit ihm sprechen, obwohl dies umgekehrt sehr wohl und ständig passiert. Wir erinnern uns: Gefühle transportieren Unbewusstes in unser Bewusstsein. Umgekehrt funktioniert es zwar auch, doch das ist deutlich mühsamer und nennt sich lernen. Möchten Sie etwa ein Musikinstrument beherrschen, dann hilft nichts außer üben, üben, üben. Denn die Hand- und Fingerbewegungen müssen in Fleisch und Blut übergehen, was nichts anderes heißt als ins Unterbewusstsein abtauchen. Bei mir war es die Ukulele, die ich aus eher praktischen Gründen spielen lernen wollte. Das kleine Instrument lässt sich für einen Kanu-Urlaub in Schweden leichter verstauen und vor allem leichter erlernen, weil es nur vier anstelle von sechs Saiten hat wie etwa eine Gitarre. Die linke Hand ist bei mir als Rechtshänder nicht so geschickt, doch in diesem Fall müssen beide Hände die Aufgaben tauschen. Mit links werden die Saiten gegriffen, alle Finger müssen also ständig je nach gewünschtem Ton oder Akkord die Position wechseln, während die rechte Hand die Saiten anschlägt, was eher grobmotorisch funktioniert. Nach langem Üben klappt das irgendwann automatisch, also unbewusst.

Der Prozess ist mühsam, doch noch viel mühsamer ist das Lernen von Fakten, etwa während der Schulzeit oder des Studiums. Emotionslos und ohne verdeutlichende Metaphern wird der Stoff häufig ermüdend trocken präsentiert. Die Konsequenz: Um die Informationen abspeichern zu können, müssen sie quälend oft wiederholt werden. Und quälend ist das entscheidende Wort: Es macht meist keinen Spaß, und wir verknüpfen in den Tiefen unseres Gehirns mit den jeweiligen Themen häufig wenig Positives.

Doch um die Umweltkrise zu lösen, müssen wir lernen, anders zu leben. Dieses Lernen kann nur gelingen, wenn es Spaß macht, also unsere Instinkte anspricht. Lernen heißt letztendlich ja meist nichts anderes, als Wissen in unserem Unterbewusstsein zu verankern. Dort muss es schlummern, bis es bei Bedarf abgerufen werden kann – und wirklich nur bei Bedarf. Wären uns sämtliche Informationen ständig bewusst, so würde unser Verstand regelrecht darin ertrinken. Dennoch sind diese Erinnerungen bei Entscheidungen mit im unbewussten Boot.

Ein neues Lernen, eine bessere Motivation zur Umstellung unseres Lebensstils könnte mit der verbesserten Präsentation von Wissen beginnen. Bisher war es wissenschaftlicher Konsens,

Fakten emotionslos zu offerieren, also ohne Metaphern oder anschauliche Vergleiche. Das hat sich glücklicherweise in den letzten Jahren geändert, wie spannend formulierte Pressemitteilungen von Forschungsinstituten weltweit zeigen. Dennoch wehren sich Forschende bis heute gegen die »Vermenschlichung« der Natur. Doch wie soll man Mitgefühl entwickeln (aus dem Rücksicht entsteht), wenn man bei der Vermittlung der Fakten schon nicht mitfühlt?

Eine emotionslose Sprache ist eine unmenschliche Sprache, die eher Ablehnung erzeugt und bestenfalls geeignet ist, das Wissen in dem jeweiligen Elfenbeinturm zu belassen. Nein, die Vermittlung von Wissen muss das Publikum packen wie ein guter Roman, also Hirn *und* Herz ansprechen. Aber das ist noch nicht alles. Um das Unterbewusstsein umfänglich anzusprechen, muss es mit weiteren Sinneseindrücken gefüttert werden. Ein typisches Beispiel für das Fehlen solcher Eindrücke sind virtuelle Treffen per Videokonferenz. Die Gespräche über Internetplattformen können in der Qualität niemals echte Treffen ersetzen – davon konnten Sie sich vielleicht auch schon überzeugen.

Was macht den Unterschied? Unzählige Randinformationen, wie Gerüche, Geräusche, 3-D-Eindrücke, ein Luftzug, wenn sich andere Personen bewegen, und natürlich die Gestik, all dies und noch viel mehr bestimmen den Gesamteindruck eines echten Treffens. Der nonverbale Anteil eines Gesprächs ist umstritten, unstrittig ist dagegen, dass er überwiegt. Während eine alte Studie zu dem Schluss kommt, dass die Bedeutung eines Gesprächs nur zu sieben Prozent im Inhalt, zu 38 Prozent in der Stimme und zu 55 Prozent an der Körpersprache liegt,[229] relativieren das etliche andere Studien inzwischen, kommen aber ebenfalls zu dem Schluss, dass die nonverbale Kommunikation überwiegt. Und dabei sind Sinneseindrücke wie Gerüche noch nicht einmal berücksichtigt, sodass der Anteil des Inhalts doch eher in den einstelligen Bereich tendieren dürfte.

Bleiben wir bei diesem Sinneseindruck, der bei Onlinekonferenzen völlig fehlt: dem Geruch. Er spielt mit Sicherheit eine Rolle (»ich kann ihn nicht riechen«), doch wie stark sie beispielsweise bei der Partnerwahl ist (dann mit gutem Duft), ist wissenschaftlich noch nicht vollständig geklärt.[230] Sicher geklärt ist allerdings, dass uns Gerüche dabei helfen, uns lange an bestimmte Ereignisse und Orte zu erinnern. Düfte können Botschaften also fester verankern, was meines Wissens noch nicht im Lehrbetrieb genutzt wird. So werden Duft-/Informationsgespanne zufällig vom Gehirn zusammengestellt. Bei mir ist eine der frühesten Erinnerungen, die so verknüpft wurden, mit Teergeruch verbunden. Kommt mir der Duft in die Nase, so denke ich an den Kindergarten in Bonn zurück, in dem ich bis zum Alter von vier Jahren wochentags betreut wurde. Genauer gesagt ist es eine Holzbank aus der Turnhalle, die dann gedanklich auftaucht. Warum? Keine Ahnung, vielleicht war gerade eine Baustelle in der Nähe, aber daran kann ich mich im Detail nicht mehr erinnern.

Gerade Gerüche können starke Gefühle erzeugen und verankern Erinnerungen viel besser, als es andere Sinne vermögen.[231] Ob wir einen Geruch als angenehm empfinden, hängt davon ab, in welcher Situation wir ihn zum ersten Mal wahrgenommen haben. So ist der berühmte Neuwagengeruch nach Kunststoffen oder Leder normalerweise sicher nicht das, was wir spontan als wohlriechend definieren würden. In Zusammenhang mit dem Autokauf werden jedoch Glücksgefühle damit verknüpft, und diese versuchen die Autohersteller für ihre Marke zu nutzen. Bei den vielen eingesetzten Kunststoffen kann sich der Duft schnell in eine unkalkulierbare Richtung entwickeln, und deshalb wird er von Spezialisten über die Wahl der Materialien sorgfältig abgestimmt.[232]

Ein anderer Geruch ist der neuer Bücher. Ich frage regelmäßig Bekannte, ob sie auch so wie ich als Erstes die Nase zwischen die Seiten stecken und schnuppern, ob es gut riecht. Etwa 50 Prozent machen das so wie ich, die andere Hälfte riecht grundsätzlich nicht in Bücher hinein. Obwohl offenbar große Teile der Leserschaft auch den Buchgeruch schätzen, designen die Verlage im Gegensatz zu Automobilherstellern olfaktorisch nichts – dabei gibt es den typischen Geruch nach Kleber oder Druckfarbe, der manche Bücher sofort sympathisch macht.

Auch der Einzelhandel nutzt Düfte zur Verkaufssteigerung. Es gibt eine ganze Reihe von Firmen, die sich darauf spezialisiert haben, Verkaufsräume oder sogar die Straße vor dem Ladengeschäft zu beduften. Das kann verkaufsfördernd sein, wovon sich jeder und jede überzeugen kann, wenn ein leckerer Essensgeruch während des Einkaufsbummels auf einen hungrigen Magen trifft. Warum nutzt man so etwas nicht für den Umweltschutz? Gute Gerüche von Infobroschüren, emotionale, positive Erzählungen von Naturschutz vor der Haustür, beispielsweise von berührenden Begegnungen mit Wildtieren, was zu mehr Rücksichtnahme motiviert, etwa durch weniger Holzverbrauch und dadurch weniger Waldzerstörung.

Grundsätzlich ist die Chance, Verhaltensänderungen auch ohne gesetzlichen Zwang, sondern durch emotionalen Antrieb, also Motivation zu erreichen, schon längst erkannt worden. Der Fachbegriff dieser Methode heißt »Nudging«. *Nudge* ist der englische Begriff für »Stupser«; Menschen sollen also einen kleinen Schubs bekommen, um sich in die gewünschte Richtung zu bewegen. Entwickelt wurde diese Methode von den beiden US-amerikanischen Wissenschaftlern Cass Sunstein und Richard Thaler. Letzterer erhielt für seine Theorien zur Verhaltensökonomie 2017 den Wirtschaftsnobelpreis.[233]

Die Stupser sollen freiwillige Entscheidungen unbewusst in eine gewünschte Richtung beeinflussen. Dabei ändert sich nicht die Einstellung, sondern »nur« das aktuelle Verhalten. Werden etwa im Supermarkt gesündere Produkte in Augenhöhe platziert, werden diese auch häufiger gekauft. Ähnliche Effekte könnten in der Umweltpolitik ebenfalls genutzt werden, um das Verhalten von Konsumentinnen und Konsumenten zu verändern.

Nudging klingt nach der perfekten Methode, den Spieß umzudrehen und die Instinkte in den Dienst der Vernunft zu stellen. Das kann und sollte man ganz offen kommunizieren, und zwar ohne erhobenen Zeigefinger. Hier kommt der bereits angesprochene Spaß beim Lernen und Ändern von Verhaltensweisen ins Spiel, und dabei gleichen wir wieder den Tieren. Auch sie können Spaß empfinden, zumindest etliche Arten, wie beispielsweise rodelnde Krähen beweisen. So zeigt ein Video im Internet einen Vogel dieser Art, der auf einem Hausdach Schlitten fährt. Dazu nimmt er sich einen Dosendeckel, schleppt ihn zum First, platziert ihn im Gefälle und springt schließlich auf, um das Dach hinunterzurutschen. Kaum unten angekommen, geht es wieder hinauf zur nächsten Partie.[234] Der Sinn des Ganzen? Tiere können mit Spiel und Spaß Fähigkeiten in relativer Sicherheit trainieren, zudem festigen sich im gemeinsamen Spiel soziale Strukturen.[235]

Spaß sollte demnach auch für uns die ideale Motivation sein, um umweltfreundliches Verhalten zu trainieren. Dazu gab es tatsächlich bereits Erfolg versprechende Versuche, etwa mit einem Altglascontainer, der in einen Glücksspielautomaten umfunktioniert worden war. Wer nach dem Aufleuchten einer Startlampe die Flaschen in die richtigen Öffnungen warf, konnte Punkte sammeln. Das Resultat: Dieser Container wurde an einem Abend 100-mal benutzt, ein Container ohne Glücksspiel dagegen nur zweimal.[236] Spiel und Spaß sind eine besonders angenehme Form des Nudgings und können gesetzliche Regelungen, die bei ihrer Einführung oft als Einschränkung empfunden werden, flankieren.

Doch wäre mit einer derartigen Manipulation nicht dem Missbrauch Tür und Tor geöffnet? Würde dann nicht auch die »Gegenseite«, also Firmen, die weiterhin unseren materiellen Konsum mit völlig unnötigen Verbrauchsgütern ankurbeln möchten, oder Parteien mit unredlichen Absichten genau diese Strategien nutzen und damit das Konzept, über eine neue Art des Umdenkens den Umweltschutz endlich entscheidend voranzubringen, gleich wieder zerstören? Diese Frage müssen wir uns gar nicht mehr stellen – es ist nämlich längst passiert.

Werbung nutzt exakt diese Mechanismen, um uns zum Kauf der beworbenen Güter oder zum entsprechenden Kreuzchen auf dem Wahlzettel zu animieren. Schauen Sie sich unter diesem Aspekt einmal einen Werbeblock an – da wird die komplette emotionale Klaviatur rauf und runter gespielt. So wird suggeriert, dass Lebensmittel in kleinen Familienbetrieben erzeugt würden, um die sich das Oberhaupt liebevoll persönlich kümmert. Der kleine Bauernhof liegt natürlich in einer idyllischen Ferienlandschaft, in der die Sonne auf saftige Blumenwiesen herabscheint und der Klimawandel mit verdorrender Landschaft keine Rolle spielt.

Die negativ-manipulierenden Formen des Nudgings werden also schon lange praktiziert, was sich in der Binsenweisheit niederschlägt, dass Werbung uns zum Kauf von Dingen animiert, die wir uns bei völlig freier Entscheidung oft nicht gekauft hätten. Wir haben demnach ein massives Defizit an positivem Nudging, an Stupsern, die ein allgemein gewünschtes Verhalten (nämlich umweltfreundlicher zu leben) verstärken.

Wird Nudging durch Regierungen eingesetzt, dann ist es wichtig, dass dies offen kommuniziert wird, um eine entsprechende Akzeptanz zu erreichen.

Andere Schutzmaßnahmen wurden nicht durch subtile Lenkungsmanöver, sondern durch massive negative Emotionen, etwa Angst vor der Zukunft, möglich. Wenn wir an die Bekämpfung des Waldsterbens durch sauren Regen oder das Verbot von Fluorkohlenwasserstoffen (FCKW) zur Schließung des Ozonlochs denken, dann war weniger Mitleid das ausschlaggebende Motiv, sondern mehr die Sorge um die eigene Gesundheit und Zukunft. Die Bedrohung der Verödung ganzer Landschaften oder von Hautkrebs durch zunehmende UV-Strahlung, die nicht mehr durch eine intakte Ozonschicht an den Polen gedämpft wurde, war so unmittelbar, dass ein breiter gesellschaftlicher Konsens zur Einleitung von Gegenmaßnahmen entstand. Rauchgasfilter, Katalysator und Co. waren so wirksam, dass das Waldsterben in der beklagten Form heute Vergangenheit ist. Auch das Ozonloch konnte durch das Verbot von FCKW in Kühlmitteln und Spraydosen zumindest verkleinert werden, weil sich die Ozonschicht allmählich wieder erholte.

Umgekehrt höre ich in Diskussionen von manch älterem Menschen, dass er oder sie sich nicht mehr ändern möchte, weil es für den relativ kurzen Rest des eigenen Lebens keine Bedeutung mehr habe, was natürlich grundsätzlich stimmt. Hier fehlt dann vielleicht auch eine Emotion, nämlich die Empathie mit den nächsten Generationen oder mit Mitgeschöpfen, die schwächer ausgeprägt ist als die Instinkte, die egoistisch das eigene Wohlbefinden in den Vordergrund rücken.

Ein Ausweg scheinen Maßnahmen zu sein, bei denen wir scheinbar der Umwelt helfen und dabei unseren Lebensstil im Prinzip nicht ändern müssen – das wäre so etwas wie das Perpetuum mobile (eine Maschine, die sich ohne Energiezufuhr selbst antreibt und dabei noch Energie abgibt) des Umweltschutzes. Wir dürfen uns nicht nur weiter gut, sondern sogar besser fühlen! Eine solche Maschine gibt es aber leider weder in der realen Welt, noch bewirken solche Pseudomaßnahmen echten Fortschritt in Sachen Umwelt. Ein Beispiel gefällig?

Da wäre der Umstieg von Plastik- auf Papp-Einwegprodukte. In der Europäischen Union sind seit dem 3. Juli 2021 viele Kunststoffartikel verboten, so etwa Einweggeschirr, To-go-Becher, Trinkhalme oder Wattestäbchen.[237] Die Alternative: Papier und

Pappe, die das Image des umweltfreundlichen Rohstoffs Holz haben. Um dies zu unterstreichen, werden viele Produkte noch hellbraun eingefärbt. Doch diese Tarnung kann nicht verhindern, dass sich diese Erzeugnisse mindestens ebenso schädlich auf die Umwelt auswirken. Der einzige Vorteil: Papier verrottet und hinterlässt kaum Rückstände im Boden, wenn es nicht gefärbt wurde. Die Klimabilanz hingegen ist mindestens ebenso schlecht, da Holzprodukte beim Verbrennen (und so endet dieser Müll oft) mindestens ebenso viel CO_2 freisetzen wie fossile Energieträger, also auch Plastikmüll.

Zur Papiergewinnung werden riesige Ökosysteme zerstört, etwa Wälder in Skandinavien. Zoomen Sie doch einfach mal per Google Earth an einer beliebigen Stelle in Schweden hinein – die Landschaft gleicht mittlerweile einer zerfressenen Mottendecke. Überall sind Kahlschläge zu sehen, auf denen schwerste Maschinen die Böden verdichtet und dadurch schwer geschädigt haben. Die alten Bäume fehlen schon weitestgehend, was sich negativ auf die Landschaftskühlung, die Niederschläge und die CO_2-Freisetzung aus den Böden auswirkt. Zudem verlieren ungezählte Arten ihre Heimat, etwa Flechten, die erst auf jahrhundertealten Bäumen wachsen können. Dies alles wird dem gesteigerten Zellstoffbedarf, Ausgangsprodukt für Papier und Pappe, geopfert.

Unser gutes Gefühl beim Wechsel des Materials für Einmalprodukte ist also leider einer ökologischen Fata Morgana geschuldet.

Ein weiterer gefährlicher Trugschluss wird durch eine ganz andere Art von Erzählung verbreitet, nämlich die, dass alles einen Marktwert hat. Umweltschutz, so die Verfechter dieser Richtung, funktioniere dann besonders gut, wenn an allem ein Preisschild befestigt wird. Marktpolitisch mag das richtig sein, etwa durch die amtlichen Ausgabe von Treibhausgaszertifikaten. In vielen Ländern und der Europäischen Union wird nur eine begrenzte Anzahl von Zertifikaten ausgegeben, die zudem laufend weiter reduziert werden. Damit tritt eine allmähliche Verknappung ein, wodurch die Handelspreise steigen und die Vermeidungskosten relativ gesehen weniger ins Gewicht fallen. Das Resultat ist eine Verteuerung der Luftverschmutzung und eine entsprechende Reduktion bei der Produktion. Auch wenn dies durch eine völlig überhöhte Ausgabe der Anzahl von Zertifikaten zum Start des Systems (auf Druck der Industrie) kaum griff und die Preise pro Tonne dadurch lächerlich gering blieben, ist seit 2017 (und noch einmal 2021) durch deutlichere Reduzierungen ein erheblicher Anstieg der Handelspreise für Verschmutzungsrechte festzustellen.[238]

Doch das ist ja keine Erzählung, sondern ein staatlich eingeführter Marktmechanismus, der nicht die Gefühle der Bevölkerung, sondern Unternehmen zum Ziel hat.

Ganz anders sieht es im privaten Markt der Treibhausgase aus. Der prinzipielle Unterschied ist der, dass in diesem Bereich die eingesparten Mengen an CO_2 nicht amtlich angerechnet werden können – hier geht es rein ums Image. Klingt gleichartig, ist es aber nicht, und dazu zeige ich Ihnen ein paar Beispiele.

Ziel der folgenden Aktionen ist es, der eigenen Kundschaft klarzumachen, dass man mit den jeweiligen Produkten weniger oder sogar gar nicht zum Klimawandel beiträgt, oder einfacher ausgedrückt: Konsumiere weiter wie bisher, aber ohne schlechtes Gewissen! Unterm Strich muss sich damit niemand ändern, und trotzdem wird alles besser, so die Illusion.

Damit ist das Unterbewusstsein wieder mit im Boot, welches sich dabei pudelwohl fühlt, und gemeinsam unternehmen wir einen Ausflug in die Welt der Wale. Sie gelten als neue Helden bei der Entsorgung von Treibhausgasen, allerdings erst, wenn sie sterben. Diese Erzählung geht so: Ein Großwal (Buckelwal, Pottwal, Blauwal etc.) nimmt im Laufe seines Lebens über die Nahrung durchschnittlich 33 Tonnen CO_2 auf. Stirbt er eines

Tages, so sinkt sein Körper in die Tiefe und bleibt dort Hunderte von Jahren erhalten, fixiert damit also die Treibhausgase. Das entspreche der Klimawirkung von 1375 Bäumen.[239]

Das ist allerdings aus mehreren Gründen falsch und wertet nicht nur Wale, sondern auch Bäume zu Unrecht ab anstatt auf, wie es vermutlich gedacht war. Fangen wir mit einem weitverbreiteten Fehler an: Pflanzen und Tiere speichern kein CO_2, sondern Kohlenstoff – CO_2 ist ein Gas, das von Pflanzen erst durch Fotosynthese zerlegt werden muss und in Form von Kohlenstoffverbindungen in lebende Biomasse umgewandelt wird. Sind diese im Wal angekommen und stirbt das Tier, so ist diese Biomasse willkommene Nahrung für Eisbären, Orcas, Krebse, Haie und andere Fische, je nachdem, wo und in welchen Tiefen der Wal starb. Der Kohlenstoff wird dann mitnichten fixiert, sondern verdaut, umgebaut und teilweise auch wieder als CO_2 veratmet und in die Atmosphäre entlassen.

Für einen Teil der Wale trifft es sicher zu, dass diese in den Tiefen der Weltmeere versinken und damit einen Großteil ihrer Körpermasse in den eiskalten Wasserschichten Kilometer unter der Oberfläche konservieren. Doch dann stimmt die Rechnung immer noch nicht, denn nun kommen die Bäume ins Spiel. Ein ausgewachsener Baum der gemäßigten nördlichen Breiten, also etwa in Mitteleuropa, kann im Laufe seines Lebens den Kohlenstoff aus 20 Tonnen CO_2 einlagern und speichert dieses nicht nur sein Jahrhunderte währendes Leben lang, sondern auch noch sehr lange Zeit danach als Humus und Bodenkohlenstoff. Zwei Bäume – und nicht 1375 – würden in dieser Hinsicht also jeden Buckelwal toppen.

Wale gegen Bäume aufzurechnen, bringt also nichts, zumal die Speicherfunktion für Kohlenstoff bei den sympathischen Meeressäugern global gesehen gar nicht ins Gewicht fällt. Professor Morten Iversen vom Alfred-Wegener-Institut in Bremen schätzt, dass Walkadaver jährlich global 30000 Tonnen Treibhausgase am Meeresboden fixieren.[240] Das entspricht dem Ausstoß von Treibhausgasen, den knapp 3000 Europäer verursachen, und ist damit nun wirklich keine relevante Größe.

Auch der Marktwert eines einzelnen »Wal-CO_2-Speichers« ist gering. Mit knapp 100 €/Tonne liegen wir im Jahr 2023 bei 3300 €, und genau das ist der Knackpunkt: Solche Aussagen reduzieren wunderbare, einzigartige Tiere zu einer Deponie unserer atmosphärischen Abfälle, obwohl das vermutlich gar nicht beabsichtigt war. Doch Worte erzeugen Bilder und sollten deshalb sorgfältig gewählt werden. Stattdessen kann nun jedem Wal ein Preisschild angehängt werden, und damit wird die Sache noch schlimmer. Denn der lächerlich geringe monetäre Wert degradiert das Tier noch weiter.

Und hier können wir nahtlos an die nächste gefährliche Erzählung anknüpfen, nämlich die, dass der Ausstoß von Treibhausgasen andernorts ausgeglichen werden könnte. Bleiben wir dazu noch kurz beim Wal, bevor wir uns den Bäumen zuwenden – die werden nämlich schon kräftig für unsere Klimasünden eingespannt.

Mit Walen und ihrem Körper als Kohlenstoffspeicher wurde 2023 in einem Werbespot zur besten Sendezeit zum Spenden aufgefordert. Ich zückte aus Ärger darüber sofort mein Handy und setzte einen entsprechenden Post bei Instagram ab. In diesem Fall war der Vergleich zwar gut gemeint als Argument zum Tierschutz, lag aber trotzdem voll daneben. So könnte man ja auf den Gedanken kommen, einen Wal zu schützen und damit die eigenen Klimasünden für zehn Jahre auszugleichen – ein billiger Deal. Davon abgesehen schwimmt der Wal ja ohnehin durch den Ozean, unabhängig davon, ob ein Mensch einem anderen Geld aufs Konto überweist.

Das klingt zu weit hergeholt? Mit anderen Riesen wird das schon lange so gemacht, und obwohl es ähnlich abwegig ist, finden das viele Menschen mittlerweile völlig normal. Gemeint sind die Bäume, ganz heiße Kandidaten, wenn es um den modernen Ablasshandel geht. Kauf ein T-Shirt, und wir pflanzen einen Baum – ähnliche Werbeversprechen ploppen überall auf wie Pilze im herbstlichen Wald. Bäume gelten als die neuen Superhelden, die unsere Sünden auf sich nehmen, sprich, unsere Treibhausgase in Biomasse verwandeln und damit der Atmosphäre wieder entziehen. Wenn das klappen würde, wäre das die Lösung all unser Probleme: Wir könnten so weiter leben und wirtschaften wie bisher, und die Gesamtbilanz bezüglich des Klimas würde nicht schlechter, ganz im Gegenteil. Wälder speichern schließlich nicht nur Kohlenstoff, sondern kühlen auch die Landschaft und sorgen für Regenwolken. Zudem sind sie artenreiche Ökosysteme und vergrößern damit die Naturfläche – was will man mehr!

Doch leider müssen wir dieses Märchenbuch jetzt zuklappen und uns die Fakten anschauen. Da wäre zunächst die Frage der verfügbaren Flächen: Da unser Planet nicht wächst und wir einen gewissen Prozentsatz für Siedlungen und Landwirtschaft benötigen, stößt das Modell sehr schnell an seine Grenzen. Denn da, wo aufgeforstet wird, existierte ja vorher bereits eine andere Nutzungsart. Weil das erkannt wurde, weicht man zum Beispiel in Deutschland einfach auf den Wald aus.

Wie bitte? Da stehen doch schon Bäume! Das stimmt nicht ganz, denn gerade in den Nadelbaummonokulturen werden aktuell riesige Flächen frei gemacht. Die absterbenden Bäume, wertvolle Biomasse für den Folgewald, werden kahl geschlagen und die Bäume verkauft. Anschließend muss die Fläche wieder bewaldet werden, so schreiben es die Gesetze vor. Obendrauf gibt es sogar staatliche Zuschüsse für die neuen Bäumchen.

Das hindert viele Waldbesitzende und Forstverwaltungen nicht, die Aufforstungen doppelt zu nutzen, nämlich auch noch als PR-Event. Freiwillige pflanzen Bäumchen, die mit Spendengeldern finanziert werden, und glauben, damit etwa Gutes für die Umwelt zu tun. Tatsächlich legen sie bloß die nächste Plantage an, deren Stämme dereinst im Sägewerk landen werden, wodurch der gebundene Kohlenstoff wieder freigesetzt wird. Dabei werden häufig sogar nicht heimische Baumarten gewählt wie etwa die Roteiche, deren Laub toxisch für das Bodenleben ist. Die Spendengelder wiederum stammen oft von Firmen, die mit diesen Pflanzaktionen ihren CO_2-Fußabdruck reduzieren möchten.

Würde man die Flächen stattdessen dauerhaft der natürlichen Wiederbewaldung überlassen, würde das Vielfache an Kohlenstoff gebunden.[241] Daran haben aber die pflanzenden Akteure überwiegend kein Interesse, schließlich kann man die Baumplantagen doppelt wirtschaftlich nutzen. In Summe ist das also eher Greenwashing als eine Entlastung des Klimas; entlastet wird hier nämlich nur das Gewissen.

Doch wenn wir die Verbrennung fossiler Rohstoffe nicht durch das Pflanzen von Bäumen ausgleichen können, wie wäre es dann, wenn wir Bäume direkt verbrennen? Ich weiß, das klingt verrückt, denn schließlich ist es ja genau das Gegenteil einer Pflanzung und setzt enorme Mengen an CO_2 frei – bei einem ausgewachsenen Baum locker 10 Tonnen und mehr. Zugegeben, als Forststudent und noch viele Jahre lang später habe ich folgende Geschichte geglaubt, weil sie so schlüssig klingt: Das Holz wird verbrannt, und der nächste nachwachsende Baum nimmt das CO_2 wieder auf. Damit hätten wir ein Nullsummenspiel. Wenn niemand Holz aus dem Wald holte, wäre demnach der Umwelt nicht geholfen, denn Pilze und Bakterien veratmeten den toten Baumkörper beim Zersetzen zu Wasser und CO_2. Das Treibhausgas entwiche demnach besser beim Verbrennen, denn dann ersetze Holz wenigstens Kohle, Öl und Gas, also die wahren Klimakiller.

Diese Erzählung wird bis heute gebetsmühlenartig selbst von Umweltministerien verbreitet, etwa in Rheinland-Pfalz, für das ich mehr als 20 Jahre lang als Forstbeamter gearbeitet habe. Dort wird auf der amtlichen Homepage wörtlich behauptet: »Holz verbrennt CO_2-neutral«.[242] Das ist zwar schon rein chemisch gar nicht möglich, klingt aber gut. Und wenn das ein Ministerium behauptet, dann ist das für viele Menschen glaubwürdig.

Konsequenterweise ließen wir in unserem Forsthaus eine Pelletheizung einbauen. Mithilfe dieser Holzpresslinge wollten wir das alte Gebäude im Betrieb CO_2-neutral machen. Leider stellte ich kurze Zeit später bei Recherchen zu einem Buchprojekt im Jahr 2008 fest, dass die Forschung zu diesem Thema längst anderes ergeben hatte – Holz ist ein schmutziger Brennstoff, weil Wälder gar keine Kohlenstoffkreisläufe sind, sondern mindestens noch für viele Jahrhunderte regelrechte CO_2-Staubsauger.[243]

Denn leider wird bei dem wunderbaren Waldmärchen vom ewigen Kreislauf vergessen, dass der abgesägte Baum im Regelfall weiter gewachsen wäre. Die Jahresringe bleiben zwar ungefähr gleich breit, da aber der Durchmesser des Stammes wächst und der Baum zusätzlich an Höhe zulegt, wäre seine Kohlenstoff-Speicherleistung sogar noch gestiegen. Gerade die alten Bäume lagern besonders viel Kohlenstoff ein, wie eine globale Studie ergab: Ein Prozent der stärksten Bäume enthielten demnach durchschnittlich 50 Prozent der Biomasse eines Waldes.[244] Forstwirtschaft hingegen setzt dieses Lager immer wieder auf null. Hinzu kommt, dass auf den Kahlschlägen zusätzlich große Mengen an Bodenkohlenstoff von Bakterien und Pilzen beim Zersetzen von Humus in Treibhausgase wie CO_2 und Methan verwandelt werden, was die Klimabilanz des Brennstoffs Holz zusätzlich verschlechtert. Und wenn man dann noch berücksichtigt, dass Wälder die Luft massiv abkühlen und zudem für mehr Regen sorgen, dann ist der Treibhauseffekt der Holzverbrennung schlicht verheerend.

Sie sehen, dass ganze Branchen und durch deren Beratung auch Millionen von Hausbesitzerinnen und -besitzern wegen der falschen Erzählung, Pellet-, Scheitholz- und Hackschnitzelverbrennung sei ein Umweltsegen, aufs falsche Pferd setzen.

Häufig höre ich dann folgenden Vorschlag, der bereits auf größeren Flächen umgesetzt wird: Könnte man nicht die Wälder schonen, indem auf Äckern schnell wachsende Baumarten wie Pappeln angebaut werden, die dann alle paar Jahre abgemäht, geschreddert und zur Energieerzeugung verbrannt werden? Das müsste doch dann wirklich klimaneutral sein, weil nachwachsend und ohne Belastung von Wald.

Leider nein, denn man muss die Alternative auf dieser Fläche bedenken: Es geht nicht um Acker oder Pappelplantage, sondern um Acker oder Wald. Wir müssen endlich anfangen, nennenswerte Anteile der Landfläche an die Natur zurückzugeben, und zwar ganz ohne den in dieser Formulierung hässlichen Hintergedanken: Andere Geschöpfe dürfen dort in ihre angestammten Ökosysteme zurückkehren, aber nur dann, wenn wir im Gegenzug weiter die Atmosphäre verschmutzen dürfen.

Ich könnte noch seitenlang ähnliche Schutz- und Kompensationsbemühungen auflisten, doch das würde uns auch nicht weiterbringen. All die Beispiele zeigen ja nur, dass unser Verstand nach wie vor ein raffiniertes Unterbewusstsein bedient, welches mit Zähnen und Klauen an althergebrachten Verhaltensweisen festhalten will. Um den nächsten Schritt in Richtung Lösung zu gehen, müssen wir nun endlich einsehen, dass wir ständig schönen Geschichten aufsitzen, statt uns zu verändern. Denn egal ob Fleischkonsum oder Holzverbrennung, Flug in den Urlaub oder Online-Bestellungen, unsere Gesellschaft hält fast schon krampfhaft am bisherigen Lebensstil fest und versucht, die Umweltsünden auszugleichen, obwohl es keinen Ausgleich geben kann. Dennoch glauben wir gerne, was manche Vordenkende uns zu diesen Kompensationsmaßnahmen erzählen, obwohl die Fakten eine ganz andere Sprache sprechen, wenn man nur ein wenig unter die Märchendecke schaut.

Dabei sind diese Vordenkenden keineswegs böse Menschen, die nur gierig immer mehr Geld verdienen möchten. Uns alle, die wir in den reichen Ländern leben, eint die Tatsache, dass das Unterbewusstsein schon längst registriert hat, wie wir unseren Lebenswandel ändern müssen, um den Planeten zu retten, nämlich durch Verzicht. Die Jahrhunderttausende alte Erfahrung hat unsere Art jedoch gelehrt, an Besitzständen so lange wie möglich festzuhalten. Das war bis auf die letzten Jahrzehnte auch nie ein Fehler gewesen, ganz im Gegenteil. Und nun soll sich das Unterbewusstsein, welches – Sie erinnern sich – den Großteil aller Entscheidungen ungefragt trifft, auf einmal völlig umorientieren? »Nicht mit mir«, scheint es aus den Tiefen der Gehirnwindungen zu rufen, doch nun kommt es zur Kollision mit dem Bewusstsein. Dieses registriert genau, was unsere Handlungen anrichten, und die Vernunft weiß, was zu tun wäre. Doch noch setzt sich in den meisten Fällen das Unterbewusstsein durch und sendet sehr starke Gefühle der Abneigung gegen erforderliche Einschränkungen. Aus dieser Zwickmühle heraus ist die einfachste Lösung, Entschuldigungen zu produzieren. Eine Reihe davon haben Sie schon kennengelernt, nämlich all die schönen Kompensationsmaßnahmen, die es uns gefühlt erlauben, einfach weiterzumachen wie bisher.

Wie kommen wir aus dieser Schleife heraus, wie können wir es schaffen, dass unser Unterbewusstsein mit dem Bewusstsein an einem Strang zieht? Ganz einfach: Indem wir jetzt endlich den Spieß umdrehen und unsere Instinkte an die Leine nehmen.

3.2 Die Tragik der Allmende

Wenn wir unsere Instinkte zügeln wollen, dann müssen wir entweder Glücksgefühle über Belohnungen oder Angst über Bestrafungen auslösen. Letztere lösen Gesetze bei Nichteinhaltung aus, denn sie stellen die Spielregeln für unsere Gesellschaft dar, die notfalls mit Zwang durchgesetzt werden. Spielregeln ist dabei vielleicht noch zu freundlich formuliert: Gesetze sind Brandmauern gegen ein Unterbewusstsein, das so stark ist, dass die Vernunft ohne Unterstützung häufig nicht dagegen ankommt. Spielregeln ohne Gewaltandrohung gleichen Empfehlungen, über die sich Teile der Gesellschaft, getrieben von starken egoistischen Impulsen, einfach hinwegsetzen würden.

Ein derartiges Sozialverhalten wird gut in der Theorie des sogenannten Gefangenendilemmas beschrieben. Eines der Beispiele sieht wie folgt aus: Zwei Menschen begehen ein Verbrechen und werden gefasst. Bei getrennten Verhören wird ihnen jeweils eine Kronzeugenregelung angeboten: Wer aussagt, geht straffrei aus, der jeweils andere bekommt mit zehn Jahren Freiheitsentzug die Höchststrafe. Gesteht keiner von beiden, so bekommen beide eine Freiheitsstrafe von drei Jahren. Würden beide aufeinander Rücksicht nehmen, so würden sie im Durchschnitt beide profitieren. Da aber ein gewisses Misstrauen herrscht, die Instinkte durchschlagen und der Egoismus durchbricht, werden sich beide wahrscheinlich für ein Geständnis entscheiden, in der Hoffnung, der Erste zu sein und freizukommen. In Summe bringt das zehn Jahre gegenüber sechs Jahren Gefängnis.

In sehr vielen wirtschaftlichen und politischen Entscheidungen wird analog gehandelt, werden also persönliche Vorteile gegenüber einer für alle günstigeren Lösung bevorzugt.[245] Dabei spielt Misstrauen eine große Rolle – wenn man nicht weiß, ob andere ebenso rücksichtsvoll handeln, wie es von einem selbst erwartet wird, dann lässt man es selbst lieber gleich bleiben.

Kurz gesagt siegen egoistische Instinkte gegen ein Vertrauen in die Gesellschaft.

Genau dies ist das große Problem beim Umweltschutz, und dabei wird das Gefangenendilemma sogar auf die staatliche Ebene ausgeweitet: Was nützt es, wenn das kleine Deutschland allein im Klimaschutz vorprescht, und andere Staaten wie China oder Indien, die ein Vielfaches an Treibhausgasen produzieren, nicht in gleichem Maße mitziehen? Solche Statements höre ich in politischen Diskussionen immer wieder, und sie beschreiben das Spiel perfekt, denn übersetzt heißt es nichts anderes als: Warum sollen wir uns einschränken, wenn andere möglicherweise nicht mitmachen? Dann machen wir doch solange einfach weiter (und streichen die kurzfristigen Vorteile einer umweltschädlichen Wirtschaft ein).

Genau das beschreibt ein sozialwissenschaftliches Modell als »Tragik der Allmende«. Eine Allmende bezeichnete früher Weideland oder Wald, welcher allen Bewohnerinnen und Bewohnern einer Gemeinde zur gemeinsamen Nutzung zur Verfügung stand, also nicht im individuellen Eigentum war. Streng genommen holte man sich damit ein Stück Steinzeit zurück, in der die jagenden Gruppen ebenfalls kein Land besaßen, sondern es nur nutzten. Solche Allmenden gibt es immer noch, so etwa die Weltmeere außerhalb nationaler Zonen, den Meeresgrund, die Atmosphäre, aber auch die genetischen Informationen der allermeisten Arten.

Hier tritt der gleiche Effekt auf wie beim Gefangenendilemma: Wenn sich alle rücksichtsvoll verhalten, kann es zu einer dauerhaften, sanften Nutzung und damit zum größtmöglichen Profit für die Gemeinschaft kommen. Weil aber die Rücksichtslosigkeit Einzelner nicht bestraft wird, setzt ein Wettlauf um die größtmöglichen individuellen Vorteile ein – wieder einmal setzen sich die Instinkte gegen die Vernunft durch.

Der internationale Fischfang zeigt Wirkung und Folgen. Weil

Meeresfisch »einfach da ist«, also nicht gezüchtet, gehalten und gefüttert werden muss, stellt er die günstigste Fleischquelle dar. Letztendlich ist der Fang nichts anderes als ein Überfall auf ein Lebensmittelgeschäft, welcher in diesem Fall aber noch legal ist. Es fallen lediglich die Kosten des Einfangens und des Abtransports an. Weil das Geschäft so lukrativ ist, stiegen die Fangzahlen in den letzten Jahrzehnten rasant an. Wurden 1950 noch 16 Millionen Tonnen Lebewesen »geerntet«, so waren es 2020 bereits rund 80 Millionen Tonnen.[246] Waren 1974 noch 90 Prozent der Fischbestände stabil, so nahm die Zahl bis heute auf 65 Prozent ab – Tendenz weiter fallend.[247] Doch gemäß der Tragik der Allmende führt dies nicht dazu, dass die Unternehmen nun weniger und schonender fischen, sondern ganz im Gegenteil werden die Methoden aufwendiger, um die Fangmenge wenigstens stabil zu halten (und die Bestände dabei noch heftiger auszuplündern). Die Fischschwärme haben kaum noch Chancen zu entkommen. Per Echolot geortet werden riesige Schleppnetze mit bis zu 23 000 Quadratmeter großen Öffnungen vor ihnen aufgespannt, die den Schwarm einfach komplett verschlucken und anschließend an Bord liefern.[248]

Völlig anders gelagert, aber dennoch das Allmendeprinzip betreffend, ist die Patentierung von Lebewesen, bei denen der genetische Code einfach zum Eigentum einer Firma erklärt wird, die dann die Nutzung nur noch gegen Entgelt erlaubt. Mittlerweile wurden Patente für Saatgut, aber auch für Tiere erteilt, was eine ganz neue Kategorie der Aneignung darstellt. So werden nicht nur Geschäfte mit Lebewesen gemacht, sondern mit deren Bauplan, der zum persönlichen Eigentum werden kann. Tiefergehend kann man die Nutzung der Natur nicht betreiben, und so stellen derartige Patente die Spitze der Aneignung dar.[249]

Das Dilemma in seiner ganzen Tragik kann nur durch stabiles Vertrauen gelöst werden, und eine solche Lösung sind wasserdichte Verträge. Wenn diese Verträge verbindlich sind und effektive Sanktionen bei Nichteinhaltung beinhalten, dann können gemeinsame Güter tatsächlich für alle gewinnbringend und nachhaltig bewirtschaftet werden.

Während im Bereich der Patente auf Arten und Sorten noch gerungen wird, gibt es bei einer anderen Allmende zumindest erste Erfolge: bei der Atmosphäre. Sie galt bisher als große Müllkippe für Klimagase, die man kostenlos einfach nach oben entsorgen konnte. Im Dezember 2015 einigten sich in Paris 197 Staaten auf eine Begrenzung des Anstiegs der globalen Durchschnittstemperatur auf maximal 1,5 °C, auf Kontrollmechanismen und – ganz wichtig – auf finanzielle Ausgleichszahlungen an ärmere Staaten.[250] Letzteres ist vor allem deshalb wichtig, weil die Hauptverursacher in den reichen Industrienationen sitzen, die so wenigstens einen kleinen Teil ihrer Gewinne, die sie durch diesen Raubbau an der Natur erzielten, mit der Gemeinschaft teilen. Erste juristische Auswirkungen gibt es bereits: So kippte das Bundesverfassungsgericht 2021 das vom Deutschen Bundestag beschlossene Klimaschutzgesetz, weil es für die Zeit nach 2031 keine ausreichende Minderung des Treibhausgasausstoßes berücksichtigen und damit die Freiheitsrechte der jungen Generation verletzen würde.[251]

Ein Versuch, solchen Verträgen zu entkommen, ist die Einführung des individuellen ökologischen Fußabdrucks. Damit wird die Verantwortung an jeden von uns zurückgegeben, was vor allem eine Gruppe von jeder Verantwortung entbinden soll: die Unternehmen, die für einen Großteil der Treibhausgase verantwortlich sind. Diese Schuldumkehr lenkt den Fokus auf uns alle und mindert damit das Verlangen, besonders starke kommerzielle Luftverschmutzer zur Verantwortung zu ziehen. Der ökologische Fußabdruck wurde zwar schon 1992 von den Forschern Mathis Wackernagel und William Rees entwickelt,[252] 2004 dann aber zu PR-Zwecken vom Ölkonzern BP entdeckt und genutzt. Er veröffentlichte auf seiner Seite einen Rechner, mit dem jeder seinen individuellen Fußabdruck berechnen konnte – ein Prozedere, welches seitdem Millionen von Menschen wiederholt haben.[253]

Nicht, dass wir uns falsch verstehen: Es kann helfen, sich über klimaschädliches Verhalten zu informieren und Änderungsmöglichkeiten aufgezeigt zu bekommen. Das ändert allerdings nichts an der Tatsache, dass die großen Akteure hier das Allmende-Prinzip ad absurdum führen. Sie tun nämlich so, als ob wir alle gleichmäßig an der (Über-)Nutzung des Gemeinguts Atmosphäre beteiligt wären. Doch haben Sie jemals Geld dafür bekommen, dass Sie mit bei BP, Shell, Aral, Total, Chevron, Exxon Mobil oder anderen Konzernen gekauftem Treibstoff die Luft verpesten? Konzerne haben dies durchaus, es ist Teil ihres Geschäftsprinzips, und sie verdienen damit Milliarden.

Wir brauchen Empathie, um Verbesserungen im Umweltschutz zu erreichen. Ein wirklich Mut machendes Beispiel in dieser Hinsicht ist der Schutz der Wale. Zu diesem Zweck wurde schon 1946 die Internationale Walfangkommission (IWC) gegründet. Unter ihrer Führung einigten sich fast alle Staaten 1986 darauf, die kommerzielle Waljagd einzustellen. Auch wenn es seither einige Staaten wie Japan, Norwegen oder Island gab, die Schlupflöcher nutzten oder gleich ganz die Maske fallen ließen und wieder kommerziell jagen (Japan seit 2019), haben die Maßnahmen dazu geführt, dass sich die Populationen wieder erholen konnten.[254]

Der Hauptgrund für den Schutz war sicher nicht die menschliche Vernunft, sondern Mitleid, also eine starke Emotion. Ich kann mich noch gut daran erinnern, wie ich als Jugendlicher in der späten 1970er- und beginnenden 1980er-Jahren jede Meldung zu Walen begierig verschlang und fasziniert Aufnahmen von Gesängen der Buckelwale lauschte. Gerade diese sanften Riesen mit den weißen Brustflossen wurden zu Botschaftern für alle anderen Arten. Sie standen kurz davor, für immer zu verschwinden. Aufgrund der öffentlichen Proteste beugten sich die Staatenlenkerinnen und -lenker und stimmten dem Schutz der Meeressäuger zu.

Ähnliches gelang beim Waldsterben, bei der Bekämpfung des Ozonlochs und zumindest ansatzweise bei Palmöl oder anderen Produkten, die von der Regenwaldrodung profitieren. Hier sind wir zwar noch lange nicht am Ziel, aber die gesellschaftliche Akzeptanz für derartige Güter schwindet stark.

Es gibt aber auch Beispiele dafür, was passiert, wenn aufgrund emotionaler Bedürfnisse der Bevölkerung (wie beim Beispiel Verbot der Waljagd) Gesetze schlampig geändert werden und damit lediglich neue Probleme aufwerfen. Ein solches Beispiel ist das Verbot des Schredderns männlicher Küken. Es ist wirklich schwer zu ertragen, Bilder von frisch geschlüpften flauschigen gelben Federbällen zu sehen, die dicht gedrängt auf dem Fließband in Richtung Vergasungsanlage transportiert werden. Die einmalige Chance des Lebens auf diesem Planeten währt für diese armen Kreaturen nur Minuten, bevor sie von Stahlklauen zerrissen werden.

Seit dem Verbot dieser Praxis weicht der Markt aus. Ein Teil der »Bruderhähne« wird zwar aufgezogen, aber da die Rassen nun mal auf maximale Eierproduktion getrimmt sind, setzen diese Tiere kaum Muskelfleisch an. Die mageren kleinen Hähne werden zudem in Massenställen gehalten, sind anschließend kaum vermarktbar und überschwemmen als Billig-Exportware afrikanische Märkte, wodurch sie dort die lokalen Anbieter stören.[255] Echte Abhilfe würden nur sogenannte Zweinutzungsrassen schaffen, die mittlere Erträge bei Eiern und bei Fleisch bringen, also unterm Strich beide Produkte verteuern würden. Auch hier wäre also der Gesetzgeber gefragt, der aber nur auf ein besonders emotionsgeladenes Teilproblem reagiert hat.

Was meines Erachtens fehlt, sind durch gesetzliche Regelungen ausgelöste positive Emotionen, die sehr einfach umzusetzen wären, wie ein kleines Beispiel aus den Niederlanden zeigt.

Bisher ist es ein langer Hürdenlauf für Hausbesitzende, um eine PV-(Photovoltaik-)Anlage ans Netz zu bringen. Und wenn der Strom dann fließt, vergällen umständliche Abrechnungen jede Freude. Wie wäre es stattdessen, wenn der Zähler bei Sonnenschein einfach rückwärtslaufen würde? Aus eigener Erfahrung kann ich von den Glücksgefühlen erzählen, die das auslöst – das passierte nämlich während einer kleinen Übergangsphase vom Anschluss unserer neuen PV-Anlage auf dem Dach des Forsthauses. Der neue Zähler, der den ein- und ausgehenden Strom jeweils separat erfasst, ließ noch einen Tag auf sich warten, und solange lief der alte Zähler bei Sonnenschein einfach rückwärts. Die Einsparung war direkt ablesbar, und mit jeder Umdrehung sank zugleich (unerlaubterweise) die Stromrechnung.

In den Niederlanden ist das Alltag, dort dürfen die Zähler grundsätzlich rückwärtslaufen.[256] Das motiviert viel stärker als eine Monate später eintrudelnde Vergütung des Netzbetreibers, der zudem nur ein Fünftel des Betrages auszahlt, den wir selbst pro kWh bezahlen müssen. Immerhin überlegt das Bundeswirtschaftsministerium aktuell, ob nicht auch Deutschland auf diesen Anreiz setzen sollte. Die Kosten der Netzbetreiber könnten über Subventionen ausgeglichen werden, die es ja immer noch für erneuerbare Energien gibt, wie beispielsweise aktuell die Streichung der Umsatzsteuer auf Photovoltaik-Anlagen.

Um unser Unterbewusstsein, unsere Instinkte noch stärker für den Umweltschutz einzusetzen, könnten wir der Natur ähnliche Rechte zusprechen wie Menschen. Klingt übertrieben? Das wäre es nur dann, wenn Mensch und Natur losgelöst voneinander existieren würden. Mittlerweile haben aber die meisten verstanden, dass wir nach wie vor völlig abhängig von der Natur, oder noch präziser, ein in ihr verankerter Bestandteil sind. Ohne

Natur keine Menschen, das klingt banal und scheint doch angesichts der großen Umweltzerstörungen noch nicht richtig im kollektiven Bewusstsein angekommen zu sein. Deshalb finde ich Ansätze richtig, die den Schutz der Natur mit den Menschenrechten verknüpfen, wie sie etwa im Grundgesetz festgeschrieben sind.

Wie das in der Praxis funktioniert, kann man sich in Ecuador ansehen. Dort nahm das Parlament mit einer Zustimmungsquote von 64 Prozent eine Änderung der Verfassung an, in der das 7. Kapitel den Titel »Rechte der Natur« trägt. Dort wird festgeschrieben, dass Pachamama, Mutter Natur, ein Recht auf Existenz einschließlich des Erhalts und der Regeneration ihrer Lebenszyklen sowie ihrer Strukturen und Funktionen hat.[257]

Dabei bleibt dieses Kapitel kein schmückendes Feigenblatt ohne praktische Relevanz, wie sich im November 2021 zeigte. Vor Gericht standen das Staatsunternehmen Enami EP (ein Bergbaukonzern) sowie der Nebelwald Los Cedros. Der Konzern wollte Kupfer und Gold im Regenwald abbauen, doch das Gericht urteilte, dass dies ein Verstoß gegen die Rechte der Natur sei. Enami EP verlor daraufhin seine Bergbaukonzessionen – ein wichtiges Grundsatzurteil.[258]

Die ecuadorianische Verfassung ist nebenbei ein schönes Beispiel dafür, wie Gesetze emotional formuliert werden können. Mutter Erde ist eine Metapher, die man deshalb instinktiv versteht. Die Formulierung erzeugt Empathie und macht deutlich, dass das Recht der Natur keine Einschränkung für die Menschen, sondern ein elementarer Schutz vor den monetären Interessen einzelner gieriger Individuen unserer eigenen Art ist.

Doch ist der Ansatz, Natur wie eine Person zu behandeln, nicht eine unzulässige Vermenschlichung? Schließlich wissen wir gar nicht, wie sich Natur vor Gericht verteidigen würde, und es sind ja wiederum nur Menschen, die diese Rechte einklagen. Diese

Menschen sind ihrerseits nicht frei von persönlichen Interessen, von Emotionen, die sie einen Pfad einschlagen lassen könnten, den die Natur, so sie es denn als eine Art Person gäbe, möglicherweise protestierend ablehnen würde.

Der bessere Ansatz wäre aus genau diesen Gründen die Verankerung des Rechts auf eine unversehrte Natur als ein neues Menschenrecht in der jeweiligen Landesverfassung.

Auch in Deutschland gibt es für eine entsprechende Grundgesetzänderung bereits Vorschläge. So hat Professor Jens Kersten, Inhaber des Lehrstuhls für öffentliches Recht und Verwaltungswissenschaften an der Ludwig-Maximilians-Universität München, bereits konkrete Vorschläge. Er fordert eine »ökologische Revolution unserer Verfassungsordnung«, konkret unter anderem ein Recht auf eine gesunde Umwelt. Dazu müssten laut Kersten der Wirtschafts- und Eigentumsfreiheit ökologische Schranken gesetzt werden und die Natur als Rechtssubjekt anerkannt werden – Pachamama lässt grüßen.[259]

Doch auf dem Weg dorthin lauert bei unseren wichtigsten demokratischen Institutionen, den Parlamenten, das alte tierische Erbe: archaische Instinkte, die bei der Verteidigung persönlicher Interessen das Wohl aller in den Hintergrund geraten lassen. Bevor durchschlagende Erfolge in unserer aller Allmende, unserer Umwelt, durchzusetzen sind, müssen in den Volksvertretungen Regelungen eingeführt werden, die diese Instinkte zügeln.

3.3 Bürgerräte – Demokratie der Zukunft

In Demokratien »... übt das Volk die Herrschaftsgewalt aus. Demokratien zeichnen sich unter anderem durch Achtung der Menschenrechte, Gewaltenteilung, Verantwortlichkeit der Regierung, Unabhängigkeit der Gerichte, Gesetzmäßigkeit der Verwaltung, ein Mehrparteiensystem sowie freie, gleiche und geheime

Wahlen aus.« So erklärt es der Deutsche Bundestag.[260] Diese Definition beschreibt sehr schön, was vornehmlich Aufgabe einer Demokratie ist: die Wahrung der Menschenrechte. Auch wie dies umgesetzt werden muss, ist in der kurzen Beschreibung aufgeführt. Letztendlich geht es darum, dass jeder Mensch die gleichen Möglichkeiten zur Selbstverwirklichung erhalten soll, also weitestgehend glücklich und zufrieden leben kann. Dies kollidiert naturgemäß mit unseren Instinkten.

Politikerinnen und Politiker sind auch nur Menschen und als solche genau wie Sie und ich ebenso stark von ihrem Unterbewusstsein getrieben. Doch von Personen in Parlamenten und Regierungsverantwortung erwarten wir etwas anderes: Sie sollten dem Wohl der Allgemeinheit verpflichtet sein und entsprechend vernünftige Entscheidungen treffen. Das ist jedoch nach allem, was wir bis hierhin gemeinsam über den Menschen als Tierart erkundet haben, zu viel verlangt.

Natürlich gibt es jede Menge Personen, die altruistisch veranlagt sind und sich gerne in den Dienst anderer stellen. Doch leider existieren mindestens ebenso viele Menschen, denen das eigene Wohl wesentlich näher als das ihrer Nächsten ist. Unter Letzteren gibt es unglücklicherweise etliche, die notfalls mit Gewalt ihre Wünsche durchsetzen. Das ist der Grund, warum sich solche Zeitgenossen eher an der Spitze von Gesellschaften finden als mitfühlende Wesen – wem das eigene Wohl wichtiger ist, der setzt sich natürlich leichter über andere hinweg. Gewalt muss dabei nicht notwendigerweise körperlich gemeint sein, vom harschen Tonfall über subtile Beeinflussung bis hin zur verdeckten oder offenen Bestechung ist vieles denkbar, um anderen den eigenen Willen aufzuzwingen.

Das System politischer Parteien bevorzugt leider ausgerechnet rücksichtslosere Menschen, denn um ganz vorne mitzumischen, werden regelrechte Machtkämpfe ausgetragen – das muss man a) aushalten und b) entsprechend parieren können, ansonsten setzt man sich nicht gegen die Konkurrenz durch.

Andererseits müssen viele Entscheidungen über Stellvertreterinnen und Stellvertreter zustande kommen. Würde über alles und jedes eine Volksabstimmung stattfinden, dann würde sich der politischer Prozess noch weiter verlangsamen, und es wäre fast unmöglich, jeden und jede vor einer Abstimmung mit den notwendigen Hintergrundinformationen zu versorgen.

Stattdessen könnten Kritiker der direkten Demokratie darauf verweisen, dass über Social-Media-Plattformen und andere Medien eine starke, undemokratische Beeinflussung stattfinden könnte, die den vermeintlich gerechten Prozess torpedieren würde. Wirklich? Ist unsere repräsentative Demokratie denn tatsächlich besser vor Beeinflussung geschützt? Ist es nicht viel einfacher, statt des ganzen Volkes einzelne Abgeordnete zu beeinflussen?

Viel effektiver als die Medien sind direkte Kontakte, also persönliche Treffen. Sie sind eine beliebte Strategie, Meinungsdifferenzen zu entschärfen und setzen, wen wundert es, dabei auf Instinkte. Wenn man sich einmal mit allen Sinnen (und nicht nur schriftlich oder per Zoom) kennengelernt hat, dann fällt es viel schwerer, harte Entscheidungen gegen das Lager zu treffen, das diese Person vertritt. Nicht ohne Grund gibt es fast 6000 Organisationen und Einzelpersonen, die im Lobbyregister des Deutschen Bundestages aufgelistet sind. [261]

In einer meiner Podcastfolgen erklärte mir Anton Hofreiter (Bündnis 90/Die Grünen), Mitglied des Bundestags und Vorsitzender des Europaausschusses, wie dabei vorgegangen wird. Am effektivsten sei die Arbeit an Politikerinnen und Politikern, die keine starke Meinung zu einem Thema hätten. Diese seien viel leichter umzustimmen, und deshalb würden Personen mit klaren Positionen eher in Ruhe gelassen.

Vielleicht ist Bundesverkehrsminister Volker Wissing (FDP)

ein solcher Politiker mit schwacher Position, fest steht, dass er dem Ansehen Deutschlands in der Europäischen Union, aber auch unserer Umwelt keinen großen Gefallen getan hat, als er sich gegen alle Vernunft für den Weiterbetrieb von Verbrennungsmotoren nach 2035 einsetzte. Eigentlich hatten sich das EU-Parlament und die EU-Staaten hinter den Kulissen bereits auf dieses Aus verständigt, die deutsche Zustimmung galt nur noch als Formsache. Anders wären die Klimaziele, die völkerrechtlich bindend sind (was man gar nicht oft genug erwähnen kann), nicht zu erreichen.

Überraschenderweise verweigerte Volker Wissing aber seine Zustimmung, die als sicher gegolten hatte, und beharrte auf einer »Technologieoffenheit«. Null Emissionen könne es ja auch bei dem Einsatz von E-Fuels geben, synthetischen Kraftstoffen, die mit erneuerbaren Energien aus CO_2 hergestellt werden können, also quasi einer Umkehr der Verbrennungsprozesse. Das wäre dann tatsächlich ebenso klimaneutral wie der Betrieb elektrischer Fahrzeuge mit Wind- oder Solarenergie.

Auf seinen Druck hin bewegte sich die EU ein wenig und öffnete ein kleines Hintertürchen für solche Fahrzeuge, die es aber wohl kaum jemals geben wird.[262] Denn wie, bitte schön, soll ein Hersteller garantieren, dass ein Auto nur künstliches Benzin verbrennen kann? Und wer möchte solche Autos kaufen? Ihr Energieverbrauch ist aufgrund der aufwendigen Herstellung dieser künstlichen Treibstoffe letztlich bis zu fünfmal höher als bei Strom verbrauchenden Elektrofahrzeugen. Entsprechend teuer müsste ein solcher Treibstoff sein. Zusätzlich fallen durch den Verbrennungsprozess immer noch Feinstäube und Stickoxide an,[263] weitere Nachteile, die das Festhalten an Verbrennern nur noch merkwürdiger erscheinen lassen.

In diesem Zusammenhang fällt immer wieder der Name Porsche. Der Sportwagenhersteller hat naturgemäß ein Interesse daran, dass seine Verbrenner lange weiterlaufen können, obwohl die Firma mittlerweile auch elektrische Varianten anbietet. Ist es ein Zufall, dass Kollege und FDP-Parteivorsitzender Christian Lindner, zugleich Bundesfinanzminister, eine Affinität zu Porsche hat? Nicht nur, dass er selbst einen solchen Sportwagen (Modell 911) fährt,[264] nein, er hat sich auch während der Koalitionsverhandlungen zur neuen Bundesregierung im Herbst 2021 mit Porsche-Chef Oliver Blume ausgetauscht. An die Öffentlichkeit gelangt sind diese vertraulichen Kontakte, weil Blume sich vor der Belegschaft damit gebrüstet hat, dass er während der Verhandlungen fast stündlich Kontakt zu Lindner gehabt und Porsche maßgeblich Einfluss darauf genommen habe, dass die Nutzung von E-Fuels in Verbrennungsmotoren es bis in den Koalitionsvertrag geschafft hat.

Lindners lahme Entschuldigung: »Wo kämen wir denn da hin, dass die Politik, auch die Bundesregierung, keinen Kontakt mit der Wirtschaft pflegt?«[265]

Offensichtlich haben wir Volker Wissings Blockade einem Lobbyerfolg zu verdanken, denn Porsche hatte bereits eine erste Fabrik für E-Fuels gebaut und möchte sicher, dass sich diese Investition lohnt. Die Anlage steht im Süden Chiles, in Patagonien, und soll dort mit Windkraft erst CO_2 aus der Luft fischen und dann Treibstoff für den Export nach Deutschland produzieren. Allerdings drehte sich dort im April 2023 nur ein einziges Windrad, und das CO_2 wurde per Tank-Lkw aus einer Brauerei angeliefert – also mitnichten aus der Atmosphäre und weit entfernt von CO_2-neutral.[266]

Um es auf den Punkt zu bringen: Während alle Welt auf elektrische Antriebe umstellt, die zudem bis zu fünfmal effizienter sind, während die deutsche Autoindustrie der Konkurrenz hinterherhechelt und laufend Marktanteile verliert, wird auch noch krampfhaft an der veralteten, energieintensiven Verbrennertechnologie festgehalten, obwohl die Treibstoffproduktion noch nicht über ein erstes Versuchsstadium hinausgekommen ist.

Vermögen Sie in diesem ganzen Prozess den roten Faden zu erkennen, den Abgeordnete und Amtsträgerinnen sowie Amtsträger verfolgen sollten, um unsere Allmenden zu schützen? Wurde hier nach der Vernunft gehandelt, um im Sinne der Gemeinschaft möglichst ausgleichend zu wirken? Ich erkenne ihn nicht, sehe hier vielmehr die Vorherrschaft der Instinkte, des Unbewussten, für welches der Verstand gegenüber Presse und Öffentlichkeit nur allzu durchsichtige Ausreden im Sinne einer vermeintlich notwendigen »Technologieoffenheit« produzierte.

Ähnliches lässt sich über die Verhinderung eines Tempolimits sagen – auch hier ist wieder der Bundesverkehrsminister zuständig, auch hier sind es vor allem Schnell-(Porsche-)Fahrer, die wortwörtlich einen Gang zurückschalten müssten. Der Fall Wissing ist nur einer von fast unendlich vielen, die Lösungen im Kampf gegen den Klimawandel verzögern. Anstatt weitere frustrierende Beispiele aufzuzählen, sollten wir uns jetzt aber lieber nach Lösungsmöglichkeiten umsehen.

Ich möchte niemandem etwas Schlechtes unterstellen, sondern würde einfach sagen, dass Einzelne generell mit der Verwaltung gemeinschaftlicher Güter überfordert sind. Deswegen sollten die Lasten auf viele Schultern verteilt werden, und zwar so, dass diese Schultern nicht von Lobbyisten zum Aufstieg à la Räuberleiter missbraucht werden können.

Damit nicht über alles und jedes von der gesamten Bevölkerung abgestimmt werden muss, wurden Parlamente erfunden. Das System ist so angelegt, dass die Instinkte so weit wie möglich gestreut werden. Jede Wählerin und jeder Wähler entscheidet sich, oft getrieben vom eigenen Unterbewusstsein, für die Partei, die den eigenen Wünschen am wahrscheinlichsten nachkommt. Dadurch bildet letztendlich das Wahlergebnis den Instinkt-Durchschnitt der Republik ab, gegossen in ein prozentuales Verhältnis der angetretenen Parteien. Diese wiederum haben mit ihrem Wahlprogramm, mehr noch mit ihren Wahlkampagnen, im Vorfeld versucht, so perfekt wie möglich die Triggerpunkte zu finden, die das Kreuzchen in der Wahlkabine im eigenen Feld landen lassen. Dass viele Wahlversprechen das Papier nicht wert sind, auf dem sie stehen, weiß man schon lange – ich erinnere nur an »Klimakanzler« Scholz, der nach der Wahl seinem Verkehrsminister nicht Einhalt gebietet, wenn dieser europäisch als Klimabremser auftritt.

Volksvertreterinnen und -vertreter haben die Aufgabe, so sagt es schon der Name, die Bevölkerung zu vertreten, und hier kommt wieder einmal das Unterbewusstsein ins Spiel. Dieses flüstert dem Verstand ja ständig ein, zuerst an sich selbst zu denken, was nun qua Amt ausgeschlossen sein sollte. Dass dies nicht funktioniert, demonstrieren die Gewählten ständig: Spontan fällt einem Donald Trump ein, der den Egoismus im Amt zur Perfektion gebracht hat. Doch auch in Europa lassen sich genügend Beispiele finden, wie es etwa Viktor Orbán, der Ungarn fleißig in eine Autokratie (eine der Diktatur verwandte extrem egoistische und damit instinktgetriebene Regierungsform) umbaut, oder auch die österreichische Ibiza-Affäre, bei der auf einem heimlichen Videomitschnitt dokumentiert wurde, wie korruptionsbereit Regierungsmitglieder der FPÖ waren, beweisen.

Wie könnten wir die Demokratie auf ein neues Niveau heben, wie der Diktatur der Instinkte ein Schnippchen schlagen? Dazu hat Wolfgang Oels, Manager bei der ökologischen Suchmaschine Ecosia, eine Idee aufgegriffen, die seit einigen Jahren zunehmend diskutiert wird: sogenannte Bürgerräte. Ein solcher Rat der Bürgerinnen und Bürger würde repräsentativ für die Bevölkerung und per Losentscheid zusammengesetzt. In seinem Buch *Democracy For Future* benennt Oels die Vorteile: »In einem Bürger*innenrat treffen Menschen aufeinander, die offen sein und bleiben können. Sie müssen in einer Diskussion nicht gewinnen, weil sie eben auch nicht wiedergewählt werden können. Sie müssen keine Rücksicht auf Parteivorsitzende und Fraktionszwang nehmen. Sie treffen auch nicht schon in Schubladen gesteckt aufeinander. Diese Menschen können offen, neugierig und wohlwollend miteinander umgehen. Und natürlich werden sie so gemeinsam bessere Lösungen finden.« [267]

Die Idee der Bürgerräte ist nicht neu. Ihr Ursprung liegt in Griechenland, Keimzelle der Demokratie. In den Jahren 508 bis 322 v. Chr. gab es in Athen eine direkte Bürgerbeteiligung. So durften alle 30 000 bis 35 000 Bürger (Frauen waren allerdings ausgeschlossen) in der Volksversammlung, dem Pendant zum Bundestag, abstimmen. Das machten zwar nicht alle, aber doch immer mindestens 6 000 – so viele waren notwendig, damit das Gremium beschlussfähig war. Die meisten Ämter wurden ebenso wie die Richterposten ausgelost, anschließend wurde die Amtsführung akribisch kontrolliert. Das gesamte System war darauf ausgerichtet, dass niemand Macht anhäufen konnte.[268]

In jüngerer Zeit war es Island, welches 2012 das Instrument von Bürgerräten einsetzte, diesmal als Verfassungsversammlung. Dazu wurden 950 Bürgerinnen und Bürger nach dem Zufallsprinzip ausgewählt; sie entwarfen grundlegende Prinzipien für eine neue Verfassung des Inselstaats. Anschließend fertigte auf dieser Grundlage ein Verfassungsrat den endgültigen Verfassungsentwurf. In diesen Rat aus 25 Mitgliedern konnte sich jede Person wählen lassen – außer Angehörigen des Parlaments oder der Regierung. Die Verfassung wurde anschließend durch Volksbefragung mit großer Mehrheit angenommen, musste dann allerdings noch durch das Parlament bestätigt werden.[269]

Die deutsche Bundesregierung hat im April 2022 für die aktuelle Legislaturperiode bis zu drei solcher Räte vorgesehen, und der erste nimmt bereits seine Arbeit auf. Jeder Rat arbeitet zu einem Thema Lösungsvorschläge aus. Der erste beschäftigt sich mit dem Thema »Ernährung im Wandel« – diffus und weit gefasst.

Wir bräuchten stattdessen die Auseinandersetzung mit ganz konkreten politischen und gesellschaftlichen Fragen, wie etwa Maßnahmen für den Klimaschutz oder zur Rettung der Artenvielfalt.

Selbst der erste Rat zur Ernährung ist zahnlos, denn seine Ergebnisse werden anschließend dem Parlament vorgelegt – sogar noch schwächer als in Island, nämlich als bloße Empfehlung.[270] Als Empfehlung ... das ist in meinen Augen nur dann ein Fortschritt, wenn der Start der Räte als Erprobungsphase gesehen wird und das Gremium später tatsächlich mitentscheiden darf, so wie Wolfgang Oels es vorschlägt. Er sieht Bürgerräte als dritte Kammer zusätzlich zu Bundestag und Bundesrat und würde sie mit Kontroll- und Vetorechten ausstatten. Ich finde diese Idee bestechend, weil sie unausgesprochen davon ausgeht, dass bei den bisherigen Verfahren kein Weg an egoistischen Instinkten vorbeiführt. Ein Bürgerrat hingegen trickst diese menschliche Eigenschaft aus, indem er den Zufall zu Hilfe nimmt – niemand kann sich hineinmanipulieren, und vor allem: Durch den Ausschluss der erneuten Berufung ist klar, dass, egal was man beschließt, die Amtszeit nach einer Periode endet.

Gewiss, es gäbe schon Möglichkeiten, Einfluss auf die Mitglieder zu nehmen. So könnten Lobbyisten lukrative Jobs für die Zeit nach der Mitgliedschaft im Gegenzug für entsprechendes Stimmverhalten anbieten. Hier bräuchte es Regelungen, die noch zu entwickeln wären und schon heute schmerzhaft vermisst werden. Denn die Praxis, nach einem politischen Amt in den passenden Wirtschaftszweig abzuwandern und dort gut bezahlte Jobs anzunehmen, hat leider eine lange Tradition – siehe Schröder und Gazprom.

Doch wenn es den freien Willen wirklich nicht geben sollte – sind dann überhaupt vernünftige Gesetze vorstellbar? Schließlich besteht auch ein Bürgerrat aus Menschen, die den Einflüsterungen ihres Unterbewusstseins unterliegen und nur begrenzt vernünftig handeln könnten. Immerhin würden sich so aber keine Blöcke mit gleichgerichteten Interessen bilden, wie etwa bei den gewählten Abgeordneten, die alle Parteien angehören, welche zu vielen Themen eine einheitliche Meinung vertreten. Vielmehr würden die Bedürfnisse der ausgelosten Mitglieder den Bedürfnissen des Durchschnitts der Bevölkerung entsprechen. Doch würde dann nicht möglicherweise der Status quo zementiert? Schließlich wehrt sich das Unterbewusstsein gegen Verzicht und möchte immer mehr materiellen Reichtum und damit Sicherheit anhäufen.

Ich denke, dass dennoch eine gute Chance für tiefgreifende Veränderungen bestehen würde, denn ein wichtiger Motivationsgrund für den Rat wäre das Erfolgserlebnis, die Wende zum Besseren einzuleiten – es stärkt das Selbstbewusstsein, öffentlich etwas Gutes für die Gesellschaft zu tun. Und dass Maßnahmen gegen Klimawandel und Umweltzerstörung gut sind, ist mittlerweile gesellschaftlicher Konsens. Sich für gemeinsame Ziele einzusetzen, im Zweifelsfall auch unter Hintanstellung eigener Vorteile, ist wiederum eine Handlungsweise, die uns Menschen erst so erfolgreich gemacht hat.

Das Unterbewusstsein würde also bei der Unterstützung gemeinschaftlicher Ziele mit Glücksgefühlen geködert und könnte, derart gedopt, auch einen materiellen Schrumpfungsprozess beschließen. Wichtig wäre nur, dass diese Glücksgefühle die offenbar individuell sehr starken Gefühle bei der Erlangung großer persönlicher Vorteile überwiegen. Und hier hätte ein Bürgerrat ohne Verdrahtung zu Lobbygruppen sicher große Vorteile gegenüber einem normalen Parlament.

Doch noch klammert sich die Politik an ein Wirtschaftswachstum, das nun grün werden soll. Ein unendliches Wachstum kann es schon rein mathematisch gesehen nicht geben, dennoch wird das Heil nicht in einer Abkehr von diesem Pfad, sondern in der Behebung der Umweltprobleme durch neue Technik gesucht.

3.4 Die Technik wird's schon richten

Bereits im Mai 2018 haben meine Frau und ich auf E-Mobilität umgestellt. Es fühlte sich sehr viel besser an, ohne Abgase durch die Landschaft zu rollen. Das erste Fahrzeug hatte noch eine relativ geringe Reichweite, was für den städtischen Bereich in Ordnung ist, auf dem Land jedoch für etliche Zittermomente sorgte. Öffentlichen Nahverkehr gibt es in unserem Dörfchen nicht, sodass auch Fahrten in das 70 Kilometer entfernte Köln mit dem neuen Pkw zurückgelegt wurden. Bei einer Gesamtreichweite von 180 Kilometern war das kein Problem, zumindest im Sommer. Doch im Winter sank die Reichweite ob des kalten Akkus drastisch, zudem fraß auch die Heizung noch ordentlich Energie. Speziell der Rückweg mit seinem Anstieg in die Eifelberge hinein zwang die Batterie derart in die Knie, dass es nur bei abgeschalteter Heizung und Schneckentempo zurück bis zum Forsthaus reichte.

Später erstanden wir dann ein Fahrzeug mit 400 Kilometer Reichweite und Schnellladefunktion, sodass inzwischen selbst Urlaubsreisen ins Ausland unproblematisch sind. Zumindest für das Fahrzeug, denn für die Umwelt stimmt das nicht. Warum eigentlich? Wir laden meist mit Solarenergie vom eigenen Dach, sodass der CO_2-Ausstoß im Betrieb praktisch bei null liegt. Da könnte man nun doch unbeschwert durch die Landschaft rauschen. Könnte. Denn die Herstellung solcher Fahrzeuge verbraucht mehr und andere Rohstoffe (etwa Technologiemetalle wie Lithium, Kobalt oder Gallium) und auch mehr Energie als die eines Verbrenner-Pkws.[271]

Das Fraunhofer-Institut veröffentlichte im Frühjahr 2022 eine Studie, der zufolge ein 2020 gekauftes E-Auto dennoch rund 46 Prozent CO_2-Minderung über den gesamten Lebenszyklus einspart, für ein 2030 gekauftes Exemplar werden immerhin schon 57 Prozent prognostiziert.[272] Einsparen klingt so gut, dabei heißt es nichts anderes, als dass ein E-Auto dann immer noch einen erheblich höheren CO_2-Ausstoß verursacht als eine Fahrt mit öffentlichen Verkehrsmitteln.

Der elektrisch motorisierte Individualverkehr kann also maximal ein Übergangsszenario sein, und zwar wünschenswerterweise ein sehr kurzes. Denn selbst wenn jede Besitzerin und jeder Besitzer auf ein elektrisches Fahrzeug umstellen sollte, würden immer noch rund 50 Millionen Pkw durch Deutschland rollen – Autos, die überwiegend erst noch gebaut werden müssen. Global lag der Bestand an Fahrzeugen schon im Jahr 2015 insgesamt bei 1,3 Milliarden,[273] Tendenz weiter steigend.

Der bloße Wechsel der Antriebstechnik kann also nicht ausschlaggebend sein; vielmehr liegt die Lösung im kräftigen Ausbau des öffentlichen Nahverkehrs und auf dem Land zusätzlich im Carsharing, möglicherweise auch in autonomen Fahrzeugen als Sammeltaxi.

Etliche weitere Maßnahmen zum Klimaschutz zeugen einmal mehr davon, dass unser Verstand offenbar nicht in der Lage ist, komplexe Situationen zu erfassen. Wir denken zum Beispiel, dass grüne Energie, gewonnen mithilfe von Photovoltaik, Windmühlen oder Wasserkraftwerken, bedenkenlos verwendet werden kann. Das ist aus zweierlei Gründen völlig falsch: Grund eins ist die Herstellung und Errichtung solcher Kraftwerke. Da wären zunächst die Rohstoffgewinnung und die spätere Entsorgung. Letzteres ist bei Windkraftanlagen ein echtes Problem, denn die Rotoren lassen sich bis heute nicht recyceln, obwohl dies laut einer EU-Vereinbarung für die kompletten Windräder vorgesehen ist. Also werden die aus Glasfaser und Kunstharz bestehenden Propeller einfach als Brennstoff etwa in Zementwerken mitverbrannt.[274]

Aber auch die Aufstellung erfordert massive Eingriffe in den Naturhaushalt. So müssen breite und stark befestigte Schotterstraßen in die Wälder gebaut werden, die als besonders beliebte Aufstellungsorte gelten. Offiziell ist die Begründung, dass Wälder nun mal häufig auf Bergen stünden und dort der Wind besonders stark wehe. Tatsächlich weht Wind selbstverständlich auch auf Hochplateaus kräftig, doch der eigentliche Vorteil liegt in der Konzentration von Landbesitz in wenigen Händen. So besitzen Staat und Kommunen rund 52 Prozent der deutschen Waldfläche, vielfach in großen zusammenhängenden Parzellen. Hier können Zuwege und Aufstellungsorte gleich für mehrere Windräder geplant und genehmigt werden, indem man mit nur einem Ansprechpartner verhandelt. Streubesitz mit Kleinparzellen vieler Waldbesitzender ist nervig, weil schon wenige Querulanten reichen, um den gesamten Plan ins Kippen zu bringen.

Die Räder und ihre Zufahrtsstraßen, weiterhin nötig für Wartungsarbeiten, stören den Naturhaushalt außerordentlich. Unsere Wälder sind ohnehin schon stark fragmentiert und werden nun noch mehr zerschnitten. Über die breiten Trassen fließt die von den Bäumen mühsam erzeugte kalte Luft ab – der Wald heizt sich stärker auf und gerät unter Stress. Auch das Bodenwasser kann unterirdisch kaum noch abfließen, weil die verdichteten Wege wie Dämme wirken.

Doch das alles bremst den Siegeszug der Windenergie in Wäldern nicht, ganz im Gegenteil. Nun, da Klimawandel und Borkenkäfer die Nadelbaumplantagen dahinraffen, wird das Scheitern der industriellen Forstwirtschaft von denjenigen, die die Misere mitverursacht haben, sogar frech als Standortvorteil gehandelt. Die Öffentlichkeit wurde (unter anderem auch von mir) davon überzeugt, dass diese naturfernen Baumansammlungen gar kein echter Wald seien. Prima! Dann schadet es doch auch nichts, Reihen von Windrädern auf den zuvor kahl geschlagenen Flächen aufzustellen! Selbstverständlich nur temporär – nach der Betriebszeit und dem anschließenden Abbau der Räder könne sich hier wieder stabiler, artenreicher Wald entwickeln. Dass empfindliche Waldökosysteme, die ohnehin schon Mühe haben, in der neuen Heißzeit ihre Balance wiederzufinden, sich so nicht erholen können, wird dabei geflissentlich übersehen.

Ich habe absolut nichts gegen Windenergie, ganz im Gegenteil. Für mich ist sie eine sinnvolle Ergänzung, allerdings in Industriegebieten, entlang von Autobahnen und/oder in den riesigen Gebieten intensiver Landwirtschaft, also dort, wo die Natur ohnehin schon – Pardon – unter die Räder gekommen ist.

Der zweite, vielleicht sogar wichtigere Grund ist die Fixierung auf das CO_2. Um dessen Ausstoß zu reduzieren, nehmen wir nicht nur bei der Herstellung, dem Betrieb und der Entsorgung gewaltige Umweltschäden in Kauf. Ein mindestens ebenso großes Problem ist die Verwendung der erzeugten Energie.

Nehmen wir einmal an, alle Argumente zu Grund eins – Rohstoffgewinnung und -entsorgung, Aufstellung etc. – würden auf wundersame Weise gelöst und würden keinerlei Nachteile mehr für die Umwelt bedeuten. Könnten wir dann nicht sorglos und für alle Zeiten Strom verbrauchen? Nein, natürlich nicht, denn was machen wir mit dieser Energie? Wir vervielfältigen unsere Kräfte – das war schon immer der Haupteinsatzzweck, selbst beim steinzeitlichen Feuer. Es half bei der Rodung ganzer Landschaften, vertrieb Feinde und Raubtiere, machte Nahrung leichter verdaulich und wärmte die Körper.

Heute graben wir ganze Landschaften um, nehmen sogar die Ausbeutung des Meeresbodens in Angriff und versiegeln munter weiter Grund und Boden. Ob das Ganze mit »grüner« Energie passiert oder nicht, macht für das Klima einen Unterschied, für den Grad der Umweltzerstörung jedoch wesentlich weniger.

Nicht dass wir uns falsch verstehen: Technik kann nicht nur, sondern sie muss sogar Bestandteil der Lösung der Umweltkrise sein, aber eben nicht in dem Sinne, dass sie den bisherigen Energieverbrauch weiterhin möglich macht. Wir müssen den Verbrauch drosseln und erneuerbare Energieträger einsetzen. Die

Möglichkeit, bei reduziertem Verbrauch noch teilweise Verbrennungsprozesse mit einzubeziehen, haben wir leider gründlich verspielt. Nach Jahrmillionen des Feuers, welches wesentlicher Bestandteil unserer Entwicklung war, müssen wir uns nun endgültig von ihm verabschieden.

Die Erzählung von neuer Technik begeistert viele Menschen, die Debatte um Verzicht hingegen eher nicht. Dabei gibt es Bereiche, in denen bereits kleine Einschränkungen eine große Wirkung entfalten könnten. Vielleicht ahnen Sie es schon: Es geht um eine Reduzierung der Höchstgeschwindigkeit auf Autobahnen. Deutschland ist eines der wenigen Länder weltweit, die das uneingeschränkte Rasen noch erlauben.

Wie schwer uns als Gesellschaft dieser wirklich kleine Schritt fällt, zeigt die aufgeregte Debatte, die schon seit vielen Jahren immer wieder aufflammt. Während sich mittlerweile viele Politikerinnen und Politiker ein Limit von 130 km/h vorstellen können, schrumpft ihre Zahl, wenn es um Tempo 100 (und auf Bundesstraßen Tempo 80) geht. Dabei spricht alles, aber auch wirklich alles in rationalen Überlegungen dafür. Allein die Absenkung des Tempolimits auf 120 km/h auf Autobahnen und 80 km/h auf Bundesstraßen senkt die Treibhausgasemissionen laut Umweltbundesamt um rund 5 Millionen Tonnen pro Jahr. Werden begleitende Effekte berücksichtigt, etwa eine geänderte Routenwahl (weil es auf der Autobahn ohnehin nicht mehr so schnell geht und die Anreise über Landstraßen kürzer ist) oder auch der vermehrte Umstieg auf öffentliche Verkehrsmittel, dann summiert sich der Effekt auf rund 8 Millionen Tonnen.[275]

Sinkt das Tempolimit auf 100, dann steigen diese Effekte natürlich ebenfalls. Nebenbei wird der Ausstoß von Stickoxiden verringert, die den Wald nach wie vor schwer schädigen. Auch die Unfallgefahr reduziert sich, wenngleich das nicht ganz einfach nachzuweisen ist. Doch es gibt einen beeindruckenden

Feldversuch aus Brandenburg. Dort führte man auf einem Autobahnabschnitt ein Tempolimit von 130 km/h ein, nachdem es auf einem 67 Kilometer langen Abschnitt zu einer Häufung von schweren Karambolagen gekommen war. Allein schon dieses behutsame Limit führte in der Folge zu einer Senkung des Unfallgeschehens um 57 Prozent.[276]

Weitere Vorteile, wie eine Entlastung der Haushaltskasse, weniger Lärm für Anwohnende oder die stark herabgesetzte Feinstaubildung – all das zählt für viele Menschen nicht. Es ist nicht der Verstand, sondern das Unterbewusstsein, welches sein Freiheitsgefühl gerne über das Auto verwirklicht und sich offenbar selbst von besten Argumenten nicht überzeugen lässt.

Während solche schnell wirksamen Lösungen zur Reduzierung von Treibhausgasen in der Schublade vergammeln, sucht die Politik das Heil in fragwürdiger Technik, weil sich offenbar die Vorstellung durchgesetzt hat, dass wir uns einfach nicht rechtzeitig zügeln können, bevor die Zustände katastrophal werden. So würde das natürlich niemand formulieren, stattdessen heißt es, dass wir Übergangstechnologien und entsprechende Übergangszeiträume bräuchten.

Eine solche Technologie ist das CCS (Carbon Capture and Storage). Die bestechende Idee: Man filtert das CO_2 aus der Luft und packt es sicher irgendwo weg, sodass die Konzentration in der Atmosphäre nicht mehr so stark steigt oder im besten Fall sogar sinkt. Ob das tatsächlich funktioniert, ist allerdings zu bezweifeln. Natürlich wäre es großartig, weil bei einem massiven Einsatz der Technik schnell große Mengen an Treibhausgasen eingesammelt werden könnten und damit der Klimawandel in absehbarer Zeit zu stoppen wäre. Allerdings gilt es zu bedenken, dass zur Ausfilterung von CO_2 etwa 40 Prozent zusätzliche Energie aufgewendet werden muss – der Verbrauch erhöht sich also entsprechend. Das Gas wird anschließend beispielsweise in leere

Gaslagerstätten gepumpt und dort dauerhaft gespeichert, oder aber auch nicht. Es könnte auch wieder entweichen und dabei zum Beispiel salzhaltiges Wasser nach oben drücken, wo dieses Grundwasser oder gar Böden schädigt. Ganz nebenbei wäre der zusätzliche Energieeinsatz dann für die Katz gewesen. Ob es funktioniert, kann zudem bis heute nicht überprüft werden, weil die entsprechende Überwachungstechnik fehlt.[277]

Erfolgversprechender scheint da eine Anlage in Island zu sein, die im September 2021 in Betrieb gegangen ist. Sie saugt CO_2 an, vermischt es mit Wasser, erhitzt es und pumpt das Ganze unter die Erde, wo es sich in Gestein verwandelt. Betrieben wird die Anlage mit Geothermie, also weitgehend klimaneutral. Dennoch ist das keine Lösung für die Zukunft, sondern allenfalls ein kleiner Beitrag, denn wer hat schon das passende Gestein im Untergrund plus Geothermie zur Verfügung? Die 4000 Tonnen, die die Anlage jährlich filtern kann, entsprechen lediglich dem CO_2-Fußabdruck von 500 Deutschen, ist also ein lächerlich kleiner Beitrag zum Klimaschutz, der sich kaum nennenswert erhöhen lässt. Hinzu kommen die kalten Winter, in deren Folge die Anlage noch nicht einmal die angepeilte Menge erreichte.[278]

Dennoch wird kein Weg daran vorbeiführen, CO_2 auch nach 2050, dem Zieldatum für das treibhausgasfreie Wirtschaften in Deutschland, wieder einzufangen, weil bestimmte Wirtschaftszweige wie die Zementindustrie kaum ohne Emissionen überleben werden.

Und jetzt? Schaffen wir es doch nicht, weil die technischen Möglichkeiten so unsicher und riskant sind? Vielleicht doch, wenn wir unsere grünen Freunde, die Bäume, an der Absorption von Kohlenstoff beteiligen. Das Verfahren ist seit 300 Millionen Jahren erprobt und garantiert nebenwirkungsfrei. Sicher in Bezug auf die endgültige Speicherung ist es trotzdem insofern nicht, weil auch Wälder in Zeiten des Klimawandels schwächer werden und mit höherer Wahrscheinlichkeit absterben oder abbrennen. Festzuhalten bleibt, dass gewaltige Summen für Forschung, beim Einsatz von Technik auch für Bau, Überwachung und für Energie erforderlich werden, um ein hochgefährliches Gas eventuell zu Teilen speichern zu können. Sollte man dieses Geld nicht lieber in die Erforschung der menschlichen Psyche, in politische Kampagnen und in demokratische Prozesse stecken, damit wir schleunigst die Dinge verändern, von denen alle (bis auf unser Unterbewusstsein und seine Gelüste) profitieren würden?

Es gibt leider eine ganze Reihe weiterer Felder für den Technikeinsatz, die zum Teil noch düsterer aussehen als das Einfangen von Treibhausgasen. Ein solches Feld ist die Gentechnik für die Nahrungsmittelproduktion. Hier gibt es starke Befürworterinnen, wie etwa die Nobelpreisträgerin und Biologin Christiane Nüsslein-Volhard. Sie plädiert dafür, in der Landwirtschaft weniger auf Bio und stattdessen mehr auf Gentechnik zu setzen. Ihr Argument: Rücksichtsvoll mit der Natur zu arbeiten, brauche größere Flächen, weil der Ertrag aus ökologischem Landbau pro Hektar niedriger sei. Stattdessen solle konventionell gearbeitet werden. Um dabei robustere Pflanzen zu erhalten, die mehr Erträge bei gleichzeitiger Resistenz gegen Parasiten und Tierfraß aufweisen, müsse man Gentechnik einsetzen, da konventionelle Züchtung an Grenzen stieße.

Durch züchterische Tätigkeit haben kultivierte Sorten viele wichtige Eigenschaften zur Abwehr verloren, teils ganz gezielt, weil sie sonst auch für uns giftig oder ungenießbar wären. Gentechnik soll aus diesem Dilemma heraushelfen, indem sie genießbare, ertragreiche und widerstandsfähige Pflanzen hervorbringt. Zudem bringt Nüsslein-Volhard das Zeitproblem ins Spiel: Züchtung dauert lange, geht von Pflanzengeneration zu Pflanzengeneration und kann nur durch Kreuzung, maximal noch durch Bestrahlung beschleunigt werden. Ihrer Meinung nach sei die gezielte Veränderung der Gene unproblematisch, unterscheide sich nicht von züchterischen Genveränderungen und zeige bisher in der Praxis keinerlei negative Folgen für Mensch und Umwelt. [279] Ich finde diese Aussage aus mehreren Gründen höchst problematisch.

Wenn wir die Ernährung verbessern wollen, sprich, mehr Kalorien produzieren, dann sollten wir uns vor dem Griff zur Genschere erst einmal die Landwirtschaft generell anschauen. Laut einer Studie der Universität Oxford werden global 83 Prozent der landwirtschaftlichen Fläche zur Erzeugung von nur 18 Prozent der Kalorien genutzt, nämlich für tierische Produkte.[280] Will man die Nahrungsmittelerzeugung ankurbeln, so müsste man zuerst den Fleisch- und Milchkonsum drosseln (nicht verbieten), um mehr Flächen für pflanzliche Produkte zu schaffen. Ich drücke es dazu gerne noch einmal anders herum aus, um die Dimension deutlich zu machen: Bisher werden auf 17 Prozent der Fläche 82 Prozent der Kalorien in Form von Pflanzenkost erzeugt.

Des Weiteren gilt es zu bedenken, dass Gentechnik an landwirtschaftlichen Nutzpflanzen die Ausrottung verwandter heimischer Wildarten durch Kreuzung bewirkt. Ein solches Beispiel ist der Raps. Manche Sorten werden so verändert, dass sie resistent gegen Glyphosat, einen immer noch in großem Umfang eingesetzten Unkrautvernichter, werden. Dadurch kann man die Felder mit der Chemikalie besprühen und das Unkraut beseitigen, ohne den Raps zu beeinträchtigen.

Gentechnisch veränderte Sorten sind in der Europäischen Union zwar noch nicht zugelassen, in Kanada und vielen anderen Staaten allerdings schon. Daraus hergestellte Futter- oder Lebensmittel sind wiederum auch in der EU zugelassen.[281] Das klingt nicht nur ein bisschen verlogen, das ist es auch. Der Natur ist es schließlich egal, ob kanadische oder europäische Betriebe mit dem Feuer spielen. Und trotz aller Vorschriften und Kontrollen muss man immer mit menschlichem Versagen rechnen, sodass derartiges Saatgut seinen Weg auch auf heimische Felder finden könnte – oder kann.

So musste das Bundesamt für Verbraucherschutz und Lebensmittelsicherheit am 21. Dezember 2018 melden, dass in konventionellem Saatgut auch geringe Anteile gentechnisch veränderten Saatguts gefunden und ausgesät wurden. Neben Frankreich waren auch Deutschland, Tschechien und Rumänien betroffen. Es wurde zwar die Vernichtung der betroffenen Partien und der ausgesäten Kulturen inklusive mehrjähriger Kontrollen veranlasst,[282] aber ein ungutes Gefühl von Lücken im Netz bleibt dennoch zurück.

Was wäre das Problem, gelänge den künstlichen Rapsgenen doch der Ausbruch in die Freiheit? Wir können vom Konjunktiv ins Präteritum wechseln, denn dieser Fall ist bereits eingetreten, und zwar 2022 in der kanadischen Provinz Quebec. Dort beobachteten Landwirtinnen und Landwirte, die noch nie Raps angebaut hatten, dass sich glyphosatresistente Pflanzen auf den Äckern ausbreiteten. Es handelte sich um Raps, doch er war nicht allein. Auch Rübsen, eine wilde Rapsverwandte, fand sich unter den herbizidunempfindlichen Kräutern, aber das war noch nicht alles. Der Acker-Rettich, ebenfalls verwandt mit Raps, hatte sich mit dem Gen-Raps gekreuzt, und das offenbar mehrfach. Bisher war man aufgrund von Laborversuchen davon ausgegangen, dass diese Hybride nicht besonders überlebensfähig sein sollten – ein Irrtum, wie die Pflanzen nun eindrucksvoll demonstrierten.[283]

Ist das wirklich so tragisch? Schließlich haben diese Pflanzen lediglich einen Vorteil in gespritzten Feldern gegenüber anderen Wildkräutern und können sich so in der intensiv behandelten Agrarlandschaft besser ausbreiten. Doch zur Überraschung der Forschenden hatten diese Kräuter selbst dann einen Vorteil gegenüber anderen Pflanzen, wenn überhaupt kein Glyphosat gesprüht wurde.[284] Dies ist ein erschreckendes Beispiel dafür, dass Gentechnik in freier Natur noch nicht einmal ansatzweise kontrollierbar ist.

Und nicht zu vergessen: Genetisch veränderte Pflanzen verändern auch das Ökosystem.

Selbst wenn gentechnisch veränderte Pflanzen sicher wären und die Lebensmittelproduktion erhöhen könnten, wäre dies dennoch nur ein Etappensieg. Die Umwelt reagiert auf die neuen Arten, die es ja streng genommen sind. Zunächst kann die Reaktion sehr negativ sein, wie eine künstliche Maissorte zeigt. In ihre Gene wurden Schnipsel des Bodenbakteriums *Bacillus thuringiensis* eingefügt, der Mais heißt kurz Bt-Mais. Das Bakterium produziert Gifte, die auf manche Insekten tödlich wirken. Die Einzeller leben an Pflanzenwurzeln, profitieren von ihren grünen Partnern und liefern ihnen dafür Schutz gegen räuberische Sechsbeiner.

Der Bt-Mais produziert nun ebenfalls das giftige Protein und ist damit immun gegen einen Befall mit dem Maiszünsler, einem gefürchteten Schädling in den großen Monokulturen. Der Zünsler frisst sich durch den Maisstängel bis in die Wurzeln hinein, wodurch die Pflanze leicht abbricht.[285] Der veränderte Mais ist nun quasi vollgepumpt mit Gift und damit tödlich für die Larven des kleinen Schmetterlings. Allerdings nicht nur für den Maiszünsler. Bt wirkt auch auf Schmetterlinge wie etwa das Tagpfauenauge oder den Schwalbenschwanz, allein schon über den Maispollen.

Die Pflanzen geben das Toxin auch über die Wurzeln oder über verrottende Pflanzenteile nach der Ernte in den Boden ab und töten dort andere Lebewesen – wie viele, ist noch nicht hinreichend erforscht. Die Menge des Gifts ist allerdings gewaltig: Im Vergleich zu einer einmaligen Spritzung eines Bt-Präparats (das als Pflanzenschutzmittel tatsächlich regelmäßig eingesetzt wird) produzieren die Maispflanzen die 1 500- bis 2000-fache Dosis pro Hektar.[286]

Eine solche Giftmenge bewirkt einen enormen evolutionären Druck auf die Insektenwelt, zuallererst natürlich auf die Art, die auf den Mais dringend angewiesen ist: den Maiszünsler. Und er verändert sich! Überall auf der Welt tauchen Meldungen auf, in denen von resistenten Zünslern berichtet wird. Die Gentechnik zieht natürlich nach und entwickelt neue Sorten – ein Wettlauf mit den Insekten entsteht, der leider nicht genug Zeit für den Blick nach links und rechts auf die vielen anderen wild lebenden Arten lässt.

Ähnliches wäre von dem Baumwollkapselbohrer, dem Zuckerrohrbohrer[287] oder dem Herbst-Heerwurm zu berichten, der ausgerechnet auch noch den Mais befällt, und zwar in über 100 Ländern.[288]

Ein weiteres Beispiel für die Gefährlichkeit der Gentechnik ist SARS-CoV-2, landläufig Coronavirus genannt. Bis heute ist nicht geklärt, ob es Wissenschaftlerinnen und Wissenschaftlern in Wuhan/China aus dem Labor entflohen ist oder gar eigens dort so modifiziert wurde, dass es für Menschen gefährlich werden konnte. Seit 2020 flackert diese These immer wieder auf, doch erstens lässt sie sich nicht beweisen, und zweitens spricht doch vieles für den Ursprung in Wildtieren.

Aber lassen Sie uns trotzdem das Szenario einer künstlichen Erschaffung überdenken. Möglich wäre es – und die anschließende Pandemie würde wahrscheinlich genauso verlaufen, wie wir es kennen. Worauf ich hinauswill: Wenn dieses Virus genetisch manipuliert worden wäre, sei es aus Neugier oder als Biowaffe, so wäre der Versuch komplett gescheitert und mit der Folge von Hunderttausenden Toten auf das Ursprungsland zurückgefallen. Und selbst wenn vieles gegen die Labortheorie spricht, so ist SARS-CoV-2 ein schreckliches Beispiel dafür, dass Viren, einmal aus der Büchse der Pandora (oder aus der Fledermaus) entlassen, schnell nicht mehr zu kontrollieren sind.

Leider kann so etwas jederzeit passieren, denn weltweit wird in Laboren fleißig an den Genen der Winzlinge gebastelt, ebenso an Bakterien. Letztere sind aus unserem Alltag gar nicht mehr wegzudenken, denn die veränderten Einzeller werden schon lange zur Produktion von Vitaminen, Medikamenten (etwa Insulin) oder Enzymen für die Lebensmittelindustrie eingesetzt. Aber nur, weil das schon eine Reihe von Jahren betrieben wird, heißt das noch lange nicht, dass dieser Prozess sicher ist.

Obwohl die daraus produzierten Lebens- und Futtermittel absolut frei von gentechnisch veränderten Bakterien sein müssen, sind in den letzten Jahren allein in der EU mehrere Fälle, die über 20 Länder betreffen, bekannt geworden. Diese Fälle betrafen unter anderem veränderte Bakterien, die Resistenzgene gegen Antibiotika aufweisen und diese auf Krankheitskeime übertragen können.[289] Trotzdem wird weiter gebastelt und gezündelt, so auch an Bakterien, die Kohlendioxid aus der Luft fischen.

Wenn man weiß, dass ohne Bakterien Leben so, wie wir es heute kennen, nicht möglich ist und dass diese kleinen Knilche Erbinformationen austauschen, dann kann einem angst und bange werden. Letztendlich gleicht die Freisetzung solcher Wesen einem Glücksspiel, das wenige Forschende mit der Existenz von uns allen betreiben.

Selbst vor Insekten machen riskante Versuche nicht halt. So monierten Wissenschaftlerinnen und Wissenschaftler des Max-Planck-Instituts für Evolutionsbiologie in Plön bereits 2012, dass mehrere Länder genetisch veränderte Insekten freigelassen hätten, darunter die Kaiman-Inseln, Malaysia und die USA. Sie untersuchten die Bedingungen und fanden Mängel in der wissenschaftlichen Qualität der Zulassungsunterlagen. Freigesetzt wurden unter anderem manipulierte Moskitos.[290] Unter dem Namen »Oxitec« schwirren mittlerweile auch Stechmücken in den USA und Brasilien herum, deren Männchen Gene in sich tragen, die zum Tod des Nachwuchses führen. So sollen Krankheiten, die durch diese Insekten übertragen werden, zusammen mit den fliegenden Sechsbeinern ausgerottet werden.

Wissenschaftlerinnen und Wissenschaftler warnen jedoch vor den unvorhersehbaren Risiken für die betroffenen Ökosysteme.[291] Was für Folgen haben die Stiche solcher Mücken für die Bevölkerung, welche Auswirkungen auf Pflanzen und Tiere, die auf solche Insekten angewiesen sind? Noch mehr gefällig aus der Büchse der Pandora? Wie wäre es dann mit Kunststoffblasen im Weltall, um die Sonneneinstrahlung zu reduzieren? Das schlägt ein Forscherteam des Massachusetts Institute of Technology (MIT) vor. Die Blasen, im Weltall produziert und positioniert, könnten 1,8 Prozent der Sonnenstrahlung abfangen und so die Temperatur auf der Erde reduzieren. Damit könnte der aktuelle Klimawandel vollständig rückgängig gemacht werden.[292]

Dabei gibt es allerdings ein Problem: Wenn die Sonnenstrahlung reduziert wird, dann reduziert sich auch das Pflanzenwachstum entsprechend, wie Forschende eines anderen Projekts mahnend erwähnten. Sie untersuchten einen ähnlichen Vorschlag, diesmal allerdings mit schwefeldioxidbasierten Materialien, die das Sonnenlicht abschwächen könnten.[293] Das würde nicht nur Ernteausfälle bedeuten, sondern auch die pflanzenbasierte Speicherung von Kohlenstoff reduzieren und damit die Leistung etwa von Wäldern beeinträchtigen.

In die Praxis umgesetzt haben solche Eingriffe also weitreichende Folgen, die überhaupt nicht absehbar sind. Wie dilettantisch selbst kleinere Eingriffe zur Behebung menschlicher Störungen ablaufen, zeigt ein einfaches Beispiel direkt vor Ihrer Haustür. »Waldsterben« heißt hier das Schreckgespenst, das vertrieben werden soll. Die herabrieselnden Schadstoffe, Verbrennungsrückstände von Industrie, Haushalten und Verkehr, regneten bis in die 1980er-Jahre als Säure auf die Bäume herab. Schwerst geschädigt an Wurzeln und Blattwerk siechten diese jahrzehntelang vor sich hin. Dank Katalysator, Umrüstungsmaßnahmen an Kraftwerken und heimischen Ölbrennern ist der Niederschlag mittlerweile deutlich geringer belastet, das darauf zurückzuführende Baumsterben gestoppt. Trotzdem sind manche Waldböden durch die Sünden der Vergangenheit so massiv versauert, dass sich in ihnen wichtige Strukturen zersetzen. Eine Nährstoffspeicherung ist dann kaum noch möglich, sodass die darauf siedelnden Pflanzen darben.

Wissenschaftler hatten auch hierfür eine Lösung parat, die geradezu kindlich-naiv anmutet. Schon im Chemieunterricht lernt man, dass Säure durch Kalk neutralisiert wird. Was lag also näher, als tonnenweise Kalk in den Wald zu streuen, um den Boden wieder zu regenerieren oder wenigstens vor der Säurefracht weiterer Niederschläge zu schützen? Klar, dass auch die Kalkindustrie von diesem Vorschlag begeistert war. Mit Tausenden Quadratkilometern war die in Deutschland jährlich behandelte Fläche so groß, dass Hubschrauber eingesetzt werden mussten. Man berechnete, dass 300 Tonnen Kalk pro Quadratkilometer dem Wald eine Atempause von zehn Jahren gönnen sollten. Bis heute ist die Politik davon überzeugt, dass diese Maßnahme ein Beitrag zum Schutz der Wälder ist.

Es gibt jedoch erheblichen Anlass, daran zu zweifeln. In der Landwirtschaft kennt man eine alte Weisheit, die man auch auf den Wald übertragen kann: Kalk macht die Väter reich und die Söhne arm. Will heißen: Eine derartige Bodenbehandlung kann sich als ein Strohfeuer herausstellen, indem die Erträge kurze Zeit sprunghaft ansteigen, um dann dauerhaft unter das Ausgangsniveau abzufallen. Gleiches konnten Wissenschaftler bei einigen Waldböden beobachten. Die Kalkung bewirkt, dass kleinste Bodenlebewesen zur Höchstform auflaufen.[294] Ihre Lieblingsspeise, verrottende Pflanzenteile, auch Humus genannt, werden im Eiltempo verspeist und abgebaut. Humus ist jedoch wesentlich an der Wasserspeicherung der Böden beteiligt.

Gekalkte Böden trocknen langfristig schneller aus, was im Hinblick auf den Klimawandel eine ernsthafte Bedrohung für die Bäume darstellt. Zudem gibt es etliche Wälder, die auch ohne Zutun des Menschen saure Böden aufweisen. Dort haben sich in Jahrtausenden ganz spezielle Ökosysteme entwickelt, die durch die Hubschraubereinsätze zerstört werden. Viele ökologisch wirtschaftende Betriebe nehmen daher Abstand von einer derartigen Waldbehandlung.

Der Waldzustand wird in der Regel am äußeren Erscheinungsbild der Bäume festgemacht. Verlieren diese Blätter und Nadeln schon im Sommer, so gilt dies als deutliches Krankheitszeichen. Genauso reagieren aber auch Bäume, die zu wenig Wasser im Boden finden. Möglicherweise versucht man mit der Kalkung Ursachen zu bekämpfen, die man mit ebendieser Maßnahme selbst schafft.

Besonders bizarr: Der Humusabbau setzt auch noch gewaltige Mengen an Kohlendioxid frei, sodass gekalkte Wälder gleich Industrieanlagen die Atmosphäre verändern. Und nicht zuletzt wird eine bedeutende Säurequelle einfach ignoriert: die sauren Nadeln von Fichten und Kiefern, die auf dem Boden einen derart schwer verdaulichen Teppich bilden, dass das Bodenleben sie kaum verarbeiten kann.

All das Nachdenken führte also bisher leider nicht zu einer technischen Lösung der Umweltkrise. Aber das Nachdenken selbst ließe sich doch mittlerweile technisch verbessern – nämlich durch die enorme Entwicklung künstlicher Intelligenz (KI).

Ich war selbst verblüfft, als ich das erste Mal ChatGPT ausprobierte. Dieses Programm kommuniziert mit den Anwendern, antwortet logisch und wird vor allem durch Lernen immer besser. Schon fürchten Journalistinnen und Journalisten sowie die Buchbranche, dass Texte künftig vollautomatisch oder mit nur wenig Hilfestellung von Computern geschrieben werden könnten. Doch da macht die KI sicher noch längst nicht halt. Bilder malen, Filme drehen, neue Technik entwickeln – all das könnte relativ bald wesentlich besser von diesen Programmen als von Menschen ausgeführt werden.

Doch was ist, wenn die künstliche Intelligenz uns das Heft ganz aus der Hand nimmt? Was vielleicht abwegig klingt, ist leicht nachvollziehbar, wenn wir etwa an die enorme politische Macht von Social-Media-Plattformen denken, die ganze Wahlen beeinflussen und damit auch staatliche Politik. Was wäre, wenn hier Programme à la ChatGPT Meinung bilden, indem sie optimal-beeinflussend posten? Auch im wirtschaftlichen Bereich (Aktienhandel), in der Gentechnik oder in der direkten Beeinflussung von uns allen im Alltag, etwa der Verkehrssteuerung, der Unfallvermeidung durch automatisch reagierende Fahrzeuge (mit der Entscheidung, wer im Zweifelsfall stirbt), kann die KI mächtig oder zu mächtig werden.

Und was wäre, wenn solche Programme zu dem Schluss kommen, dass es zu viele Menschen gibt und dass zur Rettung der Menschheit und der Umwelt kräftig in unsere Population eingegriffen werden sollte? Darüber hatte sich schon der Astrophysiker Stephen Hawking kurz vor seinem Tod 2018 Gedanken gemacht und kam zu dem Schluss, dass künstliche Intelligenz sich selbst reproduzieren und somit zu einer neuen Lebensform werden könne, die in der Lage wäre, den Menschen vollständig zu ersetzen.[295]

Wie recht er mit seiner Warnung gehabt haben könnte, zeigte auch eine Stellungnahme führender Expertinnen und Experten zum Thema. »Das Risiko einer Vernichtung durch KI zu verringern, sollte eine globale Priorität neben anderen Risiken gesellschaftlichen Ausmaßes sein, wie etwa Pandemien und Atomkrieg.« Unterzeichner waren auch die Erfinder aktueller Programme, wie etwa Sam Altman, Chef der Firma OpenAI (ChatGPT).[296]

Technik könnte aber auf einem niedrigeren Niveau auch ganz anders helfen, zum Beispiel beim Visualisieren des Klimawandels, etwa über Geräte zur Anzeige des CO_2-Gehalts der Außenluft. Aktuell wird die Veränderung in ppm (*parts per million*) gemessen und die Veränderung in der Allgemeinheit nur über Jahre hinweg registriert. Doch gerade extrem langsame Veränderungen begreifen wir nicht als Bedrohung (obwohl sie es sind).

Wir bräuchten also genaue Messgeräte für interessierte Laien, die einen großen Kundenkreis darstellen. Ein Beispiel, das deutlich macht, wie viele Menschen an atmosphärischen und klimatischen Vorgängen interessiert sind, sind die zahlreichen auf dem Markt angebotenen Modelle von Wetterstationen. Über eine App kann man auf dem Smartphone live und in Farbe mitverfolgen, wie sich sämtliche Faktoren (von den Temperaturen über die Regenmenge, die Windgeschwindigkeit und die Luftfeuchtigkeit rund um das eigene Haus oder die Wohnung) verändern. Warum macht man so was (ich übrigens auch)? Es gibt doch gute Wetterberichte, die im Kurzfristbereich sehr zuverlässig sind und eine Investition in eigene Geräte völlig überflüssig machen. Ganz einfach: Viele Menschen möchten mitverfolgen, was sich am eigenen Wohnort exakt abspielt, sie lieben es, das Wettergeschehen genau zu beobachten.

Gerade in trocken-heißen Sommern drehen sich viele Gespräche von Naturinteressierten um Höchsttemperaturen und Niederschlagsmengen am eigenen Standort. Ein feinfühliges CO_2-Messgerät könnte diese Diskussionen ausweiten und so die Ursachen für die Klimakrise stärker im Alltagsdenken verankern. Doch ist das wirklich sinnvoll? Schließlich würden doch alle exakt das Gleiche messen, im Gegensatz zu Regen und Wind, der lokal sehr unterschiedlich ausfallen kann.

Ganz so ist es nicht, wenn Sie sich zum Beispiel die globale Kurve der Treibhausgase ansehen. Sie ist gezackt wie eine Säge – Tendenz stark steigend, aber jahreszeitlich extrem schwankend. So nimmt im Sommer auf der Nordhalbkugel der CO_2-Gehalt der Luft ab, während er im Winter steigt. Logisch – die Vegetation ruht dann auch, und die schlafenden Pflanzen veratmen ohne Fotosynthese Sauerstoff und entlassen CO_2 in die Atmosphäre. Doch herrscht nicht zeitgleich auf der Südhalbkugel Sommer, produzieren die Wälder nicht dort unterm Strich Sauerstoff und gleichen so den Winter auf der Nordhalbkugel aus? Nein, denn die Landmasse der Nordhalbkugel ist deutlich größer, und entsprechend sind es auch die Wälder.

Global gibt es also Schwankungen, lokal allerdings auch. So könnte, genaue Messgeräte vorausgesetzt, der präzise Treibhausgasgehalt der lokalen Luft gemessen werden, denn der hängt natürlich ebenfalls gerade im Sommerhalbjahr von der Masse der Pflanzen ab, die Fotosynthese betreiben. Intakte Waldökosysteme halten zudem länger Feuchtigkeit, können daher selbst in trocken-heißen Sommern länger aktiv bleiben und Kohlenstoff einlagern als verdorrende Wiesen und Felder. In Gesprächen Unterschiede herauszufinden, wäre mindestens ebenso spannend wie bei Regenfällen und Temperaturen.

Gemessen wird ja schon fleißig, und zwar in Innenräumen. Da ist uns die Bedeutung für unsere Gesundheit sofort klar, denn wenn der CO_2-Gehalt steigt, werden wir schläfrig und haben nebenbei durch Mangel an Luftaustausch auch noch eine erhöhte Zahl an Krankheitserregern.

Mir geht es nicht darum, die laufende Katastrophe live mitzuverfolgen, ganz im Gegenteil: Solche Messungen können nämlich auch motivieren, lokal die Fläche der Wälder zu vergrößern und zu beobachten, wie sich die Natur wieder erholt.

In Bezug auf andere Parameter ist das schon jetzt mittels Satellitendaten möglich, die immer besser und laienverständlicher aufbereitet werden. Eine solche Gelegenheit gibt es etwa für Waldinteressierte. So bietet die Naturwaldakademie in Lübeck einen Waldmonitor an, auf dem man sich den Zustand der heimatlichen Wälder ansehen kann. Trockenstress, Wasserbilanz,

Biomasseverlust und sogar aktuelle Waldbrände – all das ist abrufbar.[297]

Ähnliche Angebote gibt es auch von anderen Webseiten. So wird gerade in trockenen Sommern der Dürremonitor des Helmholtz-Zentrums für Umweltforschung (UFZ) aufgerufen, eine Seite, in der die Wasserbilanz der Böden bis in eine Tiefe von 1,80 Meter angezeigt wird. Was hier fehlt, ist eine App, in der die Umweltdaten vereint und noch genauer dargestellt werden. Wäre es nicht schön, wenn Maßnahmen im eigenen Garten oder der Wohnstraße sich sofort darstellen ließen, weil sich dann auch die Daten des Kleinklimas verändern?

Theoretisch ist das möglich, da Satellitendaten mit einer Auflösung von 10x10 Meter zur freien Verfügung stehen – damit ließen sich sogar einzelne Bäume darstellen. Die ESA hat bereits mehrere Satelliten der Sentinel-Reihe ins All geschossen, um Umweltdaten im Rahmen des Copernicus-Programms zu erfassen und öffentlich zur Verfügung zu stellen.[298] Doch Sie können leider damit erst einmal nichts anfangen, denn dazu müssten Programme geschrieben und Webseiten erstellt werden – damit sind wir wieder bei der fehlenden App, die so einfach funktionieren müsste wie diejenigen für die Wettervorhersage.

Der Gesetzgeber sollte hier nicht gefordert sein (erinnern wir uns nur mal an die Corona-App) – nein, das kann der freie Markt übernehmen. Wenn staatlicherseits eine Aufbruchstimmung verbreitet wird, positive, emotionale Anreize zum Umweltschutz gesetzt werden, dann werden entsprechende Handy-Programme zum »Mitfiebern« sicher nicht lange auf sich warten lassen.

Doch mit dem bloßen Beobachten ist natürlich noch nichts erreicht – es sollte zu Handlungen motivieren, und zwar vor der eigenen Haustür.

3.5 Vor der eigenen Haustüre kehren

Umweltschutz funktioniert besonders dann ganz einfach, wenn er nicht vor der eigenen Haustür durchgeführt wird – etwa indem wir für die Unterschutzstellung von Flächen in anderen Ländern spenden. Dann muss hier niemand etwas ändern, etwa land- oder forstwirtschaftliche Flächen auflösen und der Natur zurückgeben, was heftigen lokalen Widerstand und damit politische Risiken bedeuten würde.

Doch es muss vor der eigenen Haustür sein, und das wird noch nicht einmal reichen, wir müssen sogar ins Haus hineingehen und am gedeckten Tisch Platz nehmen. Es geht nämlich um das, was auf den Teller kommt, und ja, Sie haben es sicher schon richtig vermutet: Es geht um das Thema Fleisch. Falls Sie jetzt innerlich ein bisschen zusammenzucken, hat sich wieder das Unterbewusstsein gemeldet, dem schwant nämlich Übles. Dennoch ist unser Fleischkonsum ein Schlüsselelement in der Bewältigung der augenblicklichen Umweltkrise. Obwohl sich einerseits besonders viele Menschen sträuben, wenn es um die Änderung von Ernährungsgewohnheiten geht, liegen doch andererseits gerade hier mit Abstand der größte Hebel und das schnellste Umsetzungspotenzial.

Warum das so ist, werden Sie gleich sehen. Schauen wir uns vorher den aktuellen Lösungsweg an: Der wird nämlich momentan von der anderen Seite aus angegangen. Die internationale Staatengemeinschaft einigte sich auf der Weltnaturkonferenz (CBD COP 15) im Dezember 2022 in Montreal auf den 30 x 30-Deal: 30 Prozent der Landfläche und 30 Prozent der Meeresfläche sollen bis 2030 unter Schutz gestellt werden.[299]

Das ist der richtige Ansatz und erkennt die Tatsache an, dass wir ein Teil der Natur sind und ohne sie nicht überleben werden. Nun kann man darüber streiten, ob die Prozentzahl ambitioniert genug ist, bedeutet sie doch umgekehrt, dass es Konsens ist, 70 Prozent der gesamten Erdoberfläche einschließlich der Tiefsee für nur eine Art, nämlich unsere, zu reservieren und auszubeuten. Dennoch ist es ein enormer Fortschritt, pardon, wäre es, gäbe es da nicht diese riesigen Schlupflöcher: So dürfen die Schutzgebiete trotzdem weiter genutzt werden, etwa als Biosphärenreservat. Dort wird »möglichst naturschonend« gelebt und gewirtschaftet[300] – wachsweiche Begriffe, die schwer zu kontrollieren sind (was bedeutet »möglichst«?). Echten Naturschutz, also den Schutz der vom Menschen weitgehend unbeeinflussten Prozesse, soll es auf mindestens drei Prozent der Fläche geben, was umgekehrt bedeutet, dass bis zu 97 Prozent weiter genutzt werden können, wenn auch mit Einschränkungen.[301]

Ähnlich sieht es in Natura-2000-Gebieten aus, einer weiteren Schutzkategorie auf EU-Ebene. Sie schützt offiziell schon 17,5 Prozent der Landfläche der Staatengemeinschaft und bringt uns der Montreal-Verpflichtung ein gutes Stückchen näher. Auch hier darf gewirtschaftet werden, jedoch nur so, dass der jeweils festgelegte Schutzzweck, meist an das Auftreten seltener Arten gekoppelt, nicht gefährdet wird.

Bei genauerem Hinsehen entpuppt sich das Konstrukt allerdings als große Mogelpackung, wie ich selbst mehrfach erleben durfte. So finden in dermaßen geschützten Wäldern immer noch hemmungslose Holzeinschläge bis hin zu riesigen Kahlschlägen statt, oft durchgeführt von staatlichen Forstämtern, die genau das qua Amt eigentlich verhindern müssten. Weil sich in Deutschland kaum jemand darum kümmert, haben meine Frau und ich eine gemeinnützige GmbH gegründet, um dagegen vorzugehen – ein erster Fall liegt der EU-Kommission bereits vor.[302] Ähnliche Verstöße lassen sich in vielen Natura-2000-Gebieten finden – so werden etwa in eigens eingerichteten Vogelschutzgebieten während der Brutzeit kräftig Bäume gefällt, was für die in den Kronen nistenden Arten nicht gerade förderlich sein dürfte.

Wenn wir internationale Vereinbarungen weiterhin so schlampig umsetzen oder sogar unterlaufen, verlieren wir unsere Glaubwürdigkeit. Bei dem Abkommen von Montreal steht durch die Hintertür eben doch wieder die Nutzung von Kulturlandschaften im Zentrum; Wildnisgebiete – also Gebiete ohne Management, wie wir uns das etwa für Regenwälder wünschen – sind auf winzige Areale beschränkt. Winzig ist wörtlich gemeint – dermaßen echte Natur gibt es leider nur auf 0,6 Prozent der Staatsfläche.[303]

Der Hinweis, in Natura-2000-Gebieten und Biosphärenreservaten solle der Naturhaushalt nicht mehr verschlechtert werden, sollte auf der gesamten Nutzfläche selbstverständlich sein – das ist noch lange kein echter Umweltschutz, sondern schlicht überlebensnotwendig. Würden Tansania und Kenia dem europäischen Beispiel folgen, dann wäre es nur fair, Rinderhirten in den Nationalparks flächig zuzulassen, was möglicherweise das Ende der großen Herden an Antilopen, Gnus und Zebras wäre – ganz zu schweigen von den Beutegreifern wie Löwen oder Leoparden.

Es stellt sich die Frage, wie man überhaupt auf solche Naturschutzlösungen kommt. Ganz einfach: Wer Flächenziele festlegt, ohne gleichzeitig den Ressourcenverbrauch einzuschränken, versucht den Gordischen Knoten zu lösen – was der Sage nach bekanntlich nicht gelang und letztlich einen Schwerthieb erforderlich machte. Und Fleischverzicht fühlt sich für viele Menschen leider wie ein Schwerthieb an.

Dabei wäre das Problem ganz im Gegensatz zum zitierten Knoten relativ einfach zu lösen, nämlich mit Ersatzprodukten. Ich bekenne, dass ich selbst sehr gerne Fleisch gegessen habe und schweren Herzens aus Tierwohl- und Umweltschutzgründen seit Ende 2018 darauf verzichte. Selbst heute noch vermisse ich manchmal den Geschmack, und genau das ist der Punkt: Es geht den meisten Menschen sicher nicht um das Töten von Tieren, sondern um den Genuss beim Essen. Und um diesen Genuss zu verteidigen (dafür ist das Unterbewusstsein zuständig!), erfindet das Bewusstsein allerlei Ausreden. Ausreden deshalb, weil es wissenschaftlich unstrittig ist, dass der Fleischverzehr im heutigen Ausmaß zumindest beim wohlhabenderen Teil der Erdbevölkerung gravierende gesundheitliche Nachteile hat.

In Summe der ökologischen und gesundheitlichen Bilanz, gepaart mit der doch meist vorhandenen Empathie für Mitgeschöpfe, müsste der Konsum tierischer Produkte massiv einbrechen. Das ist jedoch nur in geringem Maße der Fall, und deshalb sollten wir uns dem Thema anders nähern. In diesem Fall wäre zwar eine politische Steuerung, nicht aber das Aussprechen von Verboten erforderlich.

Dazu schauen wir uns folgendes Gedankenspiel an: Wir wissen bereits, dass auf 83 Prozent der landwirtschaftlichen Fläche nur 18 Prozent der Kalorien gewonnen werden, nämlich in Form von Fleisch. In Deutschland beträgt die hierfür reservierte Fläche rund 100 000 Quadratkilometer, also ungefähr die gleiche Größe, die Wald bedeckt.[304] Wenn wir diesen Konsum reduzieren würden, könnten erhebliche Flächen für die Schaffung von Wildnisgebieten frei gemacht werden. Ich habe es im Vorgängerbuch *Der lange Atem der Bäume* schon einmal kalkuliert: Gäbe es nur noch einmal in der Woche Fleisch, wie vor Jahrzehnten mit dem Sonntagsbraten üblich, unter der Woche nur hier und da Milch- und Käseprodukte, so könnten in Deutschland grob überschlagen 87 000 Quadratkilometer Schutzgebiete entstehen.[305] Das wären rund 25 Prozent der bundesdeutschen Fläche und käme dem in Montreal versprochenen Ziel schon recht nahe.

Diese Flächen wären nicht verloren, denn, man kann es gar nicht oft genug betonen, wir hängen nach wie vor, wie jede andere Tierart auch, von der Natur ab und verhindern mit solchen Maßnahmen den Zusammenbruch des für uns geeigneten

Ökosystems. Davon abgesehen sind diese Gebiete noch nicht einmal wirtschaftlich nutzlos, ganz im Gegenteil: Neben dem Tourismus könnten Landbesitzende statt landwirtschaftlicher Subventionen Klimasubventionen erhalten, also Klimawirtinnen und -wirte werden. Per Satellit sind der Kühleffekt einer immer ursprünglicher werdenden Vegetation und sogar die wachsende Biomasse in der Landschaft gut messbar, sodass die entstehende Wildnis fair und parzellengenau abgerechnet werden kann. Solche Landschaften speichern zudem mehr Wasser und wirken sich auf die Grundwasserneubildung positiv aus, verbessern also unsere Allmende.

Noch wichtiger ist aber die Aktivierung unseres Unterbewusstseins, und zwar im positiven Sinne. Handeln erzeugt Zuversicht, weil wir aktiv unsere Zukunft gestalten und den Klimawandel bekämpfen. Das Resultat unmittelbar vor Augen, also in der Landschaft vor der eigenen Haustür zu sehen, kann ungemein motivieren. Gerade in den ersten Jahren des Übergangs von kultiviertem Land zur Wildnis sind die Veränderungen besonders gut zu beobachten. Wenn erste Bäume und Büsche erscheinen, jedes Jahr um einen halben bis einen Meter an Höhe gewinnen, dann ist die Rückkehr von Wäldern hautnah mitzuerleben.

Während sich ein Urwald über die Jahrzehnte kaum wandelt, kann die ungestüme Rückkehr der Wildnis mit immer neu eintreffenden Tierarten geradezu euphorisierend wirken, wenn man sie als gewünschte Änderung begrüßt. Zunehmend kühlere, regenreichere Sommer begleiten die wachsenden Bäume und unterstreichen auch sensorisch die Richtigkeit des Handelns der Gemeinschaft.

Die Wende zum Guten kann also mit allen Sinnen erfahren werden, nicht bloß mit dem Verstand und schriftlich formulierten Notwendigkeiten.

Ich weiß, das alles klingt revolutionär und zumindest im Moment schwer durchsetzbar. Deshalb hilft ein Blick auf eines der ärmsten und zugleich am dichtesten besiedelten Länder der Erde und seinen Umgang mit Natur, nämlich Ruanda. Dort werden unter anderem die letzten Berggorillas geschützt, eine Art, die durch die leidenschaftliche Verhaltensforscherin Dian Fossey gerettet wurde. Nach ihrer Ermordung im Schutzgebiet wurde der Film *Gorillas im Nebel* mit Sigourney Weaver in der Hauptrolle gedreht und machte weltweit auf die sympathischen Menschenaffen und das tragische Ende der Forscherin aufmerksam.

Ich durfte das kleine ostafrikanische Binnenland im September 2022 zusammen mit Biologinnen und Biologen der Universität Koblenz besuchen. Sie hatten eine neu entdeckte Baumart nach mir benannt[306] und eine gemeinsame Reise zu diesen Bäumen und diversen Schutzprojekten vorgeschlagen, die dringend mehr Aufmerksamkeit brauchten. Ich hatte lange gezaudert, nicht zuletzt wegen des Langstreckenflugs und dem damit verbundenen Ausstoß an Treibhausgasen. Im Nachhinein muss ich sagen: Zum Glück bin ich der Einladung gefolgt, denn für meine Arbeit zum Schutz der Wälder waren die in Ruanda gemachten Erfahrungen unbezahlbar. Das begann schon bei der Ankunft. Wir waren vorher gewarnt worden, nur ja keine Plastiktüten mitzunehmen. Deren Gebrauch wird in Ruanda streng bestraft, wie generell das Wegwerfen von Abfall. Und tatsächlich fanden wir während unseres Aufenthalts keinen Müll in der Landschaft, ein angenehmer Anblick, den wir zurück in Deutschland angesichts der ersten Dosen und Plastikflaschen am Fahrbahnrand schmerzlich vermissten.

Ruanda ist ein bitterarmes Land, und die Menschen leben außerhalb der großen Städte wie bei uns vor Jahrhunderten. Lehmhütten, mit Wellblech gedeckt, ziehen sich vom Tal bis in die Berge hinauf und blinken in der Tropensonne. Natur ist bis auf wenige Fleckchen Sumpf in den Flussniederungen nicht mehr zu finden, stattdessen wird der Boden mit einfachen Hacken umgegraben und bewirtschaftet. Traktoren sieht man nicht, noch nicht einmal Viehpflüge. Waren werden auf dem Kopf oder auf Fahrrädern transportiert, der Berufsverkehr in der Hauptstadt Kigali findet überwiegend zu Fuß statt.

Unsere Gruppe fuhr mit einem kleinen Bus ins Grenzgebiet zu Burundi, um den Nyungwe-Nationalpark und die neu entdeckte Mahagoni-Art zu besuchen. Ich war von mehreren Dingen beeindruckt: Da war zum einen der strikte Schutz des Gebiets – Wanderungen waren nur nach Anmeldung und in Begleitung von Rangern erlaubt. Zum anderen ist nicht der gesamte Park erschlossen, ganz im Gegenteil: Rund 90 Prozent des Bergregenwalds sind noch gar nicht erforscht. Eine Pufferzone, in der die Bevölkerung zum Beispiel Brennholz gewinnen kann, liegt außerhalb des Parks und nicht wie in Deutschland im Nationalpark selbst. Ein solch strikter Schutz ist angesichts der Armut der Bevölkerung schon bemerkenswert, vor allem, wenn man diese Herangehensweise mit jener in den europäischen Schutzgebieten und deren weiteren, teils illegalen Nutzung vergleicht.

Apropos: Ruanda hat mit der strengen Unterschutzstellung von rund acht Prozent seiner Staatsfläche relativ gesehen das 13-Fache dessen geschafft, was aktuell in Deutschland Wildnis werden darf.

Ein Highlight durfte natürlich nicht fehlen – die Berggorillas. Wir hatten schon auf dem Hinflug zur Einstimmung noch einmal den Film *Gorillas im Nebel* angesehen und freuten uns schon sehr darauf, die faszinierenden Tiere in den Virunga-Bergen an der Grenze zum Kongo beobachten zu dürfen. Ich erzähle Ihnen diese Reiseepisode nicht, um damit zu prahlen, sondern weil der Gorillatourismus im Gegensatz zum Nyungwe-Regenwald ein besonderes Problem aufwirft, welches sich rund um den Globus in den meisten Schutzgebieten wiederfindet: Was passiert mit den gefährdeten Arten, wenn der Tourismus ausbleibt?

Wenn die Klimakrise beendet oder zumindest nicht weiter verschärft werden soll, dann muss der Massentourismus zu Korallenriffen oder in die Savannen Afrikas ebenfalls auf den Prüfstand gestellt, sprich: stark eingeschränkt werden. Die Bevölkerung, die direkt und indirekt von den betuchten Gästen lebt, hätte dann nur noch wenig Grund, auf die potenzielle landwirtschaftliche Fläche oder das Wildfleisch zu verzichten.

Die Coronakrise war übrigens in dieser Hinsicht nicht überall ein Lackmustest. Denn man durfte hoffen (wie sich herausstellte zu Recht), dass nach dem Ende der Pandemie die Gäste wieder zahlreich erscheinen würden. Während der Durststrecke, also den weltweiten Lockdowns, mussten die Schutzgebiete mit ihren Tieren erhalten bleiben. Deshalb sorgten in etlichen Fällen Umweltschutzorganisationen für die Bezahlung der Ranger, die sich so weiterhin um den Schutz der Tiere in den Reservaten kümmern konnten.[307] Dort, wo das nicht möglich war, verschlechterte sich die Situation nach 2020 rapide. Global waren rund 120 Millionen Arbeitsplätze bedroht, und der Druck auf die Wildnisgebiete stieg stark an.[308]

Flugreisen werden auf Dauer nicht mehr tragbar sein, denn ich glaube nicht, dass mittelfristig genügend E-Fuels für Ferienflieger, die allein 2022 10,42 Millionen privat reisende Deutsche transportierten, hergestellt werden können.[309] Die Herstellung dieser Treibstoffe ist, wie schon beschrieben, eine enorme Energieverschwendung, weil dabei fünfmal so viel Strom verbraucht wird wie für elektrische Antriebe – so viel Elektrizität wird in den nächsten Jahren für Urlaubsreisen kaum zur Verfügung stehen. Die Schutzgebiete werden also auf Dauer nicht vom Tourismus abhängen können, ja dürfen. Die Lösung kann bei ärmeren Ländern nur in einem finanziellen Ausgleich durch die reicheren

Länder liegen, die, wie etwa Deutschland, ja oft schon ihr wildes Erbe mit Füßen getreten haben und gerne andere ermuntern, es ihnen nicht gleichzutun.

3.6 Verzichten für mehr Lebensglück

Lassen Sie uns noch einmal auf die Ausgangsfrage dieses Buchs zurückkommen: Schaffen wir es, uns von den Fesseln zu befreien, die alle anderen Tierarten an Ressourcenverbrauch und Populationsdynamik binden? Können wir uns über unsere Instinkte erheben oder diese so nutzen, dass sie sich in ihrer Wirkung zumindest in einigen Bereichen ins Gegenteil verkehren? Hat die Natur uns mehr Verstand mitgegeben, als nötig ist, um unsere ökologische Nische besonders effektiv auszubeuten, sodass noch genug für Ideen übrig bleibt, wie wir sie auch rechtzeitig schonen können?

Es gibt eine imaginäre Linie, die wir überschreiten müssen, um diese Fragen bejahen zu können, und um diese Grenzlinie wird aktuell heftig gerungen. Sie markiert die notwendigen Einsparungen an Treibhausgasen und Rohstoffen, um wieder unter den *Earth Overshoot* zu kommen. Noch haben wir sie nicht annähernd erreicht, wie die politischen Windungen zeigen: Gängige Floskeln der Verantwortlichen sind, dass man die Menschen mitnehmen müsse, sie nicht überfordern, soziale Härten vermeiden und Jobs nicht gefährden dürfe. Zudem gilt es immer noch, das Wirtschaftswachstum nicht zu drosseln und den Industriestandort nicht zu beschädigen.

Zum Teil sind das Binsenweisheiten (soziale Härten und Jobs), zum anderen Nebelgranaten. So lautete die Überschrift einer Pressemitteilung der CDU/CSU-Bundestagsfraktion: »Klimaschutz richtig machen – Mobilität und Wohnen müssen bezahlbar bleiben«. [310] Und wenn nicht? Pfeifen wir dann auf den

Klimaschutz und fahren die Umwelt endgültig gegen die Wand? Wären dann anschließend Mobilität und Wohnraum besser zu bezahlen? Natürlich nicht, und deswegen ist es unredlich, solche Gegensätze aufzubauen. Tatsächlich ist es ja genau andersherum – soziale Härten sind viel leichter vermeidbar, wenn dem Klima- und Umweltschutz endlich Vorrang eingeräumt wird.

Es ist Aufgabe der Politik, die Bevölkerung über die Realitäten und die daraus resultierenden Probleme aufzuklären und für Lösungen zu werben, anstatt Scheinrealitäten zu entwerfen und danach zu handeln. Das ist eine verdeckte Form des allseits beliebten Prokrastinierens – der menschlichen Neigung, Probleme zu vertagen – und kostet Zeit, die wir nicht mehr haben. Im Falle der Klimakrise und der Umweltzerstörung kann man das Problem leider nicht aussitzen; es wird durch solche Verzögerungen immer gravierender. Das erschwert künftige Lösungen, denn die Umstellungen und die Geschwindigkeit, mit der dann gehandelt werden muss, werden noch viel schwerer zu vermitteln sein, als es heute schon der Fall ist.

Ein solches Aufschieben stellt auch das Setzen auf marktwirtschaftliche Prozesse statt auf gesetzliche Regelungen dar. Diese werden in der politischen Argumentation gerne mit Verboten gleichgesetzt, um alte Instinkte zu triggern – wer lässt sich schon gerne etwas verbieten, zumal einen Lebensstil, den man bisher genossen hat? Doch genau das darf man von einer demokratischen Regierung erwarten: dass sie etwas, was für uns alle eine große Gefahr darstellt, untersagt oder zumindest so weit einschränkt, dass diese Gefahr überschaubar bleibt. Beim Thema Drogen oder Schusswaffen beschwert sich kaum eine Politikerin oder ein Politiker über zu viel Planwirtschaft; beim Thema klimaschädliches Verhalten hingegen wird genau diese argumentative Keule hervorgeholt und dem Markt das Wort geredet, der das angeblich schon regeln wird. Das ist ein Wegducken vor Realitäten, um ja keine Wählerinnen und Wähler zu verprellen.

Wenn wir schon über Linien reden, die wir überschreiten sollten, dann wäre es auch sinnvoll, über Ziele zu reden, und zwar nicht für den Klimaschutz, sondern für unser Leben. Was ist wichtig, was unwichtig? Sie ahnen es vielleicht schon, weil es so einfach ist: Es geht nicht um materielle Dinge, sondern um Gefühle wie Liebe und Glück. Ein erster zaghafter Ansatz deutet sich neuerdings im Bundeswirtschaftsministerium an. Im Jahreswirtschaftsbericht soll es künftig nicht nur um Wachstum gehen, sondern auch um das Wohlbefinden der Menschen.[311] Erfolge im Klimaschutz, soziale Gerechtigkeit, gleiche Chancen für alle Kinder – es scheint fast so, als ob sich Minister Habeck um den Begriff des Glücks herumdrückt. Doch warum soll man genau das nicht in das Zentrum politischer Bemühungen stellen? Maßnahmen zum Umweltschutz bedeuten zwar oft materiellen Verzicht, schaffen aber durch seelische Entlastung – das Ausbleiben der Apokalypse – und die vielen emotional starken Erlebnisse in einer sich erholenden Landschaft mit zauberhaften Tierbeobachtungen auch jede Menge Glücksgefühle. Bisher hat sich nur der kleine Staat Bhutan getraut, den »Gross National Happiness Index« (GHI) einzuführen und damit das Glücklichsein als Staatsziel festzuschreiben.[312]

Trotzdem müssen wir noch einmal den Elefanten auftreten lassen – das Bevölkerungswachstum. Wenn wir den globalen Kollaps vermeiden wollen, dann muss bald ein Ende des Geburtenüberschusses erreicht werden, auch wenn kaum jemand so klar darüber reden möchte. Wann und mit wie vielen Menschen der Höhepunkt überschritten wird, bevor ein Schrumpfungsprozess einsetzt, wird unterschiedlich kalkuliert. Je nach Szenario werden es wohl über zehn Milliarden um das Jahr 2100 werden, bevor ein Rückgang einsetzt.[313] Die Frage ist, ob und wie wir diese Schwelle etwas herabsetzen können. Rabiate Methoden von Autokratien wie beispielsweise die Ein-Kind-Politik Chinas können im Sinne der Menschenrechte keine akzeptable Lösung sein. Kinder gehören zum menschlichen Leben; ihre Zahl per Zwang zu begrenzen, ist ein massiver Eingriff in die Menschenrechte, eine Diskussion darüber ist mindestens so lange überflüssig, wie es bessere Möglichkeiten gibt.

Und es gibt bereits viel elegantere, demokratische Methoden, die geschichtlich schon bestens erprobt sind. Dazu werfen wir zunächst einen Blick auf die Zielmarke. Bei einer Geburtenrate von 2,1 Kindern pro Frau wäre das Bevölkerungswachstum gleich null. Die Zahl ist nicht genau zwei, weil es einen leichten Jungenüberschuss gibt und einige wenige Frauen bereits vor dem Einsetzen der Menopause sterben.[314]

Die Zahl 2,1 ist also der entscheidende Wert, der erreicht oder sogar unterschritten werden sollte. Dazu kommen wir noch einmal auf die Rentenversicherung Bismarcks zurück und ihren in der Folge unerwarteten deutlichen Geburtenrückgang, der erstmals zeigte, dass der Schlüssel in sozialen Maßnahmen liegen kann. Bildungsniveau und Chancengleichheit sind ebenfalls wichtige Faktoren, wie sich selbst innerhalb Deutschlands zeigt: So haben 31 Prozent der Frauen mit geringer Bildung drei oder mehr Kinder, während dies nur auf 13 Prozent der Frauen mit hoher Bildung zutrifft.[315]

Eine höhere Bildung bewirkt zusammen mit mehr Chancengleichheit bei der Berufsausübung eine immer weiter nach hinten geschobene Familienplanung, sodass das Durchschnittsalter der Mütter für das erste Kind mittlerweile in neun EU-Ländern einschließlich Deutschland schon bei mehr als 30 Jahren liegt – Tendenz weiter steigend. Zusammen bewirken diese Faktoren im EU-Durchschnitt eine aktuelle Geburtenrate von 1,53, die damit weit unterhalb des Erhaltungswerts liegt[316] – die Bevölkerung würde also ohne Zuwanderung schrumpfen.

Ähnliche Entwicklungen lassen sich auch in Staaten beobachten, deren Geburtenrate noch weit über dem Erhaltungswert liegt, wie etwa Äthiopien. Dort bekommen Frauen ohne Schulbildung im Durchschnitt sechs Kinder, während bei Frauen, die wenigstens bis zum 15. Lebensjahr eine Schule besucht haben, der Wert nur noch bei zwei liegt.

Zwar werden auch der Rückgang der Kindersterblichkeit, die verbesserte wirtschaftliche Entwicklung oder die Empfängnisverhütung als Gründe diskutiert, doch laut Wolfgang Lutz, Professor für Sozialstatistik an der Universität Wien, ist die zunehmende Bildung der Frauen ausschlaggebend.[317] Hier wird zugleich klar, wo wir unser tierisches Erbe verlassen können – ähnliche Effekte der Selbstregulation bei gleichzeitig sich verbessernden Lebensbedingungen sind von keiner anderen Art bekannt. Und dennoch sind hier sicherlich auch die Instinkte massiv beteiligt: Die Zahl der Kinder geht deshalb zurück, weil Frauen sich eher selbst verwirklichen können. Inwieweit damit ein glücklicheres Leben einhergeht, ist noch umstritten. Eine verringerte Kinderzahl könnte auch damit zusammenhängen, dass berufstätige Frauen Sorge haben, keine gute Mutter zu sein, und deshalb im Zweifelsfall auf Nachwuchs verzichten. Laut einer Studie im Auftrag der Bundesregierung könnten daneben aber auch andere Prioritäten ursächlich sein: So hat demnach die Verwirklichung im Beruf und die Freizeitgestaltung heute häufig Vorrang vor einer Familiengründung.[318] Wenn dies ein Schlüsselfaktor für das Ende des Bevölkerungswachstums ist (und alles deutet darauf hin), dann sollte die Staatengemeinschaft alles daransetzen, vorrangig die Gleichberechtigung der Frauen voranzutreiben und gleichzeitig die Vereinbarkeit von Beruf und Familie zu fördern, wenngleich die Geburtenrate dadurch etwas langsamer sinkt – Angst auszulösen sollte keine Option sein.

Für mich ist dies das schönste Beispiel dafür, wie der Verstand (der die Notwendigkeit des Abbremsens längst erkannt hat) die Instinkte (das Glück der Selbstverwirklichung) einsetzt, indem er entsprechende Maßnahmen einleitet. Mit der Agenda 2030 haben die Vereinten Nationen im Jahr 2015 erstmals (ja, besser spät als nie) das Ziel der Geschlechtergleichheit als eines von 17 globalen Zielen für nachhaltige Entwicklung vereinbart. Doch bis zur Umsetzung ist es noch ein weiter Weg, wie selbst die deutsche Bundesregierung konstatiert: Obwohl die rechtliche Gleichstellung von Frauen und Männern erreicht sei, würde an der tatsächlichen noch gearbeitet ...[319]

In diesem Zusammenhang müssen wir auch noch einmal auf das Thema alte Menschen zurückkommen. Ich weiß, dass dies sehr heikel ist, doch es wird neben der Geburtenrate das Kernthema der nächsten Jahrzehnte werden. Als Angehöriger des geburtenstärksten Jahrgangs 1964 werde ich mit der Problematik in Kürze selbst konfrontiert sein und beobachte die Vorgänge deshalb besonders aufmerksam.

Wenn die globale Bevölkerung schrumpfen soll (und irgendwann auch wird), hat dies natürlich zur Folge, dass es für Jahrzehnte einen besonders hohen Anteil an alten Menschen geben wird. Bei einem gleichzeitig einsetzenden Fachkräftemangel durch den Abgang der Babyboomer in die Rente scheint die logische Konsequenz, dass das Rentenalter weiter angehoben werden muss – anders wird dieser Übergang nicht zu bewerkstelligen sein. Kamen 1960 auf einen Rentner noch sechs Beitragszahlende, so sind es aktuell nur noch 1,8 Menschen und 2050 prognostiziert gar nur noch 1,3, die für die älteren (und natürlich auch die jungen) Menschen finanziell aufkommen.[320]

Die Verlängerung der Lebensarbeitszeit wird sich möglicherweise dämpfend auf die Lebenserwartung auswirken, so eine Studie aus Spanien. Dabei sind Berufe mit hohem Unfallrisiko (wie etwa auf dem Bau) besonders betroffen, während Arbeit mit hohem Qualifikationsniveau, Erfolgserlebnissen und Anerkennung sich in diesem Sinne nicht negativ auswirkt.

Die Lösung, die wir schon in Kapitel 2 besprochen hatten: Ein flexibles Renteneintrittsalter, welches das Sterberisiko sogar senken kann, so die Forschenden.[321] Im Verbund mit einer steigenden Produktivität und einer Zuwanderung jüngerer Arbeitskräfte sollte eine sanfte Landung gelingen.

Aufkommen müssen jüngere Menschen allerdings nicht nur für die Renten, sondern zunehmend auch für die Versorgung der immer gebrechlicher werdenden älteren Generation. So könnte die Zahl der Pflegebedürftigen bis 2030, also innerhalb kürzester Zeit, von 4,1 auf 4,5–5 Millionen steigen, und der Trend hält weiter an.[322] Das wird möglicherweise nicht nur durch die Verlängerung der Lebensarbeitszeit für diejenigen, die noch weiterhin in Voll- oder wenigstens Teilzeit arbeiten können, zu stemmen sein.

Es gibt allerdings auch noch eine weitaus besorgniserregendere Entwicklung, Kosten zu senken, zum Beispiel für akut in Lebensgefahr schwebende (und daher oft ältere) Menschen. Sie wird ansatzweise bereits heftig diskutiert: Es ist die Ausdünnung des Rettungswesens und der Krankenhausdichte aus Kostengründen, die bei weiterem Fortschreiten die Lebenserwartung wieder absenken wird, wie etwa in Brandenburg 2018: Dort sollte die Hilfsfrist, also der Zeitraum vom Notruf bis zum Eintreffen der Rettungskräfte, von 15 auf 17 Minuten angehoben werden.[323] Was dies bei Herzinfarkten und Schlaganfällen (die beide zu den Herz-Kreislauf-Erkrankungen und damit zur Todesursache Nr. 1 in Deutschland zählen[324]) bedeutet, ist schnell erklärt. Wenn in Notfällen das nächste Krankenhaus etwas weiter weg ist, die entsprechende Behandlung bei Herzinfarkten oder Schlaganfällen später startet, dann wirkt sich das auf die durchschnittliche Lebenserwartung der Gesamtbevölkerung aus. In der Verbandsgemeinde, in der mein Heimatdorf liegt, wurde unlängst das örtliche Krankenhaus geschlossen –

aus wirtschaftlichen Gründen, also der Kosten wegen.[325] Die Internetseite medconweb liest sich im Bereich »Kliniksterben« wie eine Seite des Grauens und lässt ahnen, was sowohl kostentechnisch als auch in puncto medizinische Versorgung auf uns zukommen könnte.[326]

Auch dies hört sich zynisch an, und natürlich argumentiert dabei niemand mit dem Absenken der Bevölkerungsdichte, sondern lediglich mit den Kosten – wenn man ehrlich ist, kommt es aber auf dasselbe heraus. Lange Wartezeiten auf Termine, weniger Auswahl an Heil- und Hilfsmitteln, weniger Komfort in der Heilungsphase – all das hat sicher einen Einfluss auf den Gesundheitsstatus und damit die Lebenserwartung. Noch steigt diese an,[327] aber das relativiert die Aussage nicht, denn ohne Einsparungsmaßnahmen läge sie sicher noch etwas höher.

Dennoch: Ohne ein rasches Ende des Bevölkerungswachstums drohen uns ganz andere Probleme, auch und gerade älteren Menschen, die etwa in Hitzesommern gesundheitlich besonders bedroht sind. Wenn das Bevölkerungswachstum durch mehr Bildung und mehr Einkommensgerechtigkeit gebremst werden kann, dann wird klar, dass wir als Bewohnerinnen und Bewohner der reichen Staaten etwas von diesem Reichtum an Menschen in ärmeren Regionen abgeben müssen, um dort die drängendsten Probleme zu lösen. Abgabe von materiellem Reichtum muss dabei aber nicht eine Reduzierung des eigenen Lebensglücks bedeuten, ganz im Gegenteil. Wenn wir Geld gegen weniger Hiobsbotschaften, gegen hoffnungsvolle Entwicklungen beim Umweltschutz, gegen mehr intakte Landschaft und damit mehr entspannende Naturerlebnisse vor unserer Haustür eintauschen können, dann ist das Leben sicher mindestens genauso lebenswert.

3.7 Von den Bäumen lernen

Wenn wir endlich akzeptiert haben, dass wir immer noch Bestandteil der Natur sind, dass wir im Kern immer noch Tiere sind, die denselben Spielregeln wie alle anderen Mitgeschöpfe auch unterworfen sind, dann können wir langsam von unserem Thron herabsteigen und uns ein wenig umschauen, wie andere es machen.

Egoismus und die konsequente Nutzung des Lebensraumes sind grundsätzlich nichts Negatives, solange es nicht zur Zerstörung der eigenen Lebensgrundlagen führt. Unsere Lehrmeister diesbezüglich könnten Bäume sein. Sie haben schon in der Vergangenheit gezeigt, dass sie sich nicht scheuen, große Pflanzenfresser auszurotten, um den eigenen Nachwuchs zu schützen und die nacheiszeitliche Steppe in Wald zu verwandeln. Das entscheidende Wort ist »verwandeln«: Die Bäume haben den Lebensraum bei der Durchsetzung ihrer Interessen nämlich nicht zerstört, sondern ganz im Gegenteil sogar in ihrem Sinne verbessert, indem sie sich mit Millionen anderer Arten zu Wäldern zusammenfanden. In diesem 300 Millionen Jahre währenden Prozess wurde all das ausgesiebt, was das System nicht langfristig stärkte.

»Survival oft the fittest«, die Quintessenz aus Darwins Evolutionstheorie, wurde oft mit dem Überleben der Stärkeren übersetzt; tatsächlich ist es aber das Überleben der Passendsten. Wer sich gut einfügt, das System nach vorne bringt, bleibt an Bord. So konnte sich das artenreichste Landökosystem entwickeln und immer stärker werden. Wir hingegen haben mit all unseren Aktivitäten das Gegenteil bewirkt: Die Artenvielfalt schrumpft, das Ökosystem wird beschädigt und weniger leistungsfähig.

Können wir Wälder mit ihren ständig neu entstehenden Arten kopieren, ihre Wirkungsweise auf unsere Kulturlandschaft übertragen, indem wir mehr Arten kombinieren oder gar durch Gentechnik neu schaffen und so etwas abkürzen? Nein, denn Wälder sind Ökosysteme, die wir wie alle anderen natürlichen Systeme wohl nie vollständig verstehen werden. Unzählige Arten, von denen wir wohl die allermeisten noch gar nicht entdeckt haben, arbeiten hier miteinander und wirken als große Gemeinschaft wie ein gemeinsamer Organismus. Hier hineinzupfuschen, hieße stören und zerstören. Wir sollten uns stattdessen ein Beispiel an Bäumen nehmen, doch nicht an allen – dazu sind es mit über 73 000 Arten zu viele.[328]

Greifen wir doch einfach meine Lieblingsart heraus – Sie ahnen es vielleicht schon – die Buche. Auch Buchen können alleine keine Wälder bilden, aber sie sind ein wichtiger Teil davon. Vor allem aber: Sie sind sozial, unterstützen sich gegenseitig, helfen Schwachen und Kranken, erziehen ihren Nachwuchs, entwickeln gemeinsame Strategien, verändern das Lokalklima zu ihren Gunsten, verbessern zusammen mit allen Waldwesen ihre Heimat immer weiter. Doch wenn sie sprechen könnten, dann würde ein Begriff sicher in ihrem Wortschatz fehlen: Egoismus.

Bäume stabilisieren die Umweltbedingungen, gleichen Schwankungen in Temperatur und Feuchtigkeit aus, vermehren sich nicht so rücksichtslos, dass ihr Lebensraum darunter leidet, und sind deshalb nur selten von katastrophalen Zusammenbrüchen bedroht.

Für uns Menschen galt über Jahrhunderttausende hinweg grundsätzlich das Gleiche, nur in der letzten, relativ kurzen Zeitspanne ist einiges aus dem Ruder gelaufen. Verhalten wir uns weiter so, wie es uns unsere steinzeitlichen Instinkte vorgeben, zerstören wir weiterhin unsere ökologische Nische, dann wird die Natur die Regulierung übernehmen, was zu einem ziemlich abrupten Ende dieser Art von Zivilisation führen kann. Uns würde es dabei nicht anders ergehen als etwa Schmetterlingsarten, die sich auf Laubbäumen massenhaft vermehren und deren Population durch das Auftreten von Krankheiten innerhalb weniger Wochen fast vollständig zusammenbricht. Schaffen wir es dagegen, unsere Instinkte für unseren Verstand einzuspannen, dann mag eine sanfte Landung gelingen. Wir wären dann tatsächlich die erste Art, die die harten Regeln der Natur abmildert und eine plötzliche Reduzierung der Population verhindert.

Wenn wir von den Bäumen lernen wollen, dann müssen wir unseren wilden Mitgeschöpfen der Erde wieder mehr Platz einräumen, mehr Möglichkeiten, ihren und damit unseren Lebensraum wieder aufzubauen und zu erhalten. Wir müssen anerkennen, dass wir nach wie vor in einer Gemeinschaft mit ihnen leben, von ihnen profitieren und dafür auch etwas zurückgeben müssen. In diesem Sinne: Lassen Sie uns alle ein bisschen Buche werden.

Anmerkungen

1 Dodd, M. et al: Evidence for early life in Earth's oldest hydrothermal vent precipitates, in: *Nature* 543, S. 60–64 (2017). https://doi.org/10.1038/nature21377

2 Richter, D. et al.: The age of the hominin fossils from Jebel Irhoud, Morocco, and the origins of the Middle Stone Age. In: *Nature*. 546. Jahrgang, Nr. 7657 S. 293–296, 2017doi:10.1038/nature22335.

3 3 Der Walnuss-Urwald in Kirgistan, Deutschlandfunk, https://www.deutschlandfunk.de/der-walnuss-urwald-in-kirgistan-100.html, abgerufen am 01.07.2023

4 Geburtenkontrolle unterm Walnussbaum, in: *Scinexx*, https://www.scinexx.de/dossierartikel/geburtenkontrolle-unterm-walnussbaum/

5 Aranciaga Rolando, A. M. et al.: A large Megaraptoridae (Theropoda: Coelurosauria) from Upper Cretaceous (Maastrichtian) of Patagonia, Argentina. *Sci Rep* 12, 6318 (2022). https://doi.org/10.1038/s41598-022-09272-z

6 Quallen mit Schnellschuss: Nesselfäden mit fünf Millionenfacher Erdbeschleunigung katapultiert, in: *Scinexx.de*, https://www.scinexx.de/news/biowissen/quallen-mit-schnellschuss/

7 https://www.planet-wissen.de/natur/tiere_im_wasser/quallen/quallen-gift-100.html

8 Immel, A. et al.: Mitochondrial Genomes of Giant Deers Suggest their Late Survival in Central Europe, in: *Sci Rep* 5, 10853 (2015). https://doi.org/10.1038/srep10853

9 Manzuetti, A. et. al.: (2020): An extremely large saber-tooth cat skull from Uruguay (late Pleistocene–early Holocene, Dolores Formation): body size and paleobiological implications, Alcheringa, in: *An Australasian Journal of Palaeontology*, 44:2, 332-339, DOI: 10.1080/03115518.2019.1701080

10 https://www.br.de/nachrichten/wissen/kraehen-bauen-sich-aus-mehreren-teilen-werkzeuge-zusammen,R7x77rv

11 Schmidt, I., Zimmermann, A.: Population dynamics and socio-spatial organization of the Aurignacian: Scalable quantitative demographic data for western and central Europe. *PLOS ONE* 14(2): e0211562, 2019 https://doi.org/10.1371/journal.pone.0211562

12 Bae, C. J.; Douka, K.; Petraglia, M. D.: On the origin of modern humans: Asian perspectives. *Science* 358 (6368), e9067 (2017), https://doi.org/10.1126/science.aai9067

13 Am Rand des Abgrunds: Ein Vulkan löscht beinahe die gesamte Menschheit aus, in *Scinexx*, 3.4.2009, https://www.scinexx.de/dossierartikel/am-rand-des-abgrunds/

14 Zeng, T. C., Aw, A. J. & Feldman, M. W.: Cultural hitchhiking and competition between patrilineal kin groups explain the post-Neolithic Y-chromosome bottleneck. *Nat Commun* 9, 2077 (2018). https://doi.org/10.1038/s41467-018-04375-6

15 Zur Nahrungsökologie der Wölfe in Deutschland, Staatsbetrieb Sachsenforst, https://www.waldwissen.net/de/lebensraum-wald/wald-und-wild/wildtiermanagement/nahrungsoekologie-der-woelfe

16 Büro für Wildökologie, Klagenfurt, https://www.beutegreifer.at/categories/wissenswertes-biologie-beschreibung-76750c5d-57d5-4c13-a9d6-ea0624d8671d

17 Kurt, F.: Das Reh in der Kulturlandschaft. Ökologie, Sozialverhalten, Jagd und Hege, Kosmos Verlag, Stuttgart, 2002, S. 120

18 https://www.ima-agrar.de/wissen/agrilexikon/gewicht-rind

19 Mehr Stress, weniger Frösche?, Technische Universität Braunschweig, 12.05.2021, https://magazin.tu-braunschweig.de/m-post/mehr-stress-weniger-froesche/

20 https://www.wald-prinz.de/waldbesitzer-wem-gehort-der-wald/665#größten

21 https://www.williamscattlecompany.com.au/anna-creek

22 Distanzzonen, Lexikon der Psychologie, Spektrum.de, https://www.spektrum.de/lexikon/psychologie/distanzzonen/3543

23 Soziale Prozesse der Selbstregulation einer Wildkaninchenpopulation, Dissertation zur Erlangung des Doktorgrades der Fakultät Biologie, Chemie und Geowissenschaften der Universität Bayreuth, vorgelegt von Dipl. Biol. Paul Ernst Kaetzke, Januar 2010

24 Levine, H. et al.: Temporal trends in sperm count: a systematic review and meta-regression analysis of samples collected globally in the 20th and 21st centuries, *Human Reproduction Update*, Volume 29, Issue 2,

März-April 2023, Seiten 157–176, https://doi.org/10.1093/humupd/dmac035

25 Stress Degrades Sperm Quality, Mitteilung der Columbia School of Public Health, 29. Mai 2014, https://www.publichealth.columbia.edu/news/stress-degrades-sperm-quality

26 Helfenstein F. et al.: Sperm of colourful males are better protected against oxidative stress, Ecology Letters, 13, 2, 213-222 (4. Jan), https://doi.org/10.1111/j.1461-0248.2009.01419.x

27 Natürliche Bevölkerungsentwicklung, Demografieportal der Bundesregierung, https://www.demografie-portal.de/DE/Fakten/natuerliche-bevoelkerungsentwicklung.html

28 Zusammengefasste Geburtenziffer in Deutschland (1871-2021), Bundesinstitut für Bevölkerungsforschung, https://www.bib.bund.de/DE/Fakten/Fakt/F08-Zusammengefasste-Geburtenziffer-ab-1871.html

29 https://de.statista.com/statistik/daten/studie/749023/umfrage/fertilitaetsrate-in-nigeria/

30 Fenge, R. und Scheubel, B.: Pensions and fertility: back to the roots. *J Popul Econ* 30, S. 93–139 (2017). https://doi.org/10.1007/s00148-016-0608-x

31 Zusammengefasste Geburtenziffer in Deutschland (1871-2021), Bundesinstitut für Bevölkerungsforschung, https://www.bib.bund.de/DE/Fakten/Fakt/F08-Zusammengefasste-Geburtenziffer-ab-1871.html

32 Pillenknick? Kannst du knicken!, in: *Der Spiegel*, 19.03.2014, https://www.spiegel.de/wissenschaft/medizin/datenlese-pillenknick-nicht-verantwortlich-fuer-geburtenrueckgang-a-959087.html

33 WHO laboratory manual for the Examination and processing of human semen, https://apps.who.int/iris/bitstream/handle/10665/44261/9789241547789_eng.pdf;jsessionid=A852604BD762E59B657596C03C34934B?sequence=1

34 Bisphenol A: Massenchemikalie mit unerwünschten Nebenwirkungen, Hintergrundpapier des Umweltbundesamtes, Juli 2010, https://www.umweltbundesamt.de/publikationen/bisphenol-a

35 https://weather.com/de-DE/wissen/tiere/news/2022-02-16-russische-arktis-massensterben-von-rentieren

36 Gruseliger Parasit schickt Schnecken in den Tod, in: *GEO.de*, https://www.geo.de/natur/tierwelt/15943-rtkl-leucochloridium-paradoxum-gruseliger-parasit-schickt-schnecken-den-tod, abgerufen am 17.04.2023

37 Engelhaupt, E.: Die Parasiten sterben aus – und wir müssen sie retten, in: *nationalgeographic.de*, 13.04.2021, https://www.nationalgeographic.de/tiere/2021/04/die-parasiten-sterben-aus-und-wir-muessen-sie-retten
38 https://www.daserste.de/information/wissen-kultur/w-wie-wissen/sendung/2010/welt-in-zahlen-parasiten-100.html
39 Kehren Kopfläuse häufiger wieder? *Spektrum.de*, https://www.spektrum.de/news/kommen-kopflaeuse-wieder-haeufiger-vor/1429897, abgerufen am 16.04.2023
40 Richter, J., Häussinger, D., Mehlhorn, H.: Madenwurminfektion: Eine häufige, aber wenig beachtete Parasitose, in: *Deutsches Ärzteblatt* 43/2003, S. A2771
41 »Steinfresser«-Bakterien nachgewiesen, in: *Scinexx.de*, https://www.scinexx.de/news/geowissen/steinfresser-bakterien-nachgewiesen/, abgerufen am 17.04.2023
42 https://www.umweltbundesamt.de/bakterien#aussehen
43 D. Dykhuizen (2005): Species numbers in Bacteria. Proc. Calif. Acad. Sci. 56 (6 Suppl 1): 62–71.
44 Hubert, M.: Der Mensch als Metaorganismus, Deutschlandfunk, 30.12.2018, https://www.deutschlandfunk.de/meine-bakterien-und-ich-der-mensch-als-metaorganismus.740.de.html?dram:article_id=436989
45 Kappelman, J. et al.: First *Homo erectus* from Turkey and implications for migrations into temperate Eurasia, in: *American journal of physical anthropology.* Band 135, Nr. 1, Januar 2008, S. 110–11, https://doi.org/10.1002/ajpa.20739
46 Tuberculosis deaths and disease increase during the COVID-19 pandemic, Pressemitteilung der WHO vom 27.10.2022, https://www.who.int/news/item/27-10-2022-tuberculosis-deaths-and-disease-increase-during-the-covid-19-pandemic
47 Pest, Erreger und Übertragung, Bundesministerium für Soziales, Gesundheit, Pflege und Konsumentenschutz, Wien, https://www.sozialministerium.at/Themen/Gesundheit/Uebertragbare-Krankheiten/Infektionskrankheiten-A-Z/Pest.html, abgerufen am 17.04.2023
48 Izdebski, A. et al.: Palaeoecological data indicates land-use changes across Europe linked to spatial heterogeneity in mortality during the Black Death pandemic, in: *Nat Ecol Evol* 6, S. 297–306 (2022). https://doi.org/10.1038/s41559-021-01652-4

49 Der Tod lauert in der Klinik, *Deutschlandfunk*, 11.08.2010, https://www.deutschlandfunk.de/der-tod-lauert-in-der-klinik-100.html, abgerufen am 17.04.2023
50 MRSA, Bundesministerium für Gesundheit, https://www.bundesgesund heitsministerium.de/themen/praevention/gesundheitsgefahren/infektionskrankheiten/mrsa.html, abgerufen am 17.04.2023
51 Reserveantibiotika bleiben in der Tiermast erlaubt, *tagesschau.de*, https://www.tagesschau.de/ausland/europa/reserveantibiotika-tiermast-101.html, abgerufen am 17.04.2023
52 Sind Viren lebendig? *Bild der Wissenschaft*, 20. März 2020, https://www.wissenschaft.de/gesundheit-medizin/sind-viren-lebendig/
53 Viren, Bundeszentrale für gesundheitliche Aufklärung, https://www.infektionsschutz.de/infektionskrankheiten/erregerarten/viren/
54 Wir sind von Milliarden Phagen besiedelt, in: *Scinexx*, https://doi.org/10.1128/mBio.01874-17
55 Epstein-Barr-Virus: Von harmlos bis folgenschwer, Newsletter 86 des Bundesministeriums für Bildung und Forschung/Deutsches Zentrum für Infektionsforschung, November 2017, https://www.gesundheitsforschung-bmbf.de/de/epstein-barr-virus-von-harmlos-bis-folgenschwer-7238.php
56 Der Fuchs breitet sich zu stark aus, Wissenschaft erleben 2012/1, S. 10–11, Thünen-Institut, https://literatur.thuenen.de/digbib_extern/dn050850.pdf, abgerufen am 18.04.2023
57 Malin, J. J. et al.: Antivirale Medikamente, in: *Internist* 63, 118–128 (2022). https://doi.org/10.1007/s00108-021-01233-4
58 Antigenshift, in: *Lexikon Spektrum.de*, https://www.spektrum.de/lexikon/biologie/antigenshift/4081
59 Ansteckend, zerstörerisch und dennoch nützlich, Mitteilung vom 08.05.2002, Universität Jena, https://www.uni-jena.de/200507-marz-pohnert-interview
60 Early human activity at Wonderwerk Cave, in: *The Past*, 21.07.2021, https://the-past.com/news/early-human-activity-at-wonderwerk-cave/
61 Greshko, M.: »Feuervögel« verursachen Brände in Australien, in: *National Geographic*, 24.01.2018, https://www.nationalgeographic.de/tiere/2018/01/feuervoegel-verursachen-braende-in-australien
62 Where there's smoke and a mutation there may be an evolutionary edge for humans, Mitteilung der Pennsylvania State University vom 02.08.2016, https://www.psu.edu/news/research/story/where-theres-smoke-and-mutation-there-may-be-evolutionary-edge-humans/

63 Fischer, B. und Mitteroecker, P.: Covariation between human pelvis shape, stature, and head size alleviates the obstetric dilemma, in: *PNAS*, 112 (18) 5655-5660, 20. April 2015, https://doi.org/10.1073/pnas.1420325112

64 Uomini N. et al.: Extended parenting and the evolution of cognition, Phil. Trans. R. Soc. B3752019049520190495, 1. Juni 2020, http://doi.org/10.1098/rstb.2019.0495

65 Boeckle, M. und Bugnyar, T.: Long-Term Memory for Affiliates in Ravens, in: *Current Biology*, Volume 22, Issue 9, P801-806, MAY 08, 2012, https://doi.org/10.1016/j.cub.2012.03.023

66 Was Rabenrufe bedeuten, ORF, https://science.orf.at/v2/stories/2900679/, abgerufen am 18.04.2023, und: Was ein »Haa« über eine Futterstelle verrät, Pressemitteilung der Universität Wien, https://medienportal.univie.ac.at/media/aktuelle-pressemeldungen/detailansicht/artikel/was-ein-haa-ueber-eine-futterstelle-verraet/, abgerufen am 18.04.2023

67 Clevere Jagdgefährten, *Neue Zürcher Zeitung*, 01.07.2003, https://www.nzz.ch/folio/clevere-jagdgefahrten-ld.1618569, abgerufen am 18.04.2023

68 Als die Jäger sesshaft wurden, wissenschaft.de, https://www.wissenschaft.de/geschichte-archaeologie/als-die-jaeger-sesshaft-wurden/, abgerufen am 18.04.2023

69 Wo wurde der Wolf zum Freund? Neue Studie zur Domestizierung des Hundes, *nationalgeographic.de,* https://www.nationalgeographic.de/tiere/2022/06/wo-wurde-der-wolf-zum-freund-neue-studie-zur-domestizierung-des-hundes, abgerufen am 18.04.2023

70 McGovern, P: Uncorking the Past: The Quest for Wine, Beer, and Other Alcoholic Beverages. University of California; Reprint Edition, 17.12.2007

71 Van Schaik, C. und Michel, K.: Das Tagebuch der Menschheit. Was die Bibel über unsere Evolution verrät. Rowohlt Verlag, Reinbek, 2016, S. 64

72 Trust, Cooperation, and Religious Signaling, University of Connecticut, Zusammenstellung der Forschungsarbeiten zum Thema: https://richard-sosis.uconn.edu/trust-cooperation-and-religious-signaling/, abgerufen am 18.04.2023

73 Braucht die Menschheit Religion zum Überleben? Die Anthropodizee-Frage in der Evolution von Religion, in: *Spektrum.de*,

https://scilogs.spektrum.de/natur-des-glaubens/braucht-die-menschheit-religion-zum-ueberleben-die-anthropodizee-frage-in-der-evolution-von-religion/, abgerufen am 18.04.2023

74 Der Gotteshelm von Michael Persinger, in: *Spektrum.de*, https://scilogs.spektrum.de/natur-des-glaubens/der-gotteshelm-von-michael-persinger/, abgerufen am 18.04.2023

75 Landsborough, D.: St Paul and temporal lobe epilepsy, in: *Journal of Neurology, Neurosurgery and Psychiatry*, 1987, 50: 659–664

76 Kraft, U.: Wo Gott wohnt, in: *Gehirn und Geist*, 02/2002, S.13, https://www.yumpu.com/de/document/read/13486352/pdf-abrufen-gehirn-und-geist

77 Spiritualität ist tief in der menschlichen Natur verwurzelt, *Deutschlandfunk*, Sendung vom 15.07.2021, https://www.deutschlandfunk.de/religion-und-hirnforschung-spiritualitaet-ist-tief-in-der-100.html

78 Menzel, R.: Tierforscher fühlen sich mißverstanden, in: *Gegenworte*, 4. Heft Herbst 1999, S. 21

79 Prähistorische Demographie, Universität Kiel, https://www.uni-kiel.de/de/detailansicht/news/002-praehistorische-demographie#, abgerufen am 18.04.2023

80 Geschätzte Entwicklung der Weltbevölkerung in den Jahren 10000 vor Christus bis zum Jahr 2000, https://de.statista.com/statistik/daten/studie/1066248/umfrage/geschaetzte-entwicklung-der-weltbevoelkerung/, abgerufen am 18.04.2023

81 Dreifelderwirtschaft, Universität Ulm, https://www.uni-ulm.de/einrichtungen/garten/garten/freiland/dreifelderwirtschaft/

82 Kartoffeln: Geschichte, Züchtung und eine Katastrophe, Bundesministerium für Bildung und Forschung, https://www.pflanzenforschung.de/de/pflanzenwissen/journal/kartoffeln-geschichte-zuechtung-und-eine-katastrophe-11039, abgerufen am 18.04.2023

83 Viel Guano kann dem Klima helfen, *Deutschlandfunk Nova*, https://www.deutschlandfunknova.de/beitrag/guano-hunderttausende-tonnen-an-stickstoff-und-phosphor, abgerufen am 18.04.2023

84 Die Welt ernähren, ohne den Planeten zu schädigen, ist möglich, Mitteilung des Potsdam-Instituts für Klimafolgenforschung (PIK), https://www.pik-potsdam.de/de/aktuelles/nachrichten/die-welt-ernaehren-ohne-den-planeten-zu-schaedigen-ist-moeglich, abgerufen am 18.04.2023

85 Seidler, A. et al.: Seasonality of human sleep: Polysomnographic data of a neuropsychiatric sleep clinic, in: *Frontiers in Neuroscience*,

17 February 2023, Sec. Sleep and Circadian Rhythms, Volume 17 – 2023 https://doi.org/10.3389/fnins.2023.1105233

86 Ruddat, M.: Warum brauchen wir im Winter mehr Schlaf, Herr Kunz?, in: *Der Spiegel*, 01.03.2023, https://www.spiegel.de/gesundheit/schlafen-im-winter-warum-wir-in-der-kalten-jahreszeit-anders-funktionieren-a-7f77cf71-3ca9-4aa6-a287-324833811173?sara_ref=re-so-app-sh, abgerufen am 18.04.2023

87 Droht der Stromkollaps durchs Internet? *Deutschlandfunk*, 06.11.2022, https://www.deutschlandfunk.de/stromverbrauch-digitalisierung-internet-bitcoin-rechenzentren-abwaerme-100.html, abgerufen am 18.04.2023

88 Pyramidenbau, *Planet Wissen*, https://www.planet-wissen.de/geschichte/antike/pyramidenbau/index.html

89 Verzeichnis der anerkannten Ausbildungsberufe 2022, Bundesinstitut für Berufsbildung, https://www.bibb.de/dienst/publikationen/de/17944, abgerufen am 19.04.2023

90 Smith, G. et al.: Human Follicular Mites: Ectoparasites Becoming Symbionts, in: *Molecular Biology and Evolution Band* 39, Ausgabe 6, 21. Juni 2022, https://doi.org/10.1093/molbev/msac125

91 https://www.duden.de/rechtschreibung/Natur

92 Christopher J. Conselice et al. 2016: The Evolution of Galaxy Number Density at $z < 8$ and its Implications, in: *Astrophysical Journal* 830 83, DOI 10.3847/0004-637X/830/2/83

93 Ozaki, K. und Reinhard, C. T.: The future lifespan of Earth's oxygenated atmosphere, in: *Nature Geoscience*, Vol 14, 138-142, März 2021, DOI: 10.1038/s41561-021-00693-5

94 Wie das Leben in die Todeszone um Tschernobyl zurückkehrte, *GEO.de*, https://www.geo.de/natur/tierwelt/77-rtkl-tschernobyl-wie-das-leben-die-todeszone-zurueckkehrte

95 de Souza, J. G. et al.: Pre-Columbian earth-builders settled along the entire southern rim of the Amazon, in: *Nature Communications* Nr. 9/2018, Artikel Nr. 1125, https://doi.org/10.1038/s41467-018-03510-7

96 Hodgskiss, Malcolm S. W. et al.: A productivity collapse to end Earth's Great Oxidation, in: *PNAS* 116 (35) 17207-17212, 12. August 2019, https://doi.org/10.1073/pnas.1900325116

97 Allen, Philip A. und Etienne, James L.: Sedimentary challenge to Snowball Earth, in: *Nature Geoscience* 1, 817-825, 30.11.2008, https://doi.org/10.1038/ngeo355

98 Lingenhöhl, David: Erde gefror in kürzester Zeit, in: *Spektrum.de*, 10.06.2018, https://www.spektrum.de/news/erde-gefror-in-kuerzester-zeit/1570128, abgerufen am 22.04.2023

99 Amos, Jonathan: Chicxulub asteroid impact: Stunning fossils record dinosaurs' demise, *BBC News*, 29.03.2019, https://www.bbc.com/news/science-environment-47755275, abgerufen am 22.04.2023

100 Zentralanstalt für Meteorologie und Geodynamik des österreichischen Bundesministeriums für Bildung, Wissenschaft und Forschung: Astronomische Zyklen, https://www.zamg.ac.at/cms/de/klima/informationsportal-klimawandel/klimasystem/antriebe/astronomische-zyklen, abgerufen am 22.04.2023

101 https://www.zeit.de/zeit-wissen/2010/02/Dossier-Kosmos/seite-4, abgerufen am 22.04.2023

102 https://www.ardalpha.de/wissen/natur/tiere/artenschutz/rote-liste/breitmaulnashorn-noerdliches-wildtiere-aussterben-zuechtung-befruchtung-labor-100.html, abgerufen am 22.04.2023

103 Riesiger fossiler Regenwald entdeckt, *Spektrum.de*, https://www.spektrum.de/news/riesiger-fossiler-regenwald-entdeckt/872111

104 10 Lebewesen, die es seit Urzeiten gibt, *Spektrum.de*, https://www.spektrum.de/wissen/10-lebende-fossilien-aus-aller-welt/1415821

105 Sirocko, F. et al.: Thresholds for the presence of glacial megafauna in central Europe during the last 60,000 years, in: *Scientific Reports* 12, 20055 (2022). https://doi.org/10.1038/s41598-022-22464-x

106 Vreeland, Russell H. et al.: Isolation of a 250 million-year-old halotolerant bacterium from a primary salt crystal, in: *Nature* 407, 897–900 (2000). https://doi.org/10.1038/35038060

107 Beispielsweise hier: https://www.stern.de/panorama/wissen/mensch/steinzeit-leben-mit-staendigem-zahnschmerz-3755332.html, abgerufen am 22.04.2023

108 Gurven, M. und Kaplan, H: Longevity Among Hunter- Gatherers: A Cross-Cultural Examination. Population and Development Review, 33: 321-365., 2007 https://doi.org/10.1111/j.1728-4457.2007.00171.x

109 https://de.statista.com/themen/47/lebenserwartung/#topicOverview, abgerufen am 22.04.2023

110 Pressemitteilung des Statistischen Bundesamtes Nr. 544 vom 16. Dezember 2022 https://www.destatis.de/DE/Presse/Pressemitteilungen/2022/12/PD22_544_23211.html, abgerufen am 22.04.2023

111 https://www.scinexx.de/dossierartikel/das-geheimnis-der-telomere/, abgerufen am 22.04.2023

112 Puhlmann LMC et al.: Association of Short-term Change in Leukocyte Telomere Length With Cortical Thickness and Outcomes of Mental Training Among Healthy Adults: A Randomized Clinical Trial, in: *JAMA Netw Open*. 2019;2(9):e199687. doi:10.1001/jamanetworkopen.2019.9687

113 https://www.scinexx.de/dossierartikel/das-geheimnis-der-telomere/, abgerufen am 22.04.2023

114 https://www.matthias-film.de/store_files/1/upload/Herbstgold-Thema_alternde_Gesellschaft.pdf

115 Amadou Hampâté Bâ, African Studies Centre, Universität Leiden, https://www.ascleiden.nl/content/webdossiers/amadou-hampate-ba, abgerufen am 22.04.2023

116 Geburten, zusammengefasste Geburtenziffer 1960 bis 2018, Bundeszentrale für politische Bildung, https://www.bpb.de/kurz-knapp/zahlen-und-fakten/soziale-situation-in-deutschland/61550/geburten/

117 Anthony, A. und Atkinson, J.: Infant and child death in the human environment of evolutionary adaptation, in: *Evolution and Human Behavior* 34,3 S. 182–192, Mai 2013

118 Janson, M.: Staatliches Rentensystem zunehmend unter Druck, statista.com, https://de.statista.com/infografik/25320/verhaeltnis-von-altersrentnern-zu-beitragszahlern-in-der-gesetzlichen-rentenversicherung/, abgerufen am 22.04.2023

119 Arbeitsproduktivität – nachlassende Dynamik in Deutschland und Europa, Statistisches Bundesamt, https://www.destatis.de/DE/Methoden/WISTA-Wirtschaft-und-Statistik/2020/02/arbeitsproduktivitaet-022020.pdf?__blob=publicationFile, abgerufen am 31.05.2023

120 Working a four-day week boosts employee well-being while preserving productivity, major six-month trial finds, University of Cambridge, 20.02.2023, *Science X*, https://phys.org/news/2023-02-four-day-week-boosts-employee-well-being.html, abgerufen am 31.05.2023

121 Die Geschichte der Deutschen Rentenversicherung, Deutsche Rentenversicherung, https://www.deutsche-rentenversicherung.de/DRV/DE/Ueber-uns-und-Presse/Historie/historie_detailseite.html, abgerufen am 22.04.2023

122 Wie Bismarcks Rente die Geburtenrate beeinflusste, Deutsches Institut für Altersvorsorge, https://www.dia-vorsorge.de/gesetzliche-rente/wie-bismarcks-rente-die-geburtenrate-beeinflusste/, abgerufen am 22.04.2023

123 https://de.statista.com/statistik/daten/studie/616566/umfrage/entwicklung-des-renteneintrittsalters-in-deutschland/, abgerufen am 22.04.2023

124 Die Dauer des Rentenbezugs, Deutsche Rentenversicherung, https://www.google.com/url?sa=t&rct=j&q=&esrc=s&source=web&cd=&ved=2ahUKEwia-bKU5Yr-AhX-7bsIHZV8CScQFnoECAcQAw&url=https%3A%2F%2Fwww.deutsche-rentenversicherung.de%2FSharedDocs%2FDownloads%2FDE%2FStatistiken-und-Berichte%2FRentenatlas%2F2022%2Frentenatlas_2022_dauer_des_rentenbezugs.pdf%3F__blob%3DpublicationFile%26v%3D3&usg=AOvVaw0J2MA6bMfJ8siB8N6Bxidf, abgerufen am 22.04.2023

125 Alter und Altern: Ein interdisziplinärer Studientext zur Gerontologie, herausgegeben von Paul B. Baltes, Jürgen Mittelstraß und Ursula M. Staudinger, Walter de Gruyter, Berlin, 1994, und Paudler, F.: Die Alten und Krankentötung als Sitte bei indogermanischen Völkern. *Wörter und Sachen, Zeitschrift für indogermanische Sprachwissenschaft, Volksforschung und Kulturgeschichte*, Band 17, S. 1–57. Heidelberg, 1936

126 Lanzke, A.: Wann ist man eigentlich wirklich tot?, in: *Die Welt*, https://www.welt.de/wissenschaft/article212404827/Hirntod-Ab-wann-ist-man-eigentlich-wirklich-tot.html

127 Statistisches Bundesamt, https://www.destatis.de/DE/Themen/Gesellschaft-Umwelt/Gesundheit/Pflege/_inhalt.html

128 Die Häufigkeit von Demenzerkrankungen, Informationsblatt 1 der Deutschen Alzheimer Gesellschaft e. V., https://www.deutsche-alzheimer.de/fileadmin/Alz/pdf/factsheets/infoblatt1_haeufigkeit_demenzerkrankungen_dalzg.pdf

129 Kosten von Demenzerkrankungen weltweit in den Jahren 2018 und 2030, https://de.statista.com/statistik/daten/studie/1189601/umfrage/kosten-von-demenzerkrankungen-weltweit/

130 Wolfsforscherin Elli Radinger berichtete mir darüber, aber auch in ihren Büchern und auf ihrer Homepage: https://www.elli-radinger.de/verhalten-bei-einer-wolfsbegegnung/, abgerufen am 31.05.2023

131 Trinkaus, E. und Villotte, S.: External auditory exostoses and hearing loss in the Shanidar 1 Neandertal, in: *PLOS ONE*, 20.10.2017, https://doi.org/10.1371/journal.pone.0186684

132 Hier eine Zusammenstellung von verschiedenen Problemen in diesem Zusammenhang: https://www.quarks.de/gesundheit/medizin/darum-

greift-die-patientenverfuegung-haeufig-nicht/, abgerufen am 01.07.2023

133 »In der Biologie wird Evolution als die allmähliche Veränderung vererbbarer Merkmale von Generation zu Generation bezeichnet.« Definition auf der Seite der Max-Planck-Gesellschaft, https://www.mpg.de/evolution

134 Musculus arrector pili, in: *Pschyrembel online*, https://www.pschyrembel.de/Musculus%20arrector%20pili/K17CL, abgerufen am 23.04.2023

135 In der Spalte zwischen Amerika und Europa, *Spiegel online*, https://www.spiegel.de/wissenschaft/natur/silfra-spalte-in-der-kluft-zwischen-amerika-und-europa-a-1095278.html, abgerufen am 23.04.2023

136 Richter, D. et al.: The age of the hominin fossils from Jebel Irhoud, Morocco, and the origins of the Middle Stone Age. *Nature* 546, 293–296 (2017). https://doi.org/10.1038/nature22335

137 Poznik, G. et al.: Sequencing Y Chromosomes Resolves Discrepancy in Time to Common Ancestor of Males Versus Females, in: *Science*, 2 Aug 2013 Vol 341, Issue 6145 pp. 562-565. https://DOI: 10.1126/science.123761

138 Knipper, C. et al.: Female exogamy and gene pool diversification at the transition from the Final Neolithic to the Early Bronze Age in central Europe, in: *PNAS*, September 5, 2017, 114 (38) 10083-10088, https://doi.org/10.1073/pnas.1706355114

139 Callaway, E.: Did humans drive ›hobbit‹ species to extinction? *Nature* (2016). https://doi.org/10.1038/nature.2016.19651

140 Forth, G.: Flores after floresiensis, Implications of local reaction to recent palaeoanthropological discoveries on an eastern Indonesian island, Bijdragen tot de taal-, land- en volkenkunde/Journal of the Humanities and Social Sciences of Southeast Asia, S. 336-349, 01.01.2008

141 Roberts, A.: Evolution: The Human Story. Dorling Kindersley, London, 2011, S. 153

142 Rockshelter Discoveries Show Neandertals Were a Lot like Us, in: *Scientific American*, 01.02.2022, https://www.scientificamerican.com/article/rockshelter-discoveries-show-neandertals-were-a-lot-like-us/, abgerufen am 26.04.2023

143 Krause, J. et al.: The Derived *FOXP2* Variant of Modern Humans Was Shared with Neandertals, in: *Current Biology*, Volume 17,

Issue 21, 6 November 2007, Pages 1908-1912, https://doi.org/10.1016/j.cub.2007.10.008

144 https://www.spektrum.de/lexikon/psychologie/intelligenz/7263

145 Warum immer mehr Forschende Pflanzen für intelligent halten, Interview in *Perspektive Daily* vom 16.03.2023, https://perspective-daily.de/article/2526-warum-immer-mehr-forschende-pflanzen-fuer-intelligent-halten/K5s1jlZq, abgerufen am 26.04.2023

146 Podcast »Peter und der Wald« vom 08.02.2022, mehr zu der Forschung von Prof. Karen Alim auch unter https://www.ph.tum.de/latest/news/memory-without-brain/?language=de, abgerufen am 26.04.2023

147 Zoonosen: Die meisten Infektionskrankheiten kommen von Tieren, *Deutschlandfunk Nova*, 1. März 2020, https://www.deutschlandfunknova.de/beitrag/das-neue-coronavirus-die-meisten-neuen-infektionskrankheiten-stammen-von-tieren, abgerufen am 24.04.2023

148 Zoonosen, Robert Koch-Institut, https://www.rki.de/DE/Content/InfAZ/Z/Zoonosen/Zoonosen.html

149 HIV-Infektion/Aids, Robert Koch-Institut, https://www.rki.de/DE/Content/Infekt/EpidBull/Merkblaetter/Ratgeber_HIV_AIDS.html#doc2374480bodyText2, abgerufen am 31.05.2023

150 Worobey, M.: Genesis and pathogenesis of the 1918 pandemic H1N1 influenza A virus, in: *PNAS*, April 28, 2014, 111 (22) 8107-8112, https://doi.org/10.1073/pnas.132419711

151 Johnson, N. und Mueller, J.: Updating the Accounts: Global Mortality of the 1918-1920 »Spanish« Influenza Pandemic, in: *Bulletin of the History of Medicine*, Johns Hopkins University Press, Volume 76, Number 1, pp. 105-115, Spring 2002, https://doi.org/10.1353/bhm.2002.0022

152 Junger Zugvogel bricht wohl Weltrekord, *Spiegel.de*, 29.10.2022, https://www.spiegel.de/panorama/junger-zugvogel-bricht-wohl-weltrekord-a-27ffc523-d816-40e2-9d58-c59884f70183, abgerufen am 26.04.2023

153 Das nahezu perfekte Vogelvirus H5N1 – WHO bereitet sich auf Übersprung vor, *MDR-Wissen* vom 30.03.2023, https://www.mdr.de/wissen/vogelgrippe-nahe-am-perfekten-virus-102.html, abgerufen am 26.04.2023

154 Interview mit Prof. Dr. Andre Franke, Universität Kiel, *Deutschlandfunk*, Sendung vom 16.12.2022, https://www.dw.com/de/corona-schutz-durch-blutgruppe-0/av-64045162, abgerufen am 26.04.2023

155 https://www.fitmacher.de/magazin/beitrag/welche-blutgruppen-es-gibt-und-was-der-rhesusfaktor-aussagt/, abgerufen am 26.04.2023

156 Anthony, S. et. al.: A Strategy To Estimate Unknown Viral Diversity in Mammals, in: *mBio*, Volume 4 Issue 5 e00598-13, September/October 2013, https://doi.org/10.1128/mBio.00598-13, abgerufen am 01.05.2023

157 https://de.statista.com/statistik/daten/studie/498302/umfrage/anzahl-der-todesfaelle-aufgrund-von-malaria-nach-weltregionen/, abgerufen am 26.04.2023

158 Laut Angaben des Robert Koch-Instituts: https://de.statista.com/statistik/daten/studie/498302/umfrage/anzahl-der-todesfaelle-aufgrund-von-malaria-nach-weltregionen/, abgerufen am 26.04.2023

159 Kommt die Malaria nach Deutschland zurück?, in: *Spektrum.de*, https://www.spektrum.de/frage/kommt-die-malaria-nach-deutschland-zurueck/1052289

160 Sichelzellenanämie, Pschyrembel online, https://www.pschyrembel.de/Sichelzellenanämie/K0KWQ, abgerufen am 26.04.2023

161 Warum Sichelzellenanämie vor Malaria schützt – Mechanismus aufgeklärt, Presseerklärung der Universität Leipzig vom 02.05.2011, https://idw-online.de/de/news420704#:~:text=Besonders%20in%20Gebieten%20in%20denen,aufweisen%2C%20besonders%20viele%20in%20Afrika., abgerufen am 26.04.2023

162 https://de.statista.com/statistik/daten/studie/162654/umfrage/faelle-von-cholera-weltweit-seit-1999/

163 Robert Koch-Institut (Hrsg): Gesundheit in Deutschland – die wichtigsten Entwicklungen. Gesundheitsberichterstattung des Bundes. Gemeinsam getragen von RKI und Destatis. RKI, Berlin, 2016, DOI 10.17886/RKI-GBE-2016-021.2

164 Morgan, I. et al.: Myopia, in: *The Lancet*, Volume 379, Issue 9827, S. 1739–1748, 05.05.2012, https://doi.org/10.1016/S0140-6736(12)60272-4

165 Todesursachen nach Krankheitsarten, Statistisches Bundesamt, https://www.destatis.de/DE/Themen/Gesellschaft-Umwelt/Gesundheit/Todesursachen/_inhalt.html#235880, abgerufen am 26.04.2023

166 Where there's smoke and a mutation there may be an evolutionary edge for humans, Mitteilung der Pennsylvania State University vom 02.08.2016, https://www.psu.edu/news/research/story/where-theres-smoke-and-mutation-there-may-be-evolutionary-edge-humans/

167 https://de.statista.com/statistik/daten/studie/1172056/umfrage/anteil-rauchbedingter-todesfaelle-nach-laendern/, abgerufen am 26.04.2023

168 Kleinfeuerungsanlagen, Umweltbundesamt, https://www.umweltbundesamt.de/themen/wirtschaft-konsum/industriebranchen/feuerungsanlagen/kleinfeuerungsanlagen#umweltwirkungen-von-kleinfeuerungsanlagen, abgerufen am 26.04.2023

169 Die Nebenwirkungen der Behaglichkeit: Feinstaub aus Kamin und Holzofen, Hintergrundpapier des Umweltbundesamtes, Dezember 2007, https://www.umweltbundesamt.de/publikationen/nebenwirbkungen-behaglichkeit-feinstaub-aus-kamin, abgerufen am 26.04.2023

170 Sauberere Luft hätte 2019 in der EU mindestens 178 000 Menschenleben retten können, *European Environment Agency*, https://www.eea.europa.eu/de/highlights/sauberere-luft-haette-2019-in

171 https://www.br.de/wissen/epigenetik-erbgut-vererbung100.html

172 Das menschliche Mikrobiom, European Centre for Allergy Research Foundation (ECARF), https://www.ecarf.org/info-portal/allgemeine-allergie-infos/das-menschliche-mikrobiom/, abgerufen am 26.04.2023

173 Kommt jetzt der Mensch nach Maß? *Deutschlandfunk*, 25.09.2022, https://www.deutschlandfunk.de/gentechnik-genmanipulation-klonschaf-retortenbaby-genschere-100.html, abgerufen am 26.04.2023

174 https://www.bpb.de/kurz-knapp/lexika/recht-a-z/324006/schuldfaehigkeit/

175 Aus: Lexikon der Biologie, *Spektrum.de*, https://www.spektrum.de/lexikon/biologie/instinkt/34229

176 Soon, C. et al.: Unconscious determinants of free decisions in the human brain, in: *Nature Neuroscience* Nr. 11, S. 543–545 (2008). https://doi.org/10.1038/nn.2112

177 Lexikon der Neurowissenschaft, *Spektrum. de*, https://www.spektrum.de/lexikon/neurowissenschaft/bewusstsein/1446

178 Es gibt keinen Hinweis, dass ein Unterbewusstsein existiert, Interview mit Nick Chater in *GEO*, https://www.geo.de/wissen/gesundheit/22098-rtkl-psychologie-es-gibt-keinen-hinweis-dass-ein-unterbewusstsein-existiert

179 von Kopp, D. (2015). 11 Millionen vs. 40 Bit. In: *Focusing. Essentials.* Springer, Wiesbaden. https://doi.org/10.1007/978-3-658-08754-8_10

180 The invisible Gorilla, http://www.theinvisiblegorilla.com/videos.html, abgerufen am 28.04.2023

181 Simons, D. und Chabris, C.: Gorillas in Our Midst: Sustained Inattentional Blindness for Dynamic Events. *Perception*, 28/1999, S. 1059–1074

182 Energiesparen beginnt im Kopf, Pressemitteilung der Max-Planck-Gesellschaft vom 10.09.2009, https://www.mpg.de/571562/energiesparen-beginnt-im-kopf, abgerufen am 28.04.2023

183 Das Gehirn, Max-Planck-Gesellschaft, https://www.mpg.de/gehirn#:~:text=Das%20menschliche%20Gehirn%20ist%20das,kein%20Supercomputer%20bis%20heute%20heranreicht., abgerufen am 28.04.2023

184 Universität Hamburg, Institut für Deutsche Gebärdensprache und Kommunikation Gehörloser, https://www.sign-lang.uni-hamburg.de/projekte/plex/plex/lemmata/i-lemma/instinkt.htm

185 Diese Strategie wird auf vielen Portalen und Nachrichtenseiten empfohlen, etwa hier bei der Stuttgarter Zeitung: https://www.stuttgarter-zeitung.de/inhalt.abnehmen-ohne-muskeln-zu-verlieren-mhsd.ec088be6-3768-4ba1-8c0a-80a334b43c7e.html, abgerufen am 29.04.2023

186 Übergewicht und Adipositas, Robert Koch-Institut, https://www.rki.de/DE/Content/Gesundheitsmonitoring/Themen/Uebergewicht_Adipositas/Uebergewicht_Adipositas_node.html#:~:text=Nach%20Selbstangaben%20aus%20den%20Jahren,steigen%20Übergewichts%2D%20und%20Adipositasprävalenzen%20an., abgerufen am 29.04.2023

187 https://www.duden.de/rechtschreibung/Sorge

188 Hommen, D.: Die Krux an der Willensfreiheit, *Spektrum.de*, https://doi.org/10.1007/978-3-658-08754-8_10, abgerufen am 28.04.2023

189 Van der Kaars, S. et al.: Humans rather than climate the primary cause of Pleistocene megafaunal extinction in Australia. *Nat Commun* 8, 14142 (2017). https://doi.org/10.1038/ncomms14142, abgerufen am 01.05.2023

190 https://de.statista.com/statistik/daten/studie/1188826/umfrage/ackerflaeche-pro-kopf-entwicklung/, abgerufen am 01.05.2023

191 https://www.footprintnetwork.org/our-work/earth-overshoot-day/, abgerufen am 01.05.2023

192 Flächen sparen – Böden und Landschaften erhalten, Umweltbundesamt, https://www.umweltbundesamt.de/themen/boden-landwirtschaft/flaechensparen-boeden-landschaften-erhalten#flachenverbrauch-in-deutschland-und-strategien-zum-flachensparen, abgerufen am 01.05.2023

193 https://www.bundesregierung.de/breg-de/suche/wohnungsbau-bundesregierung-2006224, abgerufen am 01.05.2023

194 https://de.statista.com/statistik/daten/studie/36495/umfrage/wohnflaeche-je-einwohner-in-deutschland-von-1989-bis-2004/, abgerufen am 01.05.2023

195 Bodenfruchtbarkeit und Erosion, Weltagrarbericht, https://www.weltagrarbericht.de/themen-des-weltagrarberichts/bodenfruchtbarkeit-und-erosion.html, abgerufen am 01.05.2023

196 Wir verlieren an Boden, Hintergrundpapier des Bundesministeriums für wirtschaftliche Zusammenarbeit und Entwicklung (BMZ), https://www.bmz.de/de/themen/boden/hintergrund-20826, abgerufen am 01.05.2023

197 https://www.wwf.de/themen-projekte/waelder/waldvernichtung, abgerufen am 01.05.2023

198 https://www.destatis.de/Europa/DE/Thema/Bevoelkerung-Arbeit-Soziales/Gesundheit/Uebergewicht.html, abgerufen am 01.05.2023

199 https://de.statista.com/statistik/daten/studie/153908/umfrage/fettleibigkeit-unter-erwachsenen-in-oecd-laendern/, abgerufen am 01.05.2023

200 UN Report: Global hunger numbers rose to as many as 828 million in 2021, World Health Organization, https://www.who.int/news/item/06-07-2022-un-report--global-hunger-numbers-rose-to-as-many-as-828-million-in-2021, abgerufen am 01.05.2023

201 UN-Bericht: Die Zahl der weltweit von Hunger betroffenen Menschen ist 2021 auf bis zu 828 Millionen angestiegen, UNICEF, 07.07.2022, https://unicef.at/news/einzelansicht/un-bericht-die-zahl-der-weltweit-von-hunger-betroffenen-menschen-ist-2021-auf-bis-zu-828-millionen-angestiegen/, abgerufen am 02.05.2023

202 Schadet die EU mit ihrer Agrarpolitik wirklich den Ärmsten der Welt?, in: *derStandard*, 11.08.2019, https://www.derstandard.at/story/2000107105297/schadet-die-eu-mit-ihrer-agrarpolitik-wirklich-den-aermsten-der, abgerufen am 02.05.2023

203 Krieg gegen die Ukraine befeuert weiter globale Ernährungskrise, World Food Programme der Vereinten Nationen (WFP), Pressemitteilung vom 21.02.2023, https://de.wfp.org/pressemitteilungen/krieg-gegen-die-ukraine-befeuert-weiter-globale-ernaehrungskrise, abgerufen am 03.05.2023

204 Ein gutes Hintergrundpapier zur Problematik von Bioenergie findet sich hier: https://www.rnd.de/politik/agrosprit-und-co-loest-bioenergie-das-klimaproblem-oder-verschaerft-sie-es-DNHCHUP7AJD3DM5XMP4RUM4VQ4.html, abgerufen am 02.05.2023

205 Biomasse und Klimaschutz, Öko-Institut, Berlin/Darmstadt, 18.01.2023, S. 5
206 Das irdische Reich der Gottesmänner, *Focus online*, https://www.focus.de/politik/deutschland/so-wohlhabend-ist-der-konzern-kirche-das-irdische-milliardenimperium-der-gottesmaenner_id_3299301.html, abgerufen am 02.05.2023
207 Kirchen nehmen 13 Milliarden Euro ein, *tagesschau.de*, https://www.tagesschau.de/inland/gesellschaft/kirchensteuer-studie-2022-101.html#:~:text=Die%20beiden%20großen%20Kirchen%20in,etwa%206%2C1%20Milliarden%20Euro., abgerufen am 03.05.2023
208 Erzeugerpreise Mais auf *agrarheute.com* vom 03.05.2023, abgerufen am 03.05.2023
209 Wie viele Kalorien am Tag brauchen wir? Techniker Krankenkasse, https://www.tk.de/techniker/magazin/ernaehrung/uebergewicht-und-diaet/wie-viele-kalorien-pro-tag-2006758, abgerufen am 03.05.2023
210 Poore, J. und Nemecek, T.: Reducing food's environmental impacts through producers and consumers, in: *Science*, Vol. 360, No. 6392, Seite 987-992, https://doi.org/10.1126/science.aaq0216, abgerufen am 01.05.2023
211 Globale Tierhaltung, Fleischproduktion und Fleischkonsum, Statistisches Bundesamt, https://www.destatis.de/DE/Themen/Laender-Regionen/Internationales/Thema/landwirtschaft-fischerei/tierhaltung-fleischkonsum/_inhalt.html#:~:text=Der%20jährliche%20Fleischverbrauch%20hat%20in,2019%20bereits%2043%2C2%20Kilogramm., abgerufen am 03.05.2023
212 Die große Hungersnot, *Planet Wissen*, https://www.planet-wissen.de/kultur/westeuropa/geschichte_irlands/pwiediegrossehungersnot100.html#:~:text=In%20den%20Jahren%201845%20bis,Leben%20in%20Irland%20bis%20heute., abgerufen am 03.05.2023
213 Was es für Ihre Region bedeutet, wenn Deutschland sich vom Welthandel abkoppeln würde, *Spiegel online* vom 04.05.2023, https://www.spiegel.de/wirtschaft/degloblisierung-welche-folgen-ein-abschied-vom-welthandel-fuer-deutschland-haette-a-72be3a75-be57-4555-9a4a-61b3297e34dc, abgerufen am 04.05.2023
214 Die Deutschen hoben aus Angst Milliarden Euro ab, *welt.de*, https://www.welt.de/finanzen/article3978627/Die-Deutschen-hoben-aus-Angst-Milliarden-Euro-ab.html, abgerufen am 04.05.2023

215 Vorsorgen für den Stromausfall, BBK, https://www.bbk.bund.de/DE/Warnung-Vorsorge/Tipps-Notsituationen/Stromausfall/stromausfall_node.html, abgerufen am 04.05.2023

216 Blackout: Vom drohenden Kollaps der Gesellschaft, GDV, https://www.gdv.de/gdv/themen/schaden-unfall/blackout-vom-drohenden-kollaps-der-gesellschaft-82420, abgerufen am 04.05.2023

217 Was Russlands Krieg in der Ukraine mit deutschen Windkraftanlagen zu tun hat, *Spiegel online*, https://www.spiegel.de/wissenschaft/technik/russland-ukraine-was-der-ausfall-eines-satellitennetzwerks-mit-deutschen-windkraftanlagen-zu-tun-hat-a-22850ad5-dee2-42c4-8c5a-c2b39ac42da4, abgerufen am 05.05.2023

218 FAQs zu Nitrat im Grund- und Trinkwasser, Umweltbundesamt, https://www.umweltbundesamt.de/themen/wasser/grundwasser/nutzung-belastungen/faqs-zu-nitrat-im-grund-trinkwasser#was-ist-der-unterschied-zwischen-trinkwasser-rohwasser-und-grundwasser, abgerufen am 05.05.2023

219 Kopatz, V. et al.: Micro- and Nanoplastics Breach the Blood–Brain Barrier (BBB): Biomolecular Corona's Role Revealed, in: *Nanomaterials* 2023, *13*(8), 1404; https://doi.org/10.3390/nano13081404

220 Evershed, R. P. et al.: Dairying, diseases and the evolution of lactase persistence in Europe, in: *Nature* 608, 336–345 (2022). https://doi.org/10.1038/s41586-022-05010-7

221 Verteilung der Biomasse aller Säugetiere weltweit nach Art im Jahr 2015, statista.com, https://de.statista.com/statistik/daten/studie/1315410/umfrage/verteilung-der-saeugetiere-nach-art-weltweit/, abgerufen am 05.05.2023

222 Ulrich, K. et al.: Physiological and genomic characterisation of Luteimonas fraxinea sp. nov., a bacterial species associated with trees tolerant to ash dieback, in: *Systematic and Applied Microbiology*, Volume 45, Issue 4, 2022, 126333, ISSN 0723-2020, https://doi.org/10.1016/j.syapm.2022.126333., abgerufen am 05.05.2023

223 FAQ – Häufige Fragen zum Eschentriebsterben, FVA Baden-Württemberg, https://www.waldwissen.net/de/waldwirtschaft/schadensmanagement/pilze-und-nematoden/faq-eschentriebsterben#:~:text=Das%20Eschentriebsterben%20ist%20seit%20etwa,Japan%2C%20Südost%2DSibirien)., abgerufen am 02.06.2023

224 Giger, W.: Brandkatastrophe in Schweizerhalle 1986 – Rückblick und Bilanz. *UWSF-Z. Umweltchem. Ökotox* 19 (Suppl 1), 11–23 (2007). https://doi.org/10.1065/uwsf2007.03.165, abgerufen am 01.05.2023

225 https://www.spiegel.de/politik/quatsch-angefangen-a-1a4d4348-0002-0001-0000-000013530360, abgerufen am 01.05.2023

226 Die Produzenten in China profitieren von den schwachen Umweltauflagen, *greenpeace.de*, https://www.greenpeace.de/engagieren/nachhaltiger-leben/textilindustrie-vergiftet-gewaesser, abgerufen am 11.05.2023

227 Müllexport in Drittländer – EU-Parlament stimmt für strengere Regeln, *spiegel.de*, 17.01.2023, https://www.spiegel.de/wirtschaft/muell-export-in-drittlaender-eu-parlament-stimmt-fuer-strengere-regeln-a-acaf970f-8b20-4845-9152-218a0cc0211f, abgerufen am 11.05.2023

228 Die heimliche Macht des Unbewussten, *welt.de*, https://www.welt.de/wissenschaft/article3411612/Die-heimliche-Macht-des-Unbewussten.html, abgerufen am 11.05.2023

229 Mehrabian, A., & Wiener, M. (1967): Decoding of inconsistent communications, in: *Journal of Personality and Social Psychology,* 6(1), S. 109–114. https://doi.org/10.1037/h0024532

230 https://www.scinexx.de/news/biowissen/partnerwahl-ziehen-sich-unterschiede-an/, abgerufen am 01.05.2023

231 Riechen, *Planet Wissen*, https://www.planet-wissen.de/natur/sinne/riechen/index.html, abgerufen am 11.05.2023

232 So kreieren Hersteller den perfekten Neuwagen-Geruch, Welt, 6.3.2015, https://www.welt.de/motor/article138131980/So-kreieren-Hersteller-den-perfekten-Neuwagen-Geruch.html, abgerufen am 01.05.2023

233 Richard H. Thaler – Wirtschaftsnobelpreisträger 2017, *Wirtschaftsdienst*, https://www.wirtschaftsdienst.eu/inhalt/jahr/2017/heft/11/beitrag/richard-h-thaler-wirtschaftsnobelpreistraeger-2017.html#:~:text=Der%20diesjährige%20Nobelpreisträger%20Richard%20H,Verhaltensökonomie%20entscheidend%20mitgeprägt%20und%20vorangebracht., abgerufen am 02.06.2023

234 Rodelnde Krähe: https://www.spiegel.de/video/rodelvogel-kraehe-auf-schlittenfahrt-video-1172025.html, abgerufen am 03.06.2023

235 Byrne, R.: The what as well as the why of animal fun, *Current Biology* Vol 25 No1R2-R4, https://www.cell.com/current-biology/pdf/S0960-9822(14)01123-3.pdf, abgerufen am 03.06.2023

236 The Fun Theory: Spielerischer und kreativer Einsatz von Nudging im Bereich Recycling, Blog der Universität Innsbruck, https://www.uibk.

ac.at/ibf/blog-wirtschaft-und-verantwortung/posts/the-fun-theory-spielerischer-und-kreativer-einsatz-von-nudging-im-bereich-recycling.html, abgerufen am 03.06.2023

237 Einweg-Plastik wird verboten, Pressemitteilung der Bundesregierung, https://www.bundesregierung.de/breg-de/service/archiv/einwegplastik-wird-verboten-1763390.pdf, abgerufen am 11.05.2023

238 https://www.umweltbundesamt.de/daten/klima/der-europaeische-emissionshandel#teilnehmer-prinzip-und-umsetzung-des-europaischen-emissionshandels, abgerufen am 01.05.2023

239 Wale als CO2-Speicher, *ZDF-Terra-X*, 12.12.2022, https://www.zdf.de/dokumentation/terra-x/wale-als-co2-speicher-creative-commons-clip-100.html, abgerufen am 01.05.2023

240 »Walkot hilft dem Klima«, Interview in der *taz* vom 12.07.2021, https://taz.de/Biologe-ueber-Artensterben-und-Klimakrise/!5784568/, abgerufen am 01.05.2023

241 Lewis S. et al.: Restoring natural forests is the best way to remove atmospheric carbon, in: *Nature* 568/2019, 25–28. https://doi.org/10.1038/d41586-019-01026-8

242 Brennholz und Bioenergie, Homepage der Landesforsten Rheinland-Pfalz, https://www.wald.rlp.de/de/nutzen/holz/brennholz-und-bioenergie/, abgerufen am 12.05.2023

243 CarboEurope-IP, An Assessment of the European Terrestrial Carbon Balance, Jena, 2009, S. 21

244 Lutz, J. et al.: Global importance of large-diameter trees, in: *Global Ecology and Biogeography*, Volume 27/2018, Issue 7, Pages 849-864, https://doi.org/10.1111/geb.12747

245 Hier sehr schön beschrieben: https://www.mathematik.uni-muenhchen.de/~spielt/vortraegeopen/Das%20Gefangenendilemma.pdf, abgerufen am 12.05.2023

246 Entwicklung der weltweiten jährlichen Fangmenge aller Meereslebewesen zwischen 1950 und 2020, *statista.de*, https://de.statista.com/statistik/daten/studie/1194464/umfrage/weltweite-fangmenge-aller-meereslebewesen/#:~:text=Im%20Jahr%202020%20wurden%20dem,gelten%20viele%20Fischarten%20als%20überfischt., abgerufen am 12.05.2023

247 Anteil der Fischbestände innerhalb biologisch nachhaltiger Grenzen[1] weltweit in den Jahren 1974 bis 2019, statista.de, https://de.statista.com/statistik/daten/studie/1191794/umfrage/ueberfischung-anteil-der-stabilen-fischbestaende/, abgerufen am 12.05.2023

248 Welche Fangmethoden gibt es? *Greenpeace.de*, https://www.greenpeace.de/biodiversitaet/meere/fischerei/fangmethoden, abgerufen am 12.05.2023

249 Zur Patentierung von Lebewesen stellt dieser Artikel gut den Stand der Dinge dar: https://www.spektrum.de/news/lassen-sich-patente-auf-lebewesen-oder-naturprodukte-erteilen/1758408, abgerufen am 12.05.2023

250 Abkommen von Paris, Bundesministerium für Wirtschaft und Klimaschutz, https://www.bmwk.de/Redaktion/DE/Artikel/Industrie/klimaschutz-abkommen-von-paris.html, abgerufen am 13.05.2023

251 Verfassungsbeschwerden gegen das Klimaschutzgesetz teilweise erfolgreich, Pressemitteilung des Bundesverfassungsgerichts vom 29.04.2021, https://www.bundesverfassungsgericht.de/SharedDocs/Pressemitteilungen/DE/2021/bvg21-031.html, abgerufen am 13.05.2023

252 Wissenschaftliche Untersuchung und Bewertung des Indikators »Ökologischer Fußabdruck«, Forschungsbericht 363 01 135, UBA-FB 001089, S. 8

253 Wie der CO2-Fußabdruck die Klima-Realität verschleiert, *ARD alpha*, https://www.ardalpha.de/wissen/umwelt/nachhaltigkeit/co2-fussabdruck-carbon-footprint-shell-exxon-bp-taeuschung-klima-100.html#:~:text=Der%20CO2%2DRechner%20Wie%20er,CO2%2DEmissionen%20sie%20verantwortlich%20sind., abgerufen am 13.05.2023

254 Siehe Homepage der IWC: https://iwc.int/en/, abgerufen am 01.05.2023

255 Warum das Verbot des Kükentötens kein Erfolg für den Tierschutz ist, *Der Spiegel* 7/2023, 10.02.2023, https://www.spiegel.de/wissenschaft/kuekentoeten-warum-das-verbot-kein-erfolg-fuer-den-tierschutz-ist-a-a5b5d196-2a91-4a62-9a3b-7e237279df12, abgerufen am 13.05.2023

256 Bisher ist sie strafbar: Neue Stromzähler-Technik soll in Deutschland kommen, efahrer.com, https://efahrer.chip.de/news/bisher-ist-sie-strafbar-neue-stromzaehler-technik-soll-in-deutschland-kommen_1011576#:~:text=Stromzähler%20läuft%20rückwärts%3A%20In%20den%20Niederlanden%20geht%20das&text=Damit%20dürften%20sich%20Stromzähler%20dann,analogen%20Stromzählern%20ohne%20besagte%20Rücklaufsperre., abgerufen am 13.05.2023

257 Berros, María Valeria: The Constitution of the Republic of Ecuador: Pachamama Has Rights., in: *Environment & Society Portal*, Arcadia (2015), no. 11. Rachel Carson Center for Environment and Society. https://doi.org/10.5282/rcc/7131., abgerufen am 01.05.2023

258 Bethge, Philip: Der Wald zieht vor Gericht, in: *Der Spiegel* Nr. 51, 17.12.2022, S. 108-110

259 »Ich würde der Natur Grundrechte geben«, Interview mit Prof. Jens Kersten, Ludwig-Maximilians-Universität München, 07.06.2022, https://www.lmu.de/de/newsroom/newsuebersicht/news/ich-wuerde-der-natur-grundrechte-geben.html, abgerufen am 13.05.2023

260 https://www.bundestag.de/services/glossar/glossar/D/demokratie-245374, abgerufen am 01.05.2023

261 Lobbyregister, Deutscher Bundestag, https://www.lobbyregister.bundestag.de/startseite, abgerufen am 13.05.2023

262 Wissing schlägt EU-Kommission Lösung vor, *tagesschau.de*, 16.03.2023, https://www.tagesschau.de/ausland/europa/verbrennungsmotor-wissing-101.html, abgerufen am 13.05.2023

263 E-Fuels sind nicht sinnvoll für den großflächigen Einsatz bei Pkw und Lkw, Fraunhofer-Institut für System- und Innovationsforschung, https://www.isi.fraunhofer.de/de/presse/2023/presseinfo-05-efuels-nicht-sinnvoll-fuer-pkw-und-lkw.html, abgerufen am 13.05.2023

264 Ein fast perfekter Männertraum, *Spiegel online*, 03.08.2018, https://www.spiegel.de/politik/christian-lindner-und-seine-leidenschaft-fuer-autos-ein-maennertraum-a-00000000-0002-0001-0000-000158730554?sara_ref=re-xx-cp-sh, abgerufen am 14.05.2023

265 FDP-Chef Christian Lindner im ZDF-Sommerinterview am 14.08.2022, https://www.zdf.de/nachrichten/politik/christian-lindner-fdp-porsche-gasumlage-sommerinterview-100.html, abgerufen am 14.05.2023

266 Nicht ganz sauber: Porsches heikles E-Fuel-Versprechen, in: *Spiegel.de*, https://www.spiegel.de/auto/e-fuels-aus-chile-porsches-potemkinsches-dorf-a-9eaf5e47-8a56-4310-b15b-b4d7cdf5fba7, abgerufen am 03.06.2023

267 Oels, Wolfgang: Democracy For Future, S. 84, oekom verlag, München, 2021

268 Grundzüge der athenischen Demokratie, Bundeszentrale für politische Bildung, https://www.bpb.de/shop/zeitschriften/izpb/demokratie-332/248544/grundzuege-der-athenischen-demokratie/, abgerufen am 14.05.2023

269 Das Verfassungsreferendum in Island, *Deutschlandfunk*, https://www.deutschlandfunk.de/das-verfassungsreferendum-in-island-100.html, abgerufen am 14.05.2023

270 Bärbel Bas: Vorbereitungen für den ersten Bürgerrat starten, Deutscher Bundestag, https://www.bundestag.de/dokumente/textarchiv/2023/kw13-buergerraete-940748, abgerufen am 14.05.2023

271 Ressourcenbilanz: Welchen Rohstoffbedarf haben Elektroautos?, Bundesministerium für Umwelt, Naturschutz, nukleare Sicherheit und Verbraucherschutz, https://www.bmuv.de/themen/luft-laerm-mobilitaet/verkehr/elektromobilitaet/ressourcenbilanz, abgerufen am 03.06.2023

272 Wietschel, M. et. al.: Langfristige Umweltbilanz und Zukunftspotenzial alternativer Antriebstechnologien, in: *Studie zum deutschen Innovationssystem*, Nr. 9-2022, S. 53, Berlin, Februar 2022

273 https://de.statista.com/statistik/daten/studie/244999/umfrage/weltweiter-pkw-und-nutzfahrzeugbestand/, abgerufen am 01.05.2023

274 Neues Recyceln alter Windräder: Wenn Rotorblätter zu Gummibärchen werden, SWR2, https://www.swr.de/wissen/recycling-alter-windraeder-wenn-rotorblaetter-zu-gummibaerchen-werden-100.html#:~:text=Rotorblätter%20lassen%20sich%20bislang%20nicht,anschließend%20alle%20vollständig%20recycelt%20werden., abgerufen am 06.05.2023

275 https://www.umweltbundesamt.de/themen/verkehr-laerm/nachhaltige-mobilitaet/tempolimit, abgerufen am 01.05.2023

276 https://www.quarks.de/technik/mobilitaet/faq-tempolimits/, abgerufen am 01.05.2023

277 Carbon Capture and Storage, Umweltbundesamt, 23.05.2022, https://www.umweltbundesamt.de/themen/wasser/gewaesser/grundwasser/nutzung-belastungen/carbon-capture-storage#grundlegende-informationen, abgerufen am 09.05.2023

278 Riesiger CO2-Staubsauger schwächelt, *efahrer.com*, https://efahrer.chip.de/news/riesiger-co2-staubsauger-in-island-schwaechelt-es-liegt-am-wetter_107777, abgerufen am 10.05.2023

279 Nüsslein-Volhard, C.: Warum wir Gentechnik auf dem Acker brauchen, in: *Der Spiegel*, 52/2022, https://www.spiegel.de/wissenschaft/nobelpreistraegerin-ueber-bio-landwirtschaft-warum-wir-gentechnik-auf-dem-acker-brauchen-a-aafcbbe3-83db-4067-91b7-48970cb73495?sara_ecid=soci_upd_KsBF0AFjflf0DZCxpPYDCQgO1dEMph, abgerufen am 01.05.2023

280 Poore, J. und Nemecek, T.: Reducing food's environmental impacts through producers and consumers, in: *Science*, Vol. 360, No. 6392,

Seite 987-992, https://doi.org/10.1126/science.aaq0216, abgerufen am 01.05.2023

281 In der EU zugelassene Produkte aus gentechnisch verändertem Raps, Bundesamt für Verbraucherschutz und Lebensmittelsicherheit, https://www.bvl.bund.de/DE/Arbeitsbereiche/06_Gentechnik/02_Verbraucher/03_Genehmigungen/01_Inverkehrbringen/04_Raps/gentechnik_inverkehrbringen_Raps_basepage.html, abgerufen am 01.05.2023

282 Saatgut aus Frankreich mit Spurenanteilen des gentechnisch veränderten GT73 Rapses gelangte nach Deutschland, Fachmeldung des Bundesamtes für Verbraucherschutz und Lebensmittelsicherheit vom 21.12.2018, https://www.bvl.bund.de/SharedDocs/Fachmeldungen/06_gentechnik/2018/2018_12_21_Fa_Spurenanteile_GT73.html, abgerufen am 01.05.2023

283 Laforest, M. et al.: Distribution and genetic characterization of bird rape mustard (*Brassica rapa*) populations and analysis of glyphosate resistance introgression, in: Pest Management Science Volume 78, Issue 12, p. 5471-5478, https://doi.org/10.1002/ps.7170

284 Laforest, M. et. al.: Distribution and genetic characterization of bird rape mustard (*Brassica rapa*) populations and analysis of glyphosate resistance introgression, in: *Pest Management Science*, Volume 78, Issue 12, p. 5471-5478, 06.09.2022, https://doi.org/10.1002/ps.7170, abgerufen am 01.05.2023

285 https://web.archive.org/web/20120517134746/http://www.innoplanta.de/fileadmin/user_upload/Pdf/LaWi_Anbau/Projektpraesentation_Maiszuensler.pdf, abgerufen am 01.05.2023

286 https://www.bund.net/themen/landwirtschaft/gentechnik/risiken/insektenresistente-pflanzen/, abgerufen am 01.05.2023

287 https://www.transgen.de/anbau/1463.gentechnik-resistente-schaedlinge.html, abgerufen am 01.05.2023

288 https://www.bayer.com/de/news-stories/der-herbst-heerwurm-der-kampf-gegen-eine-weitere-verheerende-plage-inmitten-der, abgerufen am 01.05.2023

289 Gentechnik-Bakterien gefährden Lebensmittelsicherheit, Testbiotech e. V., https://www.testbiotech.org/aktuelles/gentechnik-bakterien-gefaehrden-lebensmittelsicherheit, abgerufen am 10.05.2023

290 Reeves, R. et al.: Scientific Standards and the Regulation of Genetically Modified Insects, in: *PLOS Negl Trop Dis* 6(1)/2012: e1502. https://doi.org/10.1371/journal.pntd.0001502

291 Blockierte Fortpflanzung: Mit Gentechnik gegen unerwünschte Insekten, transgen.de, https://www.transgen.de/tiere/1509.gentechnik-insekten-blockierte-fortpflanzung.html, abgerufen am 10.05.2023
292 MIT Scientists Propose Space Bubbles to Reverse the Worst of Climate Change, *Gizmondo*, https://gizmodo.com/mit-space-bubbles-climate-change-1849065455, abgerufen am 10.05.2023
293 Proctor, J. et al.: Estimating global agricultural effects of geoengineering using volcanic eruptions, in: *Nature* 560, 480–483 (2018). https://doi.org/10.1038/s41586-018-0417-3
294 *Waldökologie, Landschaftsforschung und Naturschutz*, Heft 14/2014, S. 8
295 Stephen Hawking warnt: Neue Lebensform wird Kern der Menschheit auslöschen, in *bw24.de*, https://www.bw24.de/wissen/stephen-hawking-warnung-ausloeschung-menschheit-neue-lebensform-vorhersage-90983177.html, abgerufen am 12.05.2023
296 KI so gefährlich wie Pandemien oder Atomkrieg, *tagesschau.de*, https://www.tagesschau.de/wirtschaft/technologie/ki-chatgpt-100.html, abgerufen am 03.06.2023
297 https://map3d.remote-sensing-solutions.de/waldmonitor-deutschland/#, abgerufen am 01.05.2023
298 https://www.esa.int/Applications/Observing_the_Earth/Copernicus/The_Sentinel_missions, abgerufen am 01.05.2023
299 15. Weltnaturkonferenz (CBD COP 15) beschließt neue globale Vereinbarung, die Naturzerstörung stoppen und Trendwende einleiten soll, Pressemitteilung des Bundesministeriums für Umwelt, Naturschutz, nukleare Sicherheit und Verbraucherschutz, 19.12.2022, https://www.bmuv.de/pressemitteilung/montreal-moment-fuer-die-natur, abgerufen am 01.05.2023
300 https://www.unesco.de/kultur-und-natur/biosphaerenreservate, abgerufen am 01.05.2023
301 Biosphärenreservate, Bundesamt für Naturschutz, https://www.bfn.de/biosphaerenreservate, abgerufen am 14.05.2023
302 Montabaurer Höhe, Kahlschläge durch das staatliche Forstamt, https://www.wald-wildnis.de/projekte/montabaurer-hoehe, abgerufen am 14.05.2023
303 Wildnis, Bundesamt für Naturschutz, https://www.bfn.de/wildnisgebiete#anchor-6365, abgerufen am 14.05.2023
304 Homepage des Bundesinformationszentrums Landwirtschaft, https://www.landwirtschaft.de/landwirtschaft-verstehen/wie-

arbeiten-foerster-und-pflanzenbauer/was-waechst-auf-deutschlands-feldern, abgerufen am 14.05.2023
305 Wohlleben, P.: Der lange Atem der Bäume, Ludwig, 2021, S. 189-190
306 https://www.uni-koblenz-landau.de/de/koblenz/fb3/organisation/ifin/abteilungen/abt-biologie/meldungen/2022/carapa_wohllebenii_10_2022, abgerufen am 01.05.2023
307 Wie etwa in diesem Beispiel des NABU: https://www.nabu.de/natur-und-landschaft/naturschutz/weltweit/27858.html, abgerufen am 09.05.2023
308 Naturschutzarbeit in Gefahr, WWF, 08.02.2022, https://www.wwf.de/zusammenarbeit-mit-unternehmen/tourismus/tourismus-und-covid-19, abgerufen am 09.05.2023
309 Anzahl der Personen in Deutschland, die in den letzten 12 Monaten privat oder geschäftlich eine Flugreise unternommen haben, von 2018 bis 2022, statista.de, https://de.statista.com/statistik/daten/studie/36495/umfrage/wohnflaeche-je-einwohner-in-deutschland-von-1989-bis-2004/, abgerufen am 09.05.2023
310 Pressemitteilung der CDU/CSU-Bundestagsfraktion vom 15.07.2021
311 Nicht nur Wachstum soll Maßstab sein, *tagesschau.de*, https://www.tagesschau.de/wirtschaft/habeck-jahrewirtschaftsbericht-101.html, abgerufen am 15.05.2023
312 Bhutan: Glück, Klima- und Naturschutz als nationaler Wert, WWF, https://www.wwf.de/themen-projekte/projektregionen/himalaja-region/bhutan-glueck-klima-und-naturschutz-als-nationaler-wert, abgerufen am 15.05.2023
313 Weltbevölkerung – stoppt der Anstieg bei 11 Milliarden? *Informationen zur politischen Bildung* Nr. 350/2022, Bundeszentrale für politische Bildung, https://www.bpb.de/shop/zeitschriften/izpb/demografischer-wandel-350/507786/weltbevoelkerung-stoppt-der-anstieg-bei-11-milliarden/, abgerufen am 01.05.2023
314 Methodische Erläuterungen zur Erfassung und Bewertung von Indikatoren zur Fertilität, Statistisches Bundesamt, https://www.gbe-bund.de/gbe/abrechnung.prc_abr_test_logon?p_uid=gast&p_aid=0&p_knoten=FID&p_sprache=D&p_suchstring=12693, abgerufen am 17.05.2023
315 Kinderzahl, Bundesinstitut für Bevölkerungsforschung, https://www.demografie-portal.de/DE/Service/Impressum/Impressum.html, abgeerufen am 17.05.2023
316 Das erste Kind kommt immer später, Statistisches Bundesamt, https://www.destatis.de/Europa/DE/Thema/Bevoelkerung-Arbeit-

Soziales/Bevoelkerung/Alter-bei-Geburt.html, abgerufen am 17.05.2023

317 Kinderzahl stark von Bildung beeinflusst, ORF, https://sciencev2.orf.at/stories/1691083/index.html, abgerufen am 17.05.2023

318 Kinderkriegen so unattraktiv wie nie, Spiegel online, https://www.spiegel.de/politik/deutschland/deutschland-studie-untersucht-gruende-fuer-sinkende-geburtenrate-a-873264.html, abgerufen am 03.07.2023

319 Gleichstellung von Frauen und Männern, Bundesregierung, https://www.bundesregierung.de/breg-de/themen/nachhaltigkeitspolitik/rechtliche-gleichstellung-841120, abgerufen am 17.05.2023

320 Staatliches Rentensystem zunehmend unter Druck, statista.com, https://de.statista.com/infografik/25320/verhaeltnis-von-altersrentnern-zu-beitragszahlern-in-der-gesetzlichen-rentenversicherung/, abgerufen am 17.05.2023

321 Bellés-Obrero, C. et al.: The Effect of Removing Early Retirement on Mortality, Discussion Paper Series – CRC TR 224, Discussion Paper No. 410, Project A 02, C 01

322 Rente, Pflege, Kranken- und Arbeitslosenversicherung, Institut der deutschen Wirtschaft, https://www.iwkoeln.de/themen/verteilung-und-oeffentliche-finanzen/rente-pflege-kranken-und-arbeitslosen versicherung.html, abgerufen am 17.05.2023

323 Scharfe Kritik an längerer Hilfsfrist, *maz-online*, https://www.maz-online.de/brandenburg/scharfe-kritik-an-laengerer-hilfsfrist-3FO4VP3LFCMIOHD6W7KXCYEMSU.html, abgerufen am 17.05.2023

324 Todesursachen, Statistisches Bundesamt, https://www.destatis.de/DE/Themen/Gesellschaft-Umwelt/Gesundheit/Todesursachen/_inhalt.html, abgerufen am 17.05.2023

325 https://www.swr.de/swraktuell/rheinland-pfalz/koblenz/schliessung-sankt-josef-krankenhaus-adenau-100.html, abgerufen am 01.05.2023

326 https://www.medconweb.de/blog/kliniksterben/, abgerufen am 01.05.2023

327 Entwicklung der Lebenserwartung in Deutschland, Statistisches Bundesamt, https://www.destatis.de/DE/Themen/Gesellschaft-Umwelt/Bevoelkerung/Sterbefaelle-Lebenserwartung/sterbetafel.html, abgerufen am 01.05.2023

328 Gatti, R. et al.: The number of tree species on Earth, in: *PNAS*, January 31, 2022, 119 (6) e2115329119 https://doi.org/10.1073/pnas.2115329119